谨以此书

献给东南大学成立 120 周年校庆

本书编委会

东南大学
黄大卫

东南大学建筑设计研究院有限公司
韩冬青　高嵩　曹伟　周广如　丁建明　孙逊　袁玮　葛爱荣　马晓东

东南大学建筑设计研究院文化遗产研究中心
周小棣　刘江南　王文娟　胡彩瑛

相睿　常军富　黄玲玲　刘卉　聂水飞　刘猗

沈旸　马骏华

东南大学四牌楼校区管委会
梁书亭　章荣琦　蒋璇　徐洪菊

中央大学旧址建筑遗产研究

中央大学旧址建筑遗产研究

东南大学建筑设计研究院文化遗产研究中心 著

东南大学出版社·南京

目 录

上篇　营建历程　　　　　　　　　　　　　　　　　　　　1

第一章　校史与校址沿革概述　　　　　　　　　　　　3
历史文脉——文化宗守之地　　　　　　　　　　　　　3
三江（两江）师范学堂（1902—1912）　　　　　　　5
南京高等师范学校（1915—1923）　　　　　　　　　7
国立东南大学（1921—1927）　　　　　　　　　　　9
第四中山大学与江苏大学（1927—1928）　　　　　　11
全面抗战前的中央大学（1928—1937）　　　　　　　14
抗战中的中央大学（1937—1946）　　　　　　　　　16
抗战胜利后的中央大学（1946—1949）　　　　　　　18
中央大学的接管与更名（1949—1952）　　　　　　　22
南京工学院（1952—1988）　　　　　　　　　　　　22
快速发展的东南大学（1988—）　　　　　　　　　　25

第二章　晚清官办学校——近代大学的萌发与初创　　27
建设过程　　　　　　　　　　　　　　　　　　　　27
校园布局　　　　　　　　　　　　　　　　　　　　29
建筑营建　　　　　　　　　　　　　　　　　　　　32

第三章　民国国立高校——大学精神的移植与塑造　　37
建设过程　　　　　　　　　　　　　　　　　　　　37
校园布局　　　　　　　　　　　　　　　　　　　　43
建筑营建　　　　　　　　　　　　　　　　　　　　49

第四章　现代综合大学——校园空间的生长与更新　　59
建设过程　　　　　　　　　　　　　　　　　　　　59
校园布局　　　　　　　　　　　　　　　　　　　　66
建筑营建　　　　　　　　　　　　　　　　　　　　70

下篇　建筑遗产　79

第五章　中央大学旧址文物概况　81
文物保护管理沿革　81
文物构成　82
文物价值　86

第六章　中轴线建筑——大礼堂与南大门　89
大礼堂　89
南大门　99

第七章　基于 BIM 的建筑遗产案例研究——体育馆　101
历史沿革　101
本体分析　109
基于 BIM 的体育馆信息模型　114

第八章　重要教育建筑遗产　125
工艺实习场　125
梅庵　131
老图书馆（孟芳图书馆）　134
中大院（生物馆）　138
健雄院（科学馆）　142
金陵院（牙科大楼）　145

第九章　代表性历史建筑的保护利用　149
原国立中央大学实验楼旧址　149
沙塘园学生食堂　153

图表来源　157
参考文献　164

图版　167
后记　255

上 篇

营建历程

第一章　校史与校址沿革概述

历史文脉——文化宗守之地

南京是国家历史文化名城，中国四大古都之一，有着 6 000 多年的历史、近 2 600 年的城市建设史以及 500 多年的建都史。"江南佳丽地，金陵帝王州"[1]，南京作为中国古代南方地区的政治文化中心，既拥有丰富的历史遗存，也蕴含厚重的文化底蕴，自古以来就是一座以崇文重教著称的城市，有着"天下文枢"[2]的美誉。

中央大学旧址坐落于南京市鸡笼山南麓，地处自然与文化、历史与现代交会之地。旧址东望钟山，西临鼓楼，北面玄武湖畔，有珍珠河环绕其间。其所处之地山湖相映，万木竞翠，环境优美（图 1-1）。山脉地貌、河流水系自古就对南京古城格局的形成起着关键的作用（图 1-2）[3]，旧址周围的鸡笼山、覆舟山、钟山等一系列山脉形成了一个小型盆地，古代皇家的宫殿就建于盆地之中，陵墓、园林、苑囿、城墙则倚着这一系列山峦而建。有史以来，旧址便一直处于整个南京城的中心位置，不仅在多个朝代处于城市宫城轴线的延长线上，其功能也一直为各朝的文化宗守之地、皇家苑囿之区。

图1-1 中央大学旧址地理位置

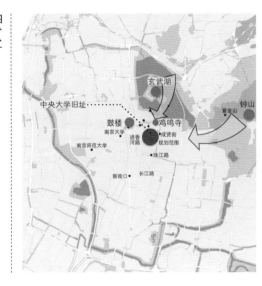

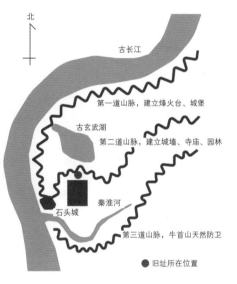
图1-2 南京地貌形势对于古城市的作用

对于旧址一带，史料多有记载。"六朝，为同泰寺、元圃、社苑、药圃。""大通元年，造同泰寺，在宫后开大通门，与寺南门相对，以通往还。"[4]旧址区域早在六朝时期便是上层贵族皇家苑囿及佛教圣地，是供上层贵族游玩的地方。"太建七年闰九月……甘露三降乐游苑；丁未幸乐游，采甘露，宴群臣，诏于苑内覆舟山上立甘露亭。"[5]由此可见，这里同时还是科学家和文史学家云集之地。早在刘宋时期，在鸡笼山山顶便建立了第一个日观台，既能观天象，又可以测风候；在山下还建立了史学馆、文学馆，当时中国有名的文史学家、哲学家常聚于此，著书立说，讲学授徒。鸡笼山盛极一时，成为当时中国学术文化的中心。

1　"江南佳丽地，金陵帝王州"出自南朝齐诗人谢朓的入朝曲。
2　"天下文枢"出自重建于明万历年间的南京文庙（即夫子庙）"天下文枢"牌坊，清初坊额上方的字为著名书法家陈澍所写。南京因历史上一直是全国文化中心，故被称为"天下文枢"。
3　姚亦锋.南京城市地理变迁及现代景观［M］.南京：南京大学出版社，2006：118.
4　黄之隽，等.乾隆江南通志［M］.南京：凤凰出版传媒集团，2011：570-572.
5　许嵩.建康实录［M］.北京：中华书局，1986：795-800.

据《建康实录》所载，东晋帝陵中位于"鸡笼山之阳"的有四陵（元帝建平陵、明帝武平陵、成帝兴平陵、哀帝安平陵）及隆玩墓，如今皆无可考，只有大石桥尚存"石麟里"地名，可能是当时的遗迹，由此可知旧址区域也被作为皇家陵墓之地。后隋杨广灭陈，六朝形胜之地遭到摧毁性的破坏，只剩一些残存的庙宇。此后，风光不再，元朝时更是将此地作为行刑之地。

明朝时，因"元代刑人于此，有鬼魅祟入，洪武初迎西番僧结坛施食，以度幽冥"[1]。根据《洪武京城图志》中"庙宇寺观图"的标注，鸡鸣山一带建有帝王庙、城隍庙、真武庙、卞壶庙、蒋忠烈庙、刘越王庙、曹武惠王庙、元卫国公庙、功臣庙、五显庙、关羽庙等庙宇，均为明洪武年间建成或改建，被称为"十庙"。"洪武二十七年（1394），建汉寿亭侯庙于鸡鸣山阳，嗣后官民增建关帝庙，日渐繁多。清末武庙，即故文庙之基而改建者，今为考试院，实已无所谓武庙矣。"[2] 可知明朝时期在鸡笼山区域大兴庙宇，明朝时鸡笼山周围更是有"十庙"，香火十分旺盛。后来"太平之役，诸役，诸庙荡尽，今仅存东岳庙，或系城隍庙故址。山上仅有北极阁，后有旷观亭，徙倚空阔，南望城市，烟火万家，群山环抱，江湖映带，实为登临胜地。"[3]

明洪武年间，在鸡笼山南麓（旧址区域）兴建国子监。虽早在南朝宋文帝时期，鸡笼山下便是文人骚客云集之所，但在明朝国子监时期达到顶峰，从此旧址区域便与教育脱不开关系，成为教育重地（图1-3），其规制之宏、学生之多、学习之博、承沿之久，是中国古代学校中的翘楚，在世界教育史上也难有对象与之媲美[4]。明永乐年间将首都迁到北京后，南京国子监改称为南雍，在长达265年（1381—1645）的时间里与北京的国子监并立未废，自始至终一直作为明代的高等学府。

南雍作为封建王朝最高学府和教育管理机构，基于讲学、藏书、祭祀的基本规制，其对应的校园形态为一个集学习、生活、游憩于一体的场所。南雍（图1-4）最重要的控制轴线为沿成贤街向北至太学的南北轴线，这一轴线由南至北经南成贤街牌坊、国子监门、集贤门、太学门到彝伦堂，再经率性、修道、诚心、正义、崇志、广业之六堂到正一亭，至光哲堂为止。位于轴线中段的彝伦堂是轴线上地位最高的建筑，也是太学行政办公场所。其向北为教学区、外国留

图1-3｜旧址区域历代互见图

◐ 旧址一带 ● 旧址位置

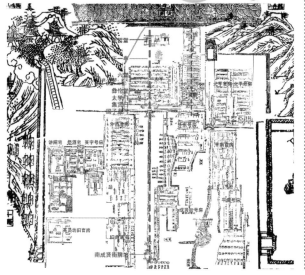

图1-4｜南雍总平面图

1　葛寅亮.金陵梵刹志［M］.南京：南京出版社，2011：334.

2　此处鸡鸣山指鸡笼山，后人常将鸡笼山与鸡鸣寺土峰混淆，并以鸡鸣山或鸡鸣寺山称之。引自：陈沂.金陵古今图考［M］.北京：中华书局，2006：62.

3　顾起元.客座赘语［M］.上海：上海古籍出版社，2012：48.

4　孙燕京，张研.民国史料丛刊：文教高等教育篇［M］.郑州：大象出版社，2009：71.

学生区，向南则为国子监诸门、牌坊等，离彝伦堂越远则重要性越低。除了太学轴线，东侧还有一条次要的文庙轴线，以大成殿为轴线上的中心建筑，同时也是整个国子监中最高的建筑。且明代以左为尊，所以虽然居次要轴线，但是从建筑高度、位置而言，文庙的地位应当高于太学，太学是国子监内世俗的"学习空间"，文庙则代表了儒家文化的"精神空间"。这种中国传统规划模式体现出国子监是封建王朝统治下以儒家"君权神授、皇权至上"理论为主导思想、以培养忠君官僚阶层为目的的官府化教育组织。国子监的功能组织具有严格的边界，教学空间与精神空间独自成一院落，教职员和学生生活区、射圃、运动区等又各自分离，功能上划分明确，空间架构合理。这种教育模式从民间至皇家、从宋代至明清，成为封建中国的主要人才培养模式。

清顺治六年（1649），"以国监坊为江宁府学"，"改彝伦堂为明伦堂，设四斋门坊庑，悉仍明旧。太平之役，半付劫灰"。清顺治十七年（1660）重建文昌书院，"虽规模初具，而精神全非。及洪杨之乱，文物荡然"[1]。另据《乾隆江南通志》，文昌书院在江宁府学成贤街，"原国子监文昌阁地，明万历间国子监助教许令典创建，清顺治十七年学博朱谟同学生白罗鼎等重修。建坊申请，匾额书文昌书院，以为读书讲学之所"[2]。

直至清光绪二十八年（1902），在明南雍的旧址兴建三江师范学堂，这是学校早期的雏形，与之后的百年学校可谓一脉相承。

因此，不论是从六朝时期的皇家苑囿之地、文人骚客云集之所，还是从六朝乃至明朝的佛教圣地、皇家陵墓之区，都可知旧址区域早在建校前就有深远的历史文脉，自古以来便一直是国家的文化宗守之地。

三江（两江）师范学堂（1902—1912）

鸦片战争后，中国开始沦为半殖民地半封建国家。清政府及洋务派认为"外国之强盛，多赖其炮利船坚；中国之常蒙欺骗，多因不谙西语"，故自 1860 年开始，先后开办了一批外语学校和军事学校，如 1862 年在北京设立的同文馆、1863 年李鸿章在上海设立的广方言馆等都以学习西语为主；在军事及军事技术学校方面，1880 年，李鸿章在天津设立水师学堂，1885 年又在天津创办武备学堂，1886 年张之洞在广东设立了陆师学堂，第二年设立广东水师学堂，1895 年相继创办了湖北武备学堂及南京陆师学堂。中国近代教育的开端便始于此[3]。

1894 年，甲午战争失败。1898 年，清政府颁布由梁启超起草的《奏拟京师大学堂章程》，其中提出"中学为体，西学为用"的办学思想。"略取日本学规，参以本国情形草定规则八十余条"，"必以立师范学堂为第一义。"

1901 年颁布了《兴学诏书》，清政府下令各省督抚学政"切实通筹认真举办大学堂"，推行新式教育。两年中先后办起了宏道大学堂、晋省大学堂、山西大学堂、河南大学堂、两湖大学堂、湖南大学堂、江苏南菁高等学堂、浙江大学堂等多个学堂，但由于一哄而起，多数是由书院改建而成，所以至清末真正巩固下来的只有京师大学堂、南洋公学、山西大学堂、天津西学学堂等少数几所。有的大学停建了一段时间，到了民国时期又重建。在此过程中，科举制度的废除经过了一番激烈的斗争，直到 1905 年，清政府颁行上谕，"立停科举，以广学校"。至此，始于隋、备于唐、盛于明清，延续了约 1 300 年的科举制度才完全废除。

在各地兴学堂的同时，一些主张维新和关心教育之士看到，师资力量极其匮乏，已经成为办学中的最大问题。1896 年，梁启超在上海《时务报》上发表的《变法通议》一文中，就有一节"论师范"，其

1 陈作霖.金陵通纪［M］.台北：成文出版社，1970：9-10.
2 黄之隽，等.乾隆江南通志［M］.扬州：江苏广陵书社有限公司，2010：576.
3 陈景磐.中国近代教育史［M］.北京：人民教育出版社，1979：88.

结论是"欲革旧习，兴智学，必以立师范学堂为第一义"。中国近代公立师范学校始于1897年设立的南洋公学的师范院。京师大学堂的"师范斋"倡于1898年，正式开办于1902年。

1902年颁布的《钦定学堂章程》（亦称《壬寅学制》）中，已将师范教育正式列入其规程，但未将其作为独立的系统。1903年颁布的《奏定学堂章程》（亦称《癸卯学制》）中，才将师范教育单列，使之成为一个独立系统，并以洋务派"中学为体，西学为用"的思想为指导，以读经尊孔为教育宗旨。而在此前一年，张之洞、袁世凯、张謇已分别在武昌、保定、通州创办了师范学堂[1]。

两江总督的辖区是江苏、安徽、江西三省，是文化较为发达的地区，兴学堂之际，中小学校发展比较迅速，尤其缺少师资，1902年5月，两江总督刘坤一上奏《筹办学堂情形折》，呈请办师范学堂，后任张之洞又上奏《创建三江师范学堂折》，并委派缪荃孙为筹建学校的总稽查，同时去日本考察现代教育。三江师范学堂于1902年开始筹办，经张之洞决定选址于北极阁前，于1903年创建，另附属小学堂一所[2]。创始人张之洞以"中学为体，西学为用"来指导教育教学，他多次派员赴日本考察，较多地吸取了日本创办现代教育的成功经验。

1903年9月，三江师范学堂正式挂牌，于1904年冬正式开学，成为江苏、江西、安徽三省的公立师范学堂。1905年，周馥继任两江总督，因三省经费缴纳问题，于1906年将校名改为"两江师范学堂"，为江苏、江西两省的公立师范学堂，并根据《奏定学堂章程》称"两江优级师范学堂"，由徐乃昌担任学堂监督（校长）。从三江到两江，学堂的学制、教育内容、教育方法等均无大的变动。1905—1912年，李瑞清接任两江师范学堂监督。

学堂的基本情况为：办学宗旨——"中学为体，西学为用"，建设成为"华中、华南地区规模最大、程度最高的一所师范学堂"；学制——"癸卯学制"，仿照日本高等教育课程设置的模式，实行分科制和学长制，与此同时还实行年级制；等级——省立师范学堂；规模——学生总数在300—400人之间；管理——仿日本训育观念，采取"学监制"，颁布《三江师范学堂章程》。

学堂设以下学科：

理化科（后称为理化数学部）、农学博物科（后称为博物农学部）、历史舆地科、手工图画科。

学制分为：最速成科，一年毕业；速成科，两年毕业；本科，三年毕业；高等师范本科，四年毕业。1908年起专办优级本科。其间还设有优级本科公共科、优级选科预科、初级本科[3]。

1902年兴建的"三江师范学堂"，是中国最早的一批师范学堂[4]。1904年日本出版的《日本东亚同文会报告》中将其称为江苏的最高学府，"堪与京师大学堂比美"，"即令与同一时期的日本早稻田大学优级师范相比，也不逊色"，是"中国师范学堂之嚆矢"[5]。

张之洞（1837—1909）

张之洞字孝达，号香涛、香岩，又号壹公、无竞居士，晚年自号抱冰，汉族，清代直隶南皮（今河北南皮）人，洋务派代表人物之一，其提出的"中学为体，西学为用"，是对洋务派和早期改良派基本纲领的一个总结和概括，与曾国藩、李鸿章、左宗棠并称"晚清中兴四大名臣"（图1-5）。

张之洞26岁考取进士，授翰林院编修，1883年任两广总督，1889年调任湖广总督。张之洞曾两次署理两江，第一次于光绪

图 1-5 张之洞

1 任宇. 高等教育学选讲 [M]. 北京：高等教育出版社，1986：16-20.
2 庄俞，贺盛鼐. 最近三十五年之中国教育 [M]. 上海：商务印书馆，1931：89.
3 南京大学高教研究所. 南京大学大事记：1902—1988 [M]. 南京：南京大学出版社，1989：25-26.
4 早期师范学校中，创办最早且具有示范作用的有：南洋公学师范学堂（1896）、京师大学堂师范馆（1902）、通州师范学校（1902）、湖北师范学堂（1902）、保定初级师范学堂（1904）。
5 苏云峰. 三（两）江师范学堂：南京大学的前身 1903—1911 [M]. 南京：南京大学出版社，2002：14.

廿年十月二十日至廿二年元月二十日（1894.11.17—1896.3.4），第二次于光绪廿八年十月九日至廿九年二月廿二日（1902.11.8—1903.3.20）。1902年继任两江总督后，张之洞上奏《创建三江师范学堂折》，提出具体办学计划，如敦聘湖北师范学堂堂长、绘制建造学堂蓝图、订定学堂规章制度，以及课程设置等，并于江宁省城设立两江学务处，以筹划和管理办学事务。

　　教育方面，除三江师范学堂外，他还创办了自强学堂（今武汉大学前身）、湖北农务学堂（今华中农业大学前身）、湖北武昌蒙养院、湖北工艺学堂、慈恩学堂（今南皮县第一中学）、广雅书院（今广东广雅中学）等。工业上创办了汉阳铁厂、大冶铁矿、湖北枪炮厂等。八国联军入侵时，大沽炮台失守，张之洞会同两江总督刘坤一与驻上海各国领事议订"东南互保"，并镇压维新派的唐才常、林圭、秦力山等自立军起义，光绪三十四年（1908）十一月，以顾命重臣晋太子太保。次年病卒，谥文襄，有《张文襄公全集》。

图1-6　李瑞清

李瑞清（1867—1920）

　　李瑞清字仲麟，号梅庵、梅痴、阿梅，晚号清道人、玉梅花庵主，戏号李百蟹，江西临川县温圳镇（今属进贤县）人，教育家、美术家、书法家，中国近现代教育的重要奠基人和改革者，中国现代美术教育的先驱，中国现代高等师范教育的开拓者（图1-6）。

　　1893年考中举人，1894年中进士，选为翰林院庶吉士，1905年分发江苏候补道，署江宁提学使，出任两江师范学堂监督（即校长），1906年正式上任。其任期内大力改革，不仅广延名师，亲赴东瀛，聘请日本教习传授西方科学和近代工艺，而且大兴土木，广建校舍，改革学制，添置设备，增设科目。他还创设了手工图画科，设立画室及有关工场，并亲自讲授国画课，增设音乐科，培养了中国最早的近代美术师资和艺术人才，国画大师张大千及著名书法家胡小石、李仲乾、黄鸿图皆出其门下。他还创办过短期的留学预备学堂，输送了一批青年学生去美国深造。李瑞清自勉"视教育若生命，学校若家庭，学生若子弟"，以"嚼得菜根，做得大事"为校训，"俭朴、勤奋、诚笃"为校风，倡导"匡时而振俗"，主张融会贯通中西之学以造就"中国之培根、笛卡尔"。在李瑞清的悉心主持下，两江师范学堂成为名副其实的江南第一学府，声誉卓著，著名学者如柳诒徵、刘师培、夏敬观、姚明辉、雷恒、萧俊贤、松本孝次郎等皆执教于此。学生成绩也为江南各高校之冠，涌现出了许多著名的学者和专家，如生物学家秉志、教育学家廖世承、古典文学家陈中凡、艺术教育家吕凤子等。

　　1912年，两江师范学堂蒸蒸日上之时，辛亥革命爆发，李瑞清辞去监督职务，后久寓上海，于1920年八月初一病逝，葬于牛首山。南京高等师范学校成立后，为表彰其办学功绩，将校园西北角的三间茅屋命名为"梅庵"。后来，家乡人民为纪念这位书画家、教育家，将其生前住过的"府前街"改名"梅庵路"（今抚州市临川区羊城路）。

南京高等师范学校（1915—1923）

　　1912年元旦，孙中山来江苏就任临时大总统，对于教育，他十分重视，认为："盖学问为立国之本，东西各国之文明，皆由学问购来。""今破坏已完，建设伊始，前日富于破坏之学问者，今当变求建设之学问。世界进化，随学问为转移。"[1]后又推举蔡元培为中华民国第一任教育总长。1912年4月，蔡

1　舒新城.中国近代教育史资料［M］.北京：人民教育出版社，1962：1004.

向全国发表了《对于教育方针之意见》，同时颁布了各项教育法令。一时间，全国各地开始广增学校，扩充学额，国内教育事业呈现一片昂扬向上的景象。

江苏本就是文化大省，诏令颁布后，全省各县市都兴起了办学之风。但当时全省师资紧缺，江苏省立第二师范学校校长贾丰臻等人向教育部和省公署上书，要求立即建立一所高等师范学校来培养师资力量。

1914 年 8 月 30 日，江苏省巡按使（即省长）韩国钧委任原江苏省教育司司长江谦为南京高等师范学校（简称"南高""南高师"）校长，着手勘查两江师范学堂原址，计划在一年之内筹备完成，并在1915 年秋天开学。在江谦的精心筹划和全体筹备人员的努力下，各项工作均有序地进行，1915 年夏，所有筹备工作基本就绪，计划于 8 月 11 日公开招考。相比于两江师范学堂的日式教育模板，南高聘用留学欧美师资，也以欧美高等学校为蓝本，厉行教学改革，注重学科建设，并提倡民主、科学的精神。经过数年的奋斗，学校事业日振，江南学子慕名而来。南高与北京高师、武昌高师、广州高师一起，成为我国成立最早的四所国立高等师范学校，学界更有"北有北大，南有南高"之说。另外，南高开创了中国教育改革的多项先河，"首开女禁"便是其一。1920 年夏，南高对外冲破重重阻力，正式录取了8 名女生，并招收了 50 余名女旁听生，成为我国第一所实行男女同学的高等学校[1]。南高的科系组建工作，根据社会需要，并结合自身具有的条件，从少到多、从无到有，在短短几年中就取得了显著的成绩。1920 年南高科系组建工作大致完成，全校一共设有 8 个科，即文理科、工艺专修科、农业专修科、商业专修科、教育专修科、体育专修科、国文专修科、英语专修科，其他科系仍在酝酿当中。至此，南高突破了"师范"的界限，初步具备综合大学的雏形，为此后东南大学的诞生奠定了良好的基础[2]。江谦担任南京高等师范学校校长直至 1919 年，之后由郭秉文继任校长。自 1915 年 9 月南高成立，至 1922 年 12月南高归并于国立东南大学，一共 7 年零 4 个月。

江谦（1876—1942）

江谦，字易园，道号阳复子，徽州婺源（今江西婺源）人，近现代著名教育家，中国近代教育事业的先驱（图 1-7）。

江谦少年颖悟，就读紫阳书院二年后，受业于南京文正书院，为山长张謇所赏识。1902 年，张謇在南通创办我国第一所师范学校——民立通州师范学校（今南通师范高等专科学校），邀请江谦任教，并委以重任：先是担任监理，1914 年担任校长。1914 年 8 月，江苏巡按史韩国钧委任江谦为南京高等师范学校校长，在前两江师范学堂基础上勘察校舍，筹办南京高等师范学校。

图 1-7 | 江谦

掌校南高时，江谦倡导以"诚"为校训，认为"诚者自成"。他虚心听取郭秉文等人建议，顺应历史潮流；赞同蔡元培主张，提出德智体"三育并举"的方针；推行"启发式"教育，重视实学和体育教育，力促南高鼎新革故，开全国风气之先。江谦还提出"调整师生关系"，要求改变教师只管授业的状况，倡导关心、接近学生，尽导师的全责；要求学生尊敬老师，组织学生主动看望老师，在师生共同努力下一种新型的"尊师爱生"风气逐步在南高形成。在江谦和郭秉文等人的共同努力下，南高发展得很快，至 1919 年，全校已设有文史地部、数理化部、教育专修科、农业专修科、工艺专修科、商业专修科、体育专修科等多个学科，校舍面积 370 余亩（1 亩 =667 m²），教职员工 94 人，学生 416 人，成为东南最高学府，足以和北方的北京大学相媲美。

1915 年 1 月江谦聘郭秉文从美国来校任教务主任，1919 年江谦因疾辞职，推荐郭秉文继任校长。

1 南京大学校庆办公室校史资料编辑组，南京大学学报编辑部.南京大学校史资料选辑［Z］.南京，1982：54.
2 南京大学校庆办公室校史资料编辑组，南京大学学报编辑部.南京大学校史资料选辑［Z］.南京，1982：44.

国立东南大学（1921—1927）

清末政府对于高等教育体系思想转变的重要契机发生在 1908 年。美国于该年通过方案，决议退回中国 1901 年向"八国联军"支付的庚子赔款余额，加之留日学生成绩不理想、日本方面开设了诸多应付中国留学生的短期学校，留学生仅花费两周左右的时间即获得文凭，在多方面的因素影响下，政府层面及社会各界反对留日的情绪日益高涨。1908 年起，清政府开始派遣学生留美，其中包括后来任清华大学校长的梅贻琦，任南高和东南大学校长的郭秉文，在北大任教的胡适等民国著名学者和教育家，他们为中国带回了美国的实用主义教育思想。

民国初年，教育部为了振兴教育事业，发展中国的高等教育，经过多次商议，拟分阶段实施，先后在北京、南京、广州、武汉、成都等地设立 4 至 6 个大学区，每个区先建立一所国立大学。江苏自古文化发达，所以南京属于优先考虑之地，但是因为当时国内局势动荡，江南莘莘学子翘首以待的国立大学迟迟没有消息。

1920 年代，从国外学成归来的学者在当时国民政府的支持下，开启了中国教育史上重新规划大学校园、开办全面西式的综合性高等教育的时期，随着对中国传统文化和西方现代理念的综合探讨，逐渐形成了现代思想学术新格局下的"学分南北"现象。

在北方，辛亥革命后，1912 至 1913 年，蔡元培主持了壬子癸丑学制改革，仿德国大学制，制定并颁布了《大学令》以摆脱日本模式的单一束缚，形成以北大、清华共同构成的北方学派。在南方，1915 年，留美归国的教育博士郭秉文先后任南京高等师范学校教务主任、校长，全面学习、借鉴美国高等教育模式，形成南方派。1922 年民国政府颁布壬戌学制，高等教育发展模式开始由效仿日本、德国转向对美国的效仿，而这不仅体现在教育的发展模式上，也体现在校园的形态和单体建筑上。

郭秉文通过考察欧美日等国的高等教育，认为一个单科性的师范学校是很难培养出卓越的师资的，只有大学的学科齐备了，才能有利于学科之间的互补，有利于研究工作的开展，有利于师资的深造，因此，他提出以南高为基础，建立属于南京区的国立大学，并得到其他有识之士的一致赞同，后经过国务院教育部的商讨，在 1920 年 12 月 7 日召开的国务会议上将新大学正式命名为国立东南大学（简称"东大"），校董事会也于 1921 年 6 月 6 日成立（此后 6 月 6 日成为东大的校庆日）。建校初，仍保留南高名义，与东大同时招生。至 1922 年 12 月，校评议会和教授会联席会议正式做出决定，将南高并入东大。1923 年 7 月 3 日，校行政委员会通过商议决定将南高校牌撤去，同时将南高附属小学改为东大附属中小学[1]。至此，在筹建国立大学中做出重大贡献的南高完成其历史任务，东大走上历史舞台。

民国初，虽然国家政局不稳，教育经费长期没有保障，但是由郭秉文领导的国立东南大学却维持了学校的稳定发展：东大寓师范于大学，集文理农工商于一体，实为中国综合大学之先驱，倡导民族精神、科学精神，民主治校，学术自由，三育并重，创东大历史上第一个鼎盛时期，为中央大学奠定了基础。国立东南大学是继北京大学之后我国第二所国立综合大学，学科设置之完备居全国高校之冠，其效仿的是 20 世纪初美国大学采用的学科制，成立之初，学校下设 6 个学科 31 个系：

（1）文、理科：东大的文、理科，是以原南高的文史地部、数理化部、英文部及国文专修科为基础组建而成的。（2）教育科：教育科是以南高的教育专修科、体育专修科为基础组建而成的，设教育系、心理系、体育系、乡村教育系等。（3）工科：东大的工科是在南高的工艺专修科的基础上建立和发展起来的，以弥补我国工科教育之落后。（4）农科：南高于 1917 年开始设立农业专修科，以造就专门人才、改良农业为办学宗旨，1921 年并入东大农科。（5）商科：商科是东大内部的称谓，对外称东南大学分设上海商科大学，也是在南高商业专修科的基础上扩建而成的[2]。

东南大学在国内外招揽了一大批著名的学者教授，使每个科系都具有国内一流的学术领导人，各门

1　郭秉文. 筹建东南大学之经过（1921 年 12 月 15 日）［A］. 南京：中国第二历史档案馆.

2　王德滋. 南京大学百年史［M］. 南京：南京大学出版社，2002：88–95.

学科都有自己的特色。

1921 至 1925 年，郭秉文任东南大学校长。1925 年皖系军阀执政，一度干涉东大校政，郭秉文被污蔑依附军阀，被教育部免去其校长职。教育部同时任命胡敦复为校长，东大师生和许多社会知名人士对此表示强烈反对，但郭秉文仍以受校董会委托的名义赴美考察教育。胡敦复到东大就职时，遭到师生的强烈反对。这场易长风波持续了差不多一年才逐渐平息，尽管郭秉文最终没有回到东大，但胡敦复也未能进入东大。1926 年 1 月 7 日，东大师生为此举行校耻周年纪念大会，在会上，陈逸凡教授慷慨陈词："东大人不受武人政客利用，东大人不做武人政客傀儡，此足可引为自豪者。"

郭秉文（1880—1969）

郭秉文，字鸿声，中国现代高等教育事业的先驱，被称为"中国现代大学之父"（图 1-8）。

图 1-8｜郭秉文

他于 1880 年出生于上海的一个医生家庭[1]，少时便进入长老会于上海开办的清心书院读书。1908 年，郭秉文在工作 10 年后毅然辞职赴美国伍斯特学院攻读理科，1911 年取得理学士学位后，即前往哥伦比亚大学攻读教育学，并以《中国教育制度沿革史》一文于 1914 年获得教育学博士学位。毕业后受时任南京高等师范学校校长江谦的邀请回国担任南高教务主任一职，1919 年担任南高校长。1920 年，郭秉文联合江谦、蔡元培、蒋梦麟等人联名致书教育部[2]，申请建立国立东南大学，于大学成立后继续担任校长，积极推动了南高与东大两校的合并。

郭秉文在任南高教导主任和代理校长期间，积极推行其德、智、体三育并重的教育方针；任南高校长后，开始努力实现他的"寓师范于大学"的理念；东大成立后，郭秉文又倾全力于把东大建设成为一所现代综合性大学。由此，郭秉文逐渐形成一套独特的办学方针，在学校治理、学科配置、事业发展、教学与研究工作开展以及人才培养等方面都取得了显著成效。在他的四处奔走下，学校克服了初期经费不足的困境，成功规划扩建，并首建三馆（图书馆、体育馆、科学馆）。

郭秉文是高明的教育家、高妙的经营家、高超的管理家，也是高调的社会活动家，无论是东大的学科发展，还是令人惊叹的校园建筑，背后都离不开他的极大努力。他也是当时在国际舞台上最为活跃的中国教育家，20 世纪 20 年代，他连续 3 次作为中国首席代表出席世界教育会议，并连续 3 次被推举为世界教育会副会长。

茅以升（1896—1989）

茅以升，号唐臣，江苏镇江人，中国著名土木工程学家、桥梁专家、工程教育家（图 1-9）。

图 1-9｜茅以升

1911 年，茅以升从南京商业学堂毕业后，考入唐山路矿学堂。1916 年毕业后，以优异成绩考上清华学堂留美官费研究生，9 月赴美，入康奈尔大学攻读桥梁专业硕士学位。1917 年在美国匹兹堡桥梁公司实习并在卡耐基理工学院夜校攻读博士学位，他的博士论文《框架结构的应力》引起了美国土木工程界的强烈反响，被誉为"茅氏定律"，他也成为该校创建以来第一位工科博士学位获得者。1919 年茅以升学成归国，在唐山工业

1　郭秉文先生年表［M］//郭夏瑜．郭秉文先生纪念集．台北：中华学术院，1971.
2　改定南京建立国立大学计划书致教育部文（1920 年）［M］//《南大百年实录》编辑组．南大百年实录：上卷　中央大学史料选．南京：南京大学出版社，2002：102-103．完整联名名单为王正廷、沈恩孚、蔡元培、蒋梦麟、张謇、穆湘玥、江谦、郭秉文、袁希涛、黄炎培，共 10 人。

专门学校任教授，继任交通大学唐山学校副主任。1922年，应国立东南大学校长郭秉文之聘，到该校任教授，成为东南大学工科的奠基人。

当时的东南大学虽设有工科，但仅有一个机械工程系，不似其他科设有四至七个系，且都有一批一流的学者，因此茅以升悉心谋划工科的发展，与杨杏佛、徐羽卿等七位教授联名致函校教授会和评议会，提出增设土木工程系和电机工程系的议案。自此东南大学工科就有了机械、土木、电机三系，这三个系迄今都是学校的主干系，数十年来，人才辈出。茅以升教授出任第一届工科主任，上任后，竭力延聘知名教授，从德、美等国购置先进设备，积极扩充实验室和工场建设，东大工科出现了生机勃勃、欣欣向荣的局面。

1924年，正当东大工科蒸蒸日上之际，江浙军阀连年混战，江苏财政罗掘一空，江苏省公署遂以本省已有五所工科院校为由决定停办东大工科，停拨工科经费，后在茅以升教授、郭秉文校长和学校师生的强烈反对下，决定以河海工程学校与东大工科为基础，组建河海工科大学，并聘请茅以升教授任校长。

第四中山大学与江苏大学（1927—1928）

1927年国民政府定都南京。当时的国民政府教育行政委员会委员蔡元培等人尝试对中国的教育制度进行改革，并提出了"大学院"以及"大学区制"的改革方案，以图将官僚化的教育部、教育厅改为学术化的大学院和大学区。蔡元培指出："设立大学院之主张，其特点有三：（1）学术与教育并重，以大学院为全国最高学术教育机关；（2）院长制与委员制并用，以院长负责行政全责，以大学委员会负议事及计划之责；（3）计划与实行并进，设中央研究院为实行科学研究……此三点为余等主张大学制之根本理由。"[1]

大学院成立后，许多人因"大学院"名非习见而颇多责疑，在试行中又出现了种种矛盾。1928年10月，国民政府决定撤销大学院，恢复教育部。至于大学区制，国民政府核准暂在江苏省、浙江省试行（1928年暑期增加北平大学区），而且前后仅有两年的时间。虽然大学区制不过是中国教育史上的一场"独幕戏"，但也留下了独特的轨迹，第四中山大学区—江苏大学区—中央大学区的实施概况便颇为典型。

国立东南大学由于其悠久的历史、宏大的规模以及名列前茅的学术地位，被列为首批试行大学区制的学校。1927年改组为第四中山大学（简称"第四中大"），是以国立东南大学为基础，加上河海工科大学、江苏法政大学、江苏医科大学、南京工业专门学校、南京农业专门学校、上海商业专门学校、苏州工业专门学校和上海商科大学等八校联合组建而成。第四中大隶属于中央政府，因此校名之前得加"国立"二字。1927年6月9日，国民政府任命江苏省教育厅厅长张乃燕为校长，与此同时展开了对各校的接收工作。现将九校接收情形简述如下（图1-10）。

（1）国立东南大学。5月23日，胡刚复、蔡无忌等人到校正式接收，中央批复：东大校舍、校具、图书、仪器、印件、文件等物品移交第四中大校长及筹备委员接管，将国立东南大学原址作为第四中大的校址暨大学本部所在地。

（2）河海工科大学。该校前身是1915年张謇创办的河海工程专门学校。1927年5月3日江苏省教育厅函聘刘梦锡、沈百先为河海工科大学保管员，6月7日他们将该校各项清册交由第四中大工学院接收。

（3）南京工业专门学校。校址位于南京复成桥。1927年6月23日，江苏省教育厅函聘杨孝述会同督学周宣德接收该校。7月2日又加聘卢恩绪一同办理。该校师资、设备等均并入第四中大工学院。

（4）南京农业专门学校。校址位于南京和会街，该校前身为两江总督魏光焘于1904年就江南格致书院改设的江南实业学堂，1927年7月29日，常宗会、张天才前往接收该校，将其合并于第四中大农学院。

（5）江苏法政大学。校址位于红纸廊，该校前身是1914年2月被政府正式认可的江苏公立法政专门学校，1923年12月改称江苏法政大学。1927年6月30日，江苏省教育厅函聘刘季洪、周宣德接收该大学。

1　蔡元培.蔡元培全集：第4卷［M］.杭州：浙江教育出版社,1997：585-586.

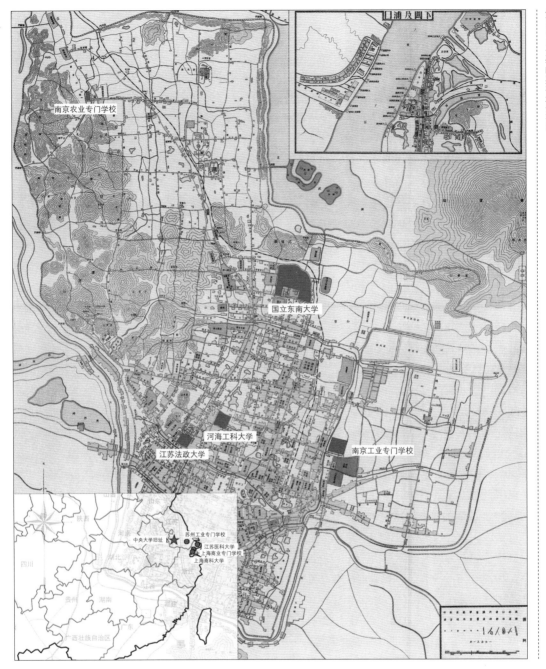

图 1-10 | 第四中山大学时期校址分布图

（6）江苏医科大学。该校前身是 1915 年 7 月被政府正式认可的公立江苏医学专门学校，1925 年改称江苏医科大学，校址在上海。1927 年 7 月 18 日，江苏省教育厅函请颜福庆、牛惠霖、乐文照、高镜郎前往接收。

（7）上海商科大学。该校即东南大学分设上海商科大学。1927 年 6 月 27 日，江苏省教育厅函聘杨瑞六办理该校接收事宜，将商科大学校具逐一交点，改建为第四中大商学院，并以该校旧址（上海法界霞飞路）为第四中大商学院院址。

（8）上海商业专门学校。1927 年 3 月 23 日该校校长离职后，校务即由马宪成等人维持。6 月 17 日，江苏省教育厅派督学王克仁前往接收，又于 7 月 6 日添派欧元怀、朱定钧一同办理接收事宜。

（9）苏州工业专门学校。该校是江苏公立学校，1925 年 5 月获准备案。1927 年 10 月，第四中大令该校校长将全部校产正式移交工学院接收保管，10 月 16 日，工学院院长周仁到苏州进行接收。

第四中大初设 9 个学院（自然科学院、社会科学院、文学院、哲学院、教育学院、工学院、农学院、商学院和医学院）和 1 个统辖全省教育行政的教育行政院，教育行政院位于镇江；9 个学院中，医学院和拟议迁宁未果的商学院在上海，农学院在南京三牌楼南京农业专门学校旧址，工学院一部分在南京工业专门学校旧址，另一部分和其他各院都在南京四牌楼东南大学原址，统称大学本部，以示与教育行政院的区别。

9 个学院共设 36 系科，开设 367 门课。东南大学于 1924 年停办的工学院原来只有 3 个系，此时已经增为 7 个科，其他学院的系科、师资、图仪设备也都逐渐增加。以前各个学术领域均称为"科"，如文科、理科、工科等等，自第四中大起，改为"学院"。教育行政院下设高等教育部、普通教育部、扩充教育部，这 3 个部后来都改为处，当教育行政院改为教育行政处时，原来的 3 个处又都改为课，扩充教育处改为社会教育课（图 1–11）。国立第四中山大学管辖全省的学术和教育行政事宜，除校本部外，管辖全省 14 所中学、13 所实验中学、5 所乡村师范学校及实验小学、4 所农业职校，各县教育局局长均由第四中大校长委派。

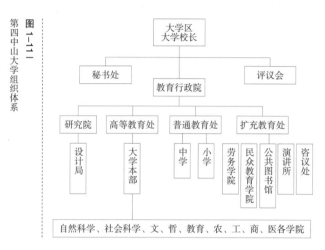

图 1–11 第四中山大学组织体系

第四中山大学成立不到半年，当局为了不致混淆，决定各省的大学以各省为名统辖全省的大、中、小学。根据此更改校名之办法，经大学院大学委员会通过，于 1928 年将第四中山大学改为江苏大学，后经学生强烈反对，不了了之。大学区制试行不到一年，第四中山大学区内的中等学校联合会就举出大学区制的五大害处，表达强烈不满，中小学请愿抗议之声不绝，加之第四中大易名、易长风波不断，在整体的官僚制度下，"学术化"的大学院和大学区，最终也不免陷入"官僚化"的泥沼，最终于 1929 年 6 月大学区制终止试行。

对于东南大学来说，试行大学区制，虽然由于地方和大学之间、大学和普教之间的矛盾纷争造成了混乱的结局，但是从另外的角度来说，江苏省内 9 所高等学校的联合，学科、师资的集中，为以后中央大学的发展奠定了基础[1]。

图 1–12 张乃燕

张乃燕（1894—1958）

张乃燕，字君谋，号芸庐，浙江吴兴人（图 1-12）。

1913 年赴欧洲留学，在英国伯明翰大学、皇家理工大学以及瑞士日内瓦大学学习自然科学，以化学为主科，获日内瓦大学博士。回国后先后在北京大学、浙江大学、上海光华大学、广东大学任教授，1924 年任孙中山大元帅大本营参议，1927 年任江苏省政府委员会委员兼教育厅厅长，同年调任第四中山大学校长，兼大学院大学委员会委员、江苏省政府委员。第四中山大学后更名为国立中央大学，张乃燕留任，成为中央大学首任校长，至 1930 年辞职，在校任职 3 年有余。张乃燕担任校长期间，聘请学界精英成立大学筹备委员会，行使学校行政权力，积极计划筹备研究院，但研究院的设想最终因资金和人才的困难而未得到真正实施。在张乃燕的倡导下，学校的学术研究呈现出一番欣欣向荣的景象，出版了一系列的学术刊物及学术著作，学术研究的氛围充盈在整个学校。

1 庄俞，贺盛甫 . 最近三十五年之中国教育［M］. 上海：商务印书馆，1931：107–111.

全面抗战前的中央大学（1928—1937）

国立中央大学（简称"中大"）于 1928 年 4 月 24 日成立，仍由张乃燕担任校长，后于 7 月对学校的院系进行了调整 [1]。将原第四中山大学的自然科学院和社会科学院改称理学院和法学院；因哲学院仅有一个系，故将其撤销；又将原第四中山大学的 9 个学院调整为文、理、法、教、农、工、商、医等 8 个学院。系科方面，

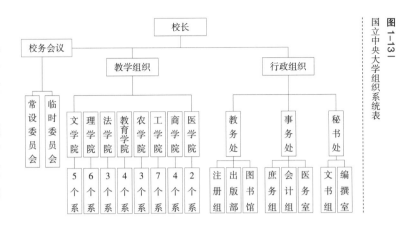

图 1-13｜国立中央大学组织系统表

将史地学系一分为二，分成史学系和地学系，前者化归入文学院，后者化归入理学院；又将文学院的语言系和理学院的人类学系撤销，改外国文学系为外国语文系；把原来科学院的社会学系化归入文学院。学校的教育行政机构也进行了适当的调整（图 1-13）[2]。国立中央大学是当时全国高等院校当中科系建设规模最大、最全的大学。

中央大学在成立之初，面临内忧外患，一直处于动荡之中。外部，因为日本帝国主义的侵略，爆发了中国全民抗日救亡运动；内部，中央大学学校里又发生了争取经费的经费风潮以及反对官僚政客的易长风潮。1932 年，中央大学被要求彻底整顿，罗家伦出任校长，他认为中国的大学要担负起复兴中华民族的使命，并提出"安定、充实、发展"的治校方针，同时提倡"诚、朴、雄、伟"的四字学风，十分注重人才聘用及学科建设。整顿后的中央大学迎来了一个相对稳定的时期，学校工作的各个方面都有所充实和发展，呈现一派繁荣景象。该时期校园建设频繁，且值得一提的是，其中多座重要建筑的设计者均为中国近现代著名建筑学家杨廷宝先生。

在此期间（1928—1937）任中央大学校长的有张乃燕、朱家骅、罗家伦等（表 1-1）。在任职过程中，张乃燕因为经费问题三次辞职，朱家骅因为政治问题也三上辞呈，"风波时起，百端待理"[3]，直到罗家伦上任，中大才终于得以稳定发展。

表 1-1｜全面抗战前中央大学历任领导人

姓名	任职时间	任职情况
张乃燕	1927.7—1930.10	校长
朱家骅	1930.12—1931.12	校长
刘光华	1932.1—1932.6	代理校长
桂崇基	1932.1	未到职
任鸿隽	1932.1—1932.6	未到职
段锡朋	1932.6—1932.8	未到职
李四光	1932	代理校长
罗家伦	1932.8—1941.8	校长

中央大学成立后，校本部仍设于南京四牌楼中央大学原址，于校东文昌桥修建学生宿舍，将农学院迁至三牌楼，并在乌龙山、幕府山开辟实验农场（图 1-14）。1937 年 7 月发生了卢沟桥事变，日军大举入侵中国，大片国土相继沦陷，南京亦危在旦夕。中央大学经过权衡，于 1937 年 10 月西迁重庆。

---

1 根据东南大学档案馆所藏档案，编号 2-20028045。

2 南京大学高教研究所.南京大学大事记：1902—1988［M］.南京：南京大学出版社，1989：44-45.

3 罗家伦辞就中大校长一职的讲话［M］// 刘维开.罗家伦先生年谱［M］.台北：中国国民党中央委员会党史委员会，1996.

图 1-14
全面抗战前中央大学校址分布图

图 1-15
罗家伦

罗家伦（1897—1969）

罗家伦，字志希，笔名毅，祖籍绍兴柯桥镇，五四运动的学生领袖和命名者，我国近代著名的教育家、思想家和社会活动家（图 1-15）。

1914 年入上海复旦公学。1917 年入北京大学文科，师从蔡元培。1919 年，在陈独秀、胡适支持下，与傅斯年、徐彦之成立新潮社，出版《新潮》月刊；同年，当选为北京学生界代表，到上海参加全国学联成立大会，支持新文化运动。五四运动中，亲笔起草《北京学界全体宣言》，提出了"外争国权，内除国贼"的口号，并在 5 月 26 日的《每周评论》上第一次提出"五四运动"这个名词。五四运动后，接任《新潮》主编。在胡适影响下，刊物改良主义色彩日浓，开始否定新文化运动。1920 年赴欧美留学，1926 年回国，任教于国立东南大学历史系及附中。1928 年 8 月，南京国民政府正式接管清华学校，将清华学校改称为国立清华大学，直辖于教育部。9 月，罗家伦受命任国立清华大学校长。

1932 年，罗家伦被任命为国立中央大学校长，中大的"易长风潮"就此平息。罗家伦创中央大学十年黄金期，是当时中央大学 21 年历史中任期最长的一位校长，也是这一时期中央大学整顿和发展的总设计师。罗家伦在校期间建树颇多，广延名师，重视文科教育，敦聘多位享誉国内外的著名画家以充实艺术系师资，使中大成为我国美术家的大本营；并对中大的院系设置不断地进行调整和充实，首创航空工程教育，聘航空专家罗荣安回国主持；重办医学院，奠定了中大七院的格局。

在罗家伦任内，中大于馆舍扩建、图书仪器设备及实验室的充实上均有长足发展，计有礼堂、体育馆、游泳池、科学馆、中山院、东南院、新教室、工学院各工场、医学院、农学院、实验学校等新建筑，并重修生物馆、南高院、梅庵、扩建图书馆等。在馆藏增购上，截至 1937 年，所藏书刊已达 407 203 册；各院系实验室共有 179 间，各类工厂 23 处；农学院拥有农林、畜牧、园艺、蚕桑等试验场 20 处，近 3 万亩。

杨廷宝（1901—1982）

杨廷宝，字仁辉，河南南阳人，著名建筑学家，中国科学院院士，中国近现代建筑设计开拓者之一，长期从事建筑设计教育及创作工作，为中国建筑设计事业做出了杰出贡献（图1-16）。

1921年在清华学校毕业后留学美国宾夕法尼亚大学，获建筑学硕士学位，1927年回国，为基泰工程司建筑设计方面负责人之一。1940年起在国立中央大学建筑系任教授，长期担任建筑设计课教学工作，历任系主任（1949—1959）、副院长（1959—1982）。1953年起，当选为中国建筑学会第一、二、三、四届副理事长及第五届理事长，1957年及1961年两次当选为国际建筑师协会副主席。1955年当选为中国科学院技术科学部学部委员。

杨廷宝从事建筑设计工作50余年，作品逾百，代表作有南京中央体育场、中央医院、中央研究院地质研究所、北京交通银行、清华大学图书馆扩建工程、京奉铁路沈阳总站以及1950年代初期的北京和平宾馆、1970年代后期的南京雨花台烈士陵园等。他还参加了北京人民大会堂、天安门人民英雄纪念碑、北京火车站、北京图书馆、毛主席纪念堂、南京长江大桥等建筑工程设计工作。他的设计结合国情、重视环境，善于汲取古今中外建筑精华，不懈地探索、创造现代中国建筑风格，作品表现出洗练凝重的风骨。1955年，他创办公共建筑研究室，出版《综合医院建筑设计》专著，对我国医疗事业发展起了重要作用。1979年，他创办南京工学院建筑研究所。《杨廷宝建筑设计作品集》《杨廷宝素描选集》及《杨廷宝水彩画选》于1980年代初相继出版。1982年，杨廷宝因病辞世。

杨廷宝在中央大学的建筑实践主要有图书馆、生物馆和大礼堂的扩建工程，南大门、金陵院设计以及1949年以后的五四楼、五五楼、动力楼、沙塘园食堂和宿舍设计等。他将不同风格的建筑完美地融入校园空间中，奠定了东南大学如今校园格局和风貌的基石。这些作品集中体现出他早期古典主义学院派的高度素养和后期逐渐转向现代主义和新民族主义的风格变化。

抗战中的中央大学（1937—1946）

1937年卢沟桥事变后，全面抗战爆发，当时的中大校长罗家伦先生面对日军侵华的得寸进尺，坚持认为长期抗战到底的国策是正确的，并向行政院提出建议，将东南沿海的几所主要大学和科研机构迁往西南。由于南京的动乱，罗家伦于8月15日在大礼堂宣布立即西迁重庆，要求全校师生8月底前返校，开始西迁，紧接着又对迁校工作及时做出了周密而细致的安排和筹划。

从1937年10月中央大学西迁重庆至1946年复员这8年期间，学校的办学条件非常艰苦，师生的生活亦十分困难，但在抗日热情的鼓舞下，各地沦陷区的青年学子纷纷涌向重庆，各方学者也都云集于此，这使得中央大学的教学科研、系科设置、师资阵容以及学生规模等都有了长足的发展而日渐鼎盛。

中大入川后，分为4处（图1-17）。

1. 重庆沙坪坝校本部

中央大学在西迁之前，于1937年9月30日致函四川省主席刘湘商量借用重庆大学土地建设临时校舍。10月2日，

刘湘复函表示同意。10月6日，中央大学在重庆市都邮街紫家巷设立"重庆办事处"。又派水利系主任原素欣、工程师徐敬直和事务主任李声轩前往重庆办理建设校舍事宜。

选定的校址在重庆沙坪坝松林坡，毗邻重庆大学，处于磁器口、小龙坎、嘉陵江以及歌乐山之间。松林坡是一座布满青松的小山峦，景色优美，林木葱郁，为办学胜地（图1-18）。图书馆建在山顶部，可以俯瞰学校全景，沿坡建造教室、办公室以及宿舍，另外一部分宿舍建在小龙坎。环绕山坡有一条马路，是学校的主要道路。校园里有几个操场，但是要进行大型体育活动则要借用重庆大学的操场。房舍多为竹筋泥墙和瓦顶的简易建筑，基本能满足全校师生教学和生活的需要（图1-19、图1-20）。两校携手办学，沙坪坝成为抗战大后方著名的"文化四坝"之一，1938年由中央大学主持修建的"七七抗战大礼堂"落成后，成为两校师生抗日运动的重要活动场所（图1-21），马寅初、郭沫若、老舍、曹禺、冯玉祥等人曾来此演讲和参观访问。

2. 重庆柏溪分校

由于学校规模不断扩大，1939年9月，校务会议决定筹建柏溪分校，供一年级新生之用（图1-22、图1-23）。柏溪位于嘉陵江上游，距本部15 km，此地环山而中间平洼，面积约148亩，中间平洼处原有楼房8间、平房5间，作为办公之用，在对面又建一饭厅，兼做分校集会场所，两栋建筑之间为操场，靠近饭厅建宿舍为生活区，教室集中建于坡道两旁，后又陆续建了实验室等，前后共建房44座。柏溪分校旧址现仅余一间传达室。

图1-18 重庆沙坪坝校区图景

图1-19 重庆沙坪坝校舍外景一

图1-20 重庆沙坪坝校舍外景二

图1-21 重庆沙坪坝七七抗战大礼堂

图1-22 迁川后中大柏溪分校全景

图1-23 迁川后中大柏溪分校建设规划图

3. 成都华西坝的医学院和农学院畜牧兽医系

抗战期间，中央大学的医学院、农学院的畜牧兽医系以及附属医科专科学校迁至成都华西坝，并向华西协合大学（现四川大学华西医学中心）借用土地和房舍（图1-24）。除中央大学外，金陵大学、金陵女子文理学院、济南齐鲁大学、苏州东吴大学生物系、北平燕京大学、协和医学院的部分师生及其护士专科学校也先后迁到华西坝。一时间华西坝上云集了数千名师生，各大学开始联合办学。1938年，齐鲁大学和中央大学医学院为了让高年级的医科学生能进入临床实习，与教会方面以及东道主华西协合大学协商决定，以教会在成都的仁济医院、牙症医院等医院为依托成立"华大、中大、齐大三大学联合医院"，由中大医院院长戚寿南担任总院长，三个大学的高年级医科学生都可以到这几所医院实习。

4. 贵阳的实验学校

1937年10月10日，中央大学实验学校迁至安徽屯溪，并借用邵家祠堂开学上课。经过一个月，由于战争动乱，遂又经南昌迁至长沙岳麓山，并借用长沙高农的新校舍。8个月后，再迁贵州贵阳，以南门外观音洞与水口寺间的马鞍山为校址。后由于中大本部与实验学校相隔太远，学舍的实习和各种教育实验难于安排，经教育部同意，将实验学校更名为第十四中学，隶属于贵阳（图1-25），而接受重庆青木关中学为中大附中。抗战胜利后，贵阳第十四中学又迁回南京市三牌楼，仍为中央大学附属学校（现南师大附中），而青木关中学则移交当局。

西迁后的中央大学，虽然有来自战争、政治、生活等方面的种种磨难，但中大的师生始终以饱满的热情、锲而不舍的精神坚持教学和科研。不管是自发的自然科学座谈会，还是中间穿插进去的民主科学座谈会、九三座谈会、中国科学工作者协会以及最终的"九三学社"，都体现出中央大学西迁后教学科研的勃勃生机。科学研究和学术研究在极端困难的情况下也取得了可观的成绩，从而使得西迁时期的中央大学成为校史上又一鼎盛时期[1]。

在此期间（1937—1946）担任中央大学校长的有：罗家伦、顾孟余、蒋介石、顾毓琇。

图1-24
华西协合大学校舍旧照

图1-25
贵阳第十四中学校景旧照

抗战胜利后的中央大学（1946—1949）

1945年8月，长达8年的全面抗战结束了，此时中大师生也迎来了中央大学的新任校长吴有训。他到校不久，便开始筹备中央大学的复员东还工作。原定于1945年进行第一批复员，后因为运输工具缺乏，沿途也不甚安全，所以推迟到1946年才开始。

复员后的中央大学规模增大到战前的三四倍，于是决定将学校分为本部和分部，扩建丁家桥校舍，称丁家桥二部，于中华门外石子岗为农经系设置"中华农村福利试验区"，并将中央大学附属学校迁回三牌楼，相关校址分布如下文所述（图1-26）。

1　朱斐.东南大学史：第1卷 1902—1949 [M].南京：东南大学出版社，1991：241-242.

图 1-26 |

抗战胜利后中央大学校址分布图

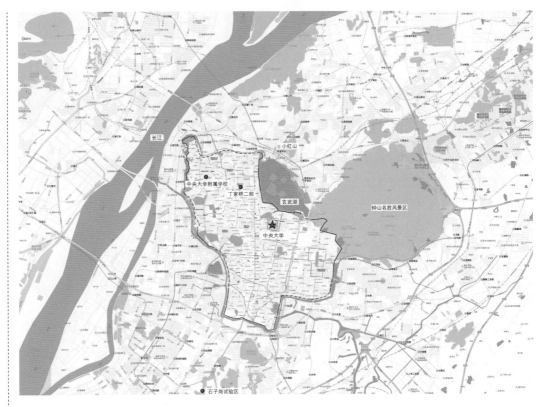

图 1-27 |

南洋劝业会场图

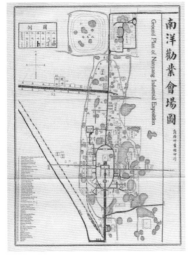

1. 丁家桥二部

丁家桥二部原为 1910 年南洋劝业会会址（图 1-27），南洋劝业会之后，原会场场地上并没有继续建设。直至 1921 年，国立东南大学校董黄炎培前往马来西亚请华侨张步青（又名张煜南）先生将其在丁家桥的南洋劝业会旧址约 500 亩土地捐献给东大办学。

1935 年，中央大学重新组建医学院，院址位于四牌楼，同时，学校开始在丁家桥建设医学院院舍，1936 年 4 月，院舍落成，但次年 8 月，医学院随中央大学西迁，在丁家桥的校舍并未使用。1937—1946 年南京沦陷期间，丁家桥校舍成为敌军仓库。

1946 年复员后，丁家桥校产委员会成立，由郑集教授负责主持工作。由于复原后学生、教职员工人数增多，校舍远远不够，中央大学分设两部，其中文学院、理学院、师范学院、工学院、农学院的一部分及附属医院设于四牌楼，称校本部；扩建丁家桥校舍，将医学院、农学院及一年级新生和先修班设于此，称丁家桥二部。此时，丁家桥二部南自丁家桥，北至筹市口，东自芦席营，西至模范马路，全部呈长方形，面积约为 1 000 余亩（图 1-28）。医学院位于丁家桥西南，有校舍 30 余幢，较为完整，农学院位于东南，一年级及先修班居中，北部空地为农学院苗圃及农场。1947 年，丁家桥二部开始大规模校园建设，初期的校舍皆为木房。这一时期主要的新建建筑有教职员宿舍，学生宿舍，中央大学附属医院门诊部、病房楼及 X 光室等。

1949 年以后中央大学改名为南京大学，医学院也相应改名为南京大学医学院。1952 年全国高校院系调整，医学院正式独立为华东军区医学院；同年 3 月，再次更名为第三军医学院；1953 年 3 月，由第三军医大学更名为第五军医大学；1954 年，第五军医大学迁往西安，成为今日第四军医大学的主要前身，余下专家教授及老师与 3 所军队医科学校共同组建成为中国人民解放军第六军医学校；1958 年，更名为南京铁道医学院；2000 年 4 月，合并至东南大学，该校址定名为东南大学丁家桥校区。

1949 年至今的这段时间里，学校的建设活动基本在原来的基础上翻建扩建，原有的道路、格局没有改变。1980 年代左右建设了现在中大医院的门诊楼、内科楼、外科楼等医院建筑，校园内的大部分教学楼、实验楼也在这个时期建设。2000 年并入东南大学后，学校翻建了校园北部的学生宿舍。2012 年中大医院在操场西侧新建了住院部。

目前东南大学丁家桥校区仅为原丁家桥二部南边的一小部分（图 1-29），北接新模范马路，南至童家巷，东至丁家桥路，西抵金川河。校区内除保留的后勤楼和行政楼两栋建筑外，其他均为 1949 年以后的新建建筑。后勤楼为两层建筑（图 1-30），与行政楼相对，位于东门北侧，东西走向，楼梯长 86 m，宽约 13 m，占地约 1 200 m²，地上建筑面积 2 400 m²，无地下室，推测该建筑建成于 1936 年西迁之前。行政楼为三层建筑（图 1-31），位于操场北侧，东门南侧，东西走向，楼体长 101 m，宽 14.8 m，占地约 1 364 m²，地上建筑面积约 4 100 m²，无地下室，推测该建筑建于 1947 年原中央大学复原南京后扩建丁家桥二分部时期 [1]。

图 1-28 | 1946 年丁家桥二部平面图

图 1-29 | 丁家桥现状平面图

图 1-30 | 后勤楼现状照片

图 1-31 | 行政楼现状照片

2. 中央大学附属学校

1946 年复原南京后，原贵阳实验学校又迁回南京市三牌楼，仍为中央大学附属学校，而青木关中学则移交当局。中央大学附属学校现为南师大附中。

3. 石子岗试验区

复原南京后农学院位于丁家桥二部，1947 年在丁家桥建起了畜牧场和兽医院，1948 年初农业经济系还在中华门外石子岗办起了"中华农村福利试验区"，以改良农业技术和改善农村环境。

1947 年，由中央大学发端，爆发了震撼全国的反饥饿、反内战、反迫害的五二〇运动。在当时的局势下，学校的科研工作必然受到一定的影响。但是中央大学毕竟是一所学科众多、师资雄厚、历史悠久的高等学府，此时科系设置的完善程度仍然位于全国之冠，全校共 7 个学院。

1 姜翘楚 . 原中央大学医学院旧址（南京丁家桥）空间设计研究 [D]. 南京：东南大学，2019.

（1）文学院：文学院各系的教室、研究室、图书馆等均设于中山院。

（2）理学院：理学院是7个院中设置最全的。数学系、物理系、地质系、地理系、化学系以及一部分心理系设在科学馆，生物系的实验室、标本系、研究室、教室都在生物馆（即今中大院），地理系及一部分心理系位于南高院。

（3）法学院：法学院的各系教室、研究室和图书室都设在东南院。

（4）师范学院：师范学院除体育系在体育馆，艺术系的音乐组在梅庵之外，其余所有教室、研究室、绘画室均在南高院。

（5）农学院：院长为罗清生，该院设农艺、园艺、农业经济、农业化学、畜牧、兽医、森林、农业工程8个系以及畜牧兽医专修科，并设与系相对应的研究所。中央大学的农学院为我国的农业输送了许多开拓性人才。农学院在丁家桥二部。

（6）医学院：医学院在丁家桥二部，附属牙科医院仍在校本部。医学院有附设的大学医院，原在校本部，后迁到二部。

（7）工学院：工学院在中央大学的7个学院中规模最大，也是系科甚多、师资雄厚、设备精良的一个学院。工学院在教学上强调理论与实践的紧密结合，实验室是工学院学生的第二课堂。复员后，工学院重点抓实验室的恢复和扩建，共建了22座实验室。工学院各系的教室、图书馆以及部分实验室均设于新教室（后改为前工院），各个实习工场、电力实验室、水利实验室、材料实验室、风洞室、引擎室均在校园北边的平房和工艺实习场内，热工实验室以及航空系实验室位于图书馆西侧的平房内，机械系办公室及绘图教室、公用教室都设于南高院。此外，工学院的新生入学后，一年级会在丁家桥二部上课，等到二年级才回到本部学习。

在此期间（1946—1949）担任中央大学校长的有：吴有训、周鸿经。

1948年到1949年初，中央大学的师生们开展了反迁校斗争，迎来了南京的解放。

吴有训（1897—1977）

吴有训，字正之，江西高安人，中国近代物理学奠基人，科学家、教育家。曾担任中国科协副主席、中国科学院副院长、研究员（图1-32）。

1916年入南京高等师范学校学习，1920年6月毕业于数理化部。次年赴美入芝加哥大学，随诺贝尔物理学奖获得者康普顿从事康普顿效应的研究，1925年获博士学位并留校任助教，次年回国筹办江西大学。1927年8月任国立第四中山大学理学院物理系副教授兼系主任。1928年赴清华大学，先后任物理系教授、系主任、理学院院长。吴有训在清华期间，建立了我国最早的近代物理实验室，后又在清华及西南联大建立了金属、无线电、农业、航空、国情普查等5个实验室。

图1-32 吴有训

1945年10月，吴有训就任中央大学校长，翌年，主持学校迁返南京工作。就任中大校长之初，即聘请陈鹤琴、罗尔纲、赵忠尧等知名学者任教，并组建了我国第一个核物理实验室。他提出"政治民主，教授治校，学术自由"三大方针，允许师生自由组织社团，支持同学民主选举学术自治会。1946年，重庆爆发"反对内战、要求团结"的万人大游行，吴有训极力保护青年学生，昂然走在游行队伍之前。五二〇运动时，他提出"在安定中求进步，在进步中求安定"的口号，规劝学生不要罢课游行，避免流血牺牲，事后又多次到医院慰问受伤学生，断然拒绝军警进校抓人。

1949年在上海先后任交通大学教授、校务委员会主任、交通大学校长。次年任中国科学院近代物理研究所所长、中国科学院副院长。1955年当选为中国科学院学部委员，兼数理化学部主任。1958年，中国科学技术协会成立，吴有训当选为副主席。1977年11月30日在北京逝世。

中央大学的接管与更名（1949—1952）

1949 年 4 月 20 日，人民解放军百万雄师横渡长江。1949 年 4 月 23 日，南京解放，中央大学全体师生和员工终于熬过了黎明前的黑暗，迎来了曙光。5 月 7 日，中国人民解放军南京军事管制委员会派员来接管国立中央大学。同年 8 月 8 日，国立中央大学改名为国立南京大学，在四牌楼原址继续办学。1950 年 10 月 10 日起，又改为南京大学（简称"南大"）。1951 年 7 月，华东军政委员会转达中央人民政府教育部决定，南京大学自 1951—1952 学年第一学期起改行校长制，任命潘菽为校长，孙叔平任副校长；同年 9 月政务院 103 次政务会议通过决定，此后，南京大学在校长的领导下实行民主集中制[1]。

1949 年，南京大学共设 7 院 33 系，4 个专修科及医学院的 19 个科，还有 7 个实习附属单位。

1949 年至 1952 年，我国进入了新旧社会的交替时期，也是从新民主主义向社会主义过渡的时期，此时期的南京大学，各方面都呈现出除旧布新的特点。对中央大学的接管和更名，显示出了学校性质和主权的改变；新体制和制度的建立，显示出学校办学方针和方向的改变；学校广泛组织参加各项民主改革运动及思想教育运动，显示出了师生积极投身客观世界和主观世界的改造以迎接未来的社会主义建设的愿望；对旧教育的初步改革则为学校未来的全面改革和发展奠定了基础。

在这个时期学校主要致力于新体制和新制度的建立，校园的建设几乎没有发展。

南京工学院（1952—1988）

一、"文革"前的南京工学院（1952—1966）

1952 年到 1957 年是我国国民经济的第一个五年计划时期，对各项工程建设人才有着紧迫的需求，这使得高等工科教育蓬勃兴起。随着全国上下对苏联的全面学习，学校也在高等教育改革上学习苏联经验，并进行全面的教改。南京工学院（简称"南工"）在这样的国情下应运而生，并迅速发展成为我国著名的工科大学之一。

新中国成立初期，全国高校关于学校类型还缺少统筹规划，工、农、医、师等社会主义建设所急需的院校数量较少，规模不大，多数学校在系科设置上偏重文法而对理工有所忽视。1953 年中共中央指出，党在这个过渡时期的总路线是要在相当长的时间内，逐步实现国家的社会主义工业化。1952 年，教育部制定了全国高等学校院系调整计划。同年 7 月，教育部根据"以培养工业建设人才和师资为重点，发展专门学院，整顿和加强综合大学"的方针，明确主要发展工业学院，尤其是单科性专门学院，进行全国高等院校院系调整，并先后在全国五大行政区进行院系调整。华东地区院系调整以上海、南京两市作为主要城市；而南京市的院系调整，又以南京大学为中心。各院校的概况如下文所述（图 1-33）。

（1）南京大学：以原南京大学和金陵大学的文、理、法等学院为主体组建而成，共设 13 个系，校址设在原金陵大学。潘菽任校长，孙叔平任第一副校长，李方训任第二副校长。

（2）南京工学院：以原南京大学工学院为基础独立建院，并入金陵大学的电机、化工两系，江南大学的机械、电机、食品工业三系，以及南大农学院的农化系，武汉大学园艺的农产品加工组和农化系的农产制品组，浙江大学的农化系和复旦大学的农化系，1953 年又并入浙江大学、交通大学、山东工学院的无线电通讯和广播系科以及厦门大学的机械、电机两系，组建成一所多科性的工业大学。全院共设 7 个系、10 个本科专业、10 个专修科专业。考虑到国家工业建设人才的需要和工学院发展的需要，经南大、金陵大学两校校务联席会议研究决定，将原南京大学四牌楼本部作为南京工学院校址，因该处

1　南京大学校庆办公室校史资料编辑组，南京大学学报编辑部.南京大学校史资料选辑［Z］.南京，1982：496.

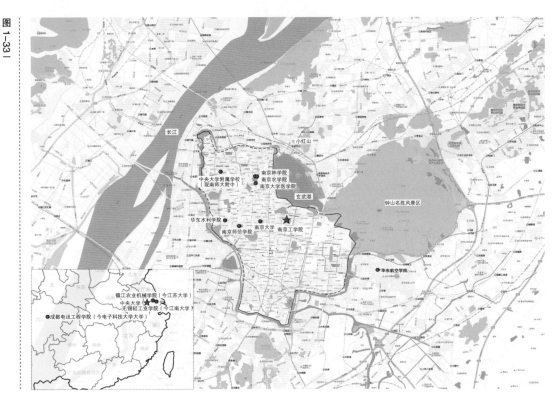

图 1-33 ｜
院系调整时期中央大学校址分布图

面积较大，短期内不盖新房亦能基本满足教学、生活用地用房的需要。汪海粟任院长，钱钟韩任副院长。1988 年改名为东南大学。

（3）南京师范学院：以原南大师范学院和金陵大学有关系科为基础，并入南京师专数理班、上海私立震旦大学托儿专修科、广州私立岭南大学儿童福利组等。校址设在原金陵女子文理学院所在地。陈鹤琴任院长，吴贻芳任副院长。1984 年改名为南京师范大学。

（4）南京农学院：以原南大与金陵大学农学院为基础，调入浙江大学农学院部分系科组建而成。校址初设在丁家桥原南大二部，1958 年迁至东郊卫岗。金善宝任院长。1984 年改名为南京农业大学。

（5）华东水利学院：由原南大工学院水利工程系、交通大学水利系、同济大学和浙江大学两校的土木系水利组以及华东水利专科学校的水工专修科合并组建而成，校址在西康路。严恺任院长。1985 年改名为河海大学。

（6）华东航空学院：由原南大工学院航空工程系、交通大学航空系、浙江大学航空系合并组建而成，范绪箕任院长。校址设于南京东郊卫岗，1957 年迁西安，更名西安航空学院。1957 年 10 月，与西北工学院合并组建西北工业大学。华东航空学院西迁后，卫岗校区即划归南京航空工业专科学校（南京航空学院前身），1958 年后又成为南京农学院的校址。如今，校园内的教学主楼已被列为南京重要近现代建筑。

（7）南京林学院：由原南大农学院森林系与金陵大学农学院森林系合并组建而成，1955 年又并入了华中农学院的森林系。校址初设在丁家桥，1955 年迁至太平门外锁金村。郑万钧任院长，杨致平、干铎任副院长。1985 年改名为南京林业大学。

（8）南京大学医学院：于 1951 年改变建制，属华东军政委员会卫生部领导，但仍保留南京大学医学院名称，蔡翘任院长。1952 年改名为中国人民解放军第五军医大学，1954 年迁西安，并入解放军第四军医大学。原国立中央大学医学院的旧址于 1958 年改建为南京铁道医学院。2000 年 4 月，南京铁道医学院与东南大学合并，更名为东南大学医学院，其附属医院改为东南大学附属中大医院。

院系调整后，高等学校归中央和地方政府统一领导，使得国家和学校的有限人力、财力、物力得到了较为集中的使用，教学质量普遍得到了提高。此时国家迫切需要的系科和专业都取得了较快的发展，工科、农林、医药、师范等院校开始蓬勃发展，我国的高等教育进入了迅速发展的新时期。南京工学院经过这一时期的发展，学校的规模迅速扩大，成为我国著名的工科大学之一。

学校的工科历史最早可追溯到国立东南大学时期的工科，于1923年在茅以升教授的主持下奠定基础，设立了土木工程、机械工程、电机工程三系。新中国成立初期，学校处于维持状态，一些科系甚至有所缩减，唯有工学院仍然处于发展的势头。院系调整后，南京工学院坚持教育教学的改革，积极开展科学研究，并加强重点专业和重点学科的建设。1952年，学校设建筑工程系、机械工程系、电力工程系、电信工程系、土木工程系、化学工程系、食品工业系等7个系，共设有10个本科专业和10个专科专业。

1952年至1957年间，学校规模迅速扩大，学校事业蒸蒸日上，本科专业由10个增至20个，在校学生人数由1944人增至6018人，成为南工历史上第一个鼎盛时期。1955年，高教部与第二机械工业部会商决定，将南工的无线电系与交通大学、华南工学院的相关系科合并，迁至四川建立成都电讯工程学院。南工一方面服从上级决定，另一方面紧急与有关教授专家协商，一致认为南工无线电系不宜内迁。王海粟迅速将此意见向上反馈，经高等教育部与第二机械工业部再次会商后决定：南工无线电系留南京停迁，调南工无线电系15名教师去成都支援新校。

1958年至1966年，是我国经济社会曲折发展的时期，高等教育事业发展也深受影响。南京工学院在这一时期的发展可以分为三个阶段。第一个阶段是1958年至1960年，经过全面学习苏联，学校开始探讨适合我国国情的高等教育道路，同时，又受到一系列的政治冲击，搞了"教育大革命"，总结了许多经验教训。第二个阶段是1961年至1964年，全面贯彻八字方针，学校工作卓有成效，成为南京工学院又一个最好的时期。第三个阶段是1964年至1966年，在"阶级斗争为纲"和毛泽东关于教育改革几次谈话的精神指导下，学校开展了社会主义教育运动和教育改革的新探索。

学校系科建设在1958年至1966年间也历经调整。自1956年起，南京工学院停办专科。1958年8月，中共中央、国务院发布《关于教育事业管理权利下放问题的规定》，加强地方对教育事业的管理，在"大跃进"的形势下，由于缺乏对高等教育事业发展的统筹规划，各省市一时竞相增设高校，江苏省打算一年内办起百所大学，将老校某个系科分出并成立独立的专门学院就是一种简便做法。受此影响，1958年南京工学院食品工业系和化学工业系相继分出，分别建立了无锡轻工业学院（现江南大学）和南京化工学院（现南京工业大学），1960年南工农业机械系分出，建立镇江农业机械学院（现江苏大学）。至1965年，南京工学院一共有8个系，分别为建筑学系、机械工程系、动力工程系、无线电工程系、土木工程系、电子器件系、基础课系和自动控制系，共22个本科专业。

"文革"之前（1952—1966）担任南京工学院校长的有：汪海粟、杨德和、刘雪初。

二、"文革"中的南京工学院（1966—1976）

1966年至1976年开展的"文革"中高等院校成为重灾区，南京工学院刚刚出现的良好形势被"文革"破坏得一干二净，学校陷入了长达数年的灾难和动乱之中，遭受的损失和破坏也让人触目惊心。

三、"文革"后的南京工学院（1976—1988）

1976年10月，江青反革命集团的覆灭给"文革"画上了句号。1978年12月，中共十一届三中全会后，我国开始了拨乱反正、全面纠正错误的时期，并做出了把工作重点转移到社会主义现代化建设上的战略决策，实现了1949年以来具有深远意义的伟大转折，这一重要转折为南京工学院的恢复和发展创造了良好的条件。1978年3月，学校根据我国社会主义建设新时期对教学、科学事业的迫切需求，按照邓小平指出的"重点大学既是办教学的中心，又是办科研的中心"，制定了《南京工学院1978—1985年发展纲要（草案）》，明确提出："三年奋战，打好基础，八年跃进，初具规模，高速度、高水平地把我院建设成为以工为主，理工结合，具有自己特点的多科性的社会主义工科大学。它既是教育中心，也要逐渐地成为科研中心，担负起为国家多出高质量的人才、多出先进的科技成果的双重任务。"

在这样的大背景下，南工逐步整顿教学秩序，恢复教学的中心地位，各项工作开始全面复苏，与此同时，南工开始扩大招生规模，并大力加强师资队伍以及科研队伍的建设，扩大校园规模，校园内也开始大兴土木，新楼迭起，学校的各项事业均取得了全面的发展，步入了以工为主，工、理、文、管综合发展的多科性工科大学的道路[1]。至 1978 年，设有 8 个系、22 个专业，后经过逐年增设，调整系科及专业，至 1988 年，系、科、专业有了进一步的发展，全校共设有 41 个本科专业、6 个专修科。在此期间（1976—1988）担任南京工学院院长的有：盛华、吴觉、钱钟韩、管致中。

快速发展的东南大学（1988—）

自从 1952 年开始学习苏联，南京工学院一直为一所单一的工科学校，但是一方面"文革"过后，根据国家现代化建设的要求和国际科技、教育发展的趋势，学校领导意识到单一学科的办学模式对于人才的全面发展和知识素质结构的综合优化非常不利，并且对学科的交叉渗透、科研水平的提高是一个很大的束缚。从 1978 年开始，学校多次制订、修订事业发展计划，提出了"以工为主，理工结合""向文理工结合方向发展"等办学方向，开始向综合大学方向发展，"工学院"名不副实。另一方面，南工被冠以"学院"之名，使得南工与国际从事学术交流时经常蒙受不利影响。1986 年 12 月，国家下发了《关于普通高校学校设置暂行条例》，条例中明确规定大学和学院的差别，据此，南工更名为"大学"一事更加名正言顺。后经过反复酝酿，最终上报更名，获得同意。1988 年 5 月，经过国家教育委员会的批准，在学校建校 86 周年之际，南京工学院更名，复称东南大学。

南京工学院早在酝酿更名的同时，即着手规划学校的发展，首先面对的是由于土地局促导致学校发展空间受限的问题。学校处于市中心，包括中间教学区，校东、校南、校西的生活区、工厂区，不计一些零星用地，仅有 531 亩土地，是国家教改委直属高校中占地面积最少的，不论是教学、科研还是生活用地与活动场地都非常紧张。学校历届领导曾经想方设法地去扩大土地，但是由于地处市中心，在学校周边或市区征地的可能性极小。后来学校决定越江北上，建设浦口新校区。新校区位于浦口三河乡境内，东临航务专科学校，西临滁河，南依东门镇，北接浦口高新技术开发区，可用土地约为 610 亩。经过一年的建设，一座现代化的大学城在长江北岸崛起。根据国家教委批准的学校发展规模，学校有全日制学生 10 000 人，计划在四牌楼老校区安排 6 000 人，将除建筑系外各系一、二年级学生及部分系的三、四年级学生共 4 000 人安排在浦口新校区。新校区 1988 年举行奠基仪式，1990 年 9 月 7 日，近 1 500 名新生进入浦口校区学习。拓建新校区扩大了校园面积，摆脱了学校长期发展的束缚，是东南大学历史上的一件大事。

2000 年，全国兴起高校合并风潮，东南大学与南京铁道医学院、南京交通高等专科学校、南京地质学校合一，形成了"一校五区"（浦口、丁家桥、晓庄、四牌楼和长江后街）的校园格局。

2003 年，学校在江宁九龙湖征地 3 700 亩建设新的东南大学校区。2006 年夏季起，学校主教学区由四牌楼向南迁至九龙湖校区，从而掀开东南大学发展史上又一篇章。同年，浦口校区被用作东南大学成贤学院校址。新的九龙湖校区处于江宁经济技术开发区的南部，用地 3 752.35 亩，已建成教学区、科研实验区、行政区、本科生生活区、研究生生活区、教师生活区以及后勤保卫区等，总建筑面积约为 78.97 万 m^2。四牌楼老校区则作为研究生教育、本科高年级教育（除医学科外）和科学技术研究基地。

在这个时期，学校的发展进入了一个崭新的阶段，并进一步朝着综合性大学的方向迈进。学校进一

1 朱斐 . 东南大学史：第 2 卷 1949—1992 ［M］. 南京：东南大学出版社，1997：33–36.

步深化改革，对专业和学科进行了全面的规划。一方面加强理科建设，并且致力于理科与应用技术科学的结合；另一方面，注重发展文科，全面提高人才的培养质量，提出了"以联合求发展，以科研为先导，以任务带学科"的发展思路。东南大学现为中央直管、教育部直属的全国重点大学，是国家"双一流"建设高校。

如今的东南大学已经成为一所以工科为主要特色，理学、工学、医学、文学、法学、哲学、教育学、经济学、管理学、艺术学等多学科协调发展的综合性、研究型大学。东大人正秉承"诚朴求实、止于至善"的优良办学传统，坚持"开拓创新、争先进位"的跨越式发展战略，凝心聚力，锐意进取，向着建设世界一流大学的目标团结奋进。

在此期间（1988 年至今）担任东南大学校长的有：韦钰、陈笃信、顾冠群、易红、张广军、黄如。

第二章　晚清官办学校——近代大学的萌发与初创

建设过程

三江师范学堂是清政府有感于学堂教师之匮乏而于 1902 年开办的师范学堂（1906 年改名为"两江"师范学堂）。作为晚清高等教育的典型代表，其存续时间为 1902 年至 1912 年。在这一时期，中国正处于政治、文化及社会模式的深度变革之中，因而其校园的异质性体现出了西方世界政治、文化输入媒介与中国本土传统对抗、融合、重塑的过程，其校园形态既是社会、经济、文化的反馈，同时也对这一时期的社会、经济、文化起到了重塑作用。这一时期的校园形态反映了清末复杂的社会形态、经济走势和文化融合。

选址南雍的决定，与当时署理两江的湖广总督张之洞有密切的联系。1902 年冬，张之洞受命到达江宁后，就以造就文武人才为急务，着手筹建三江师范学堂，其第一项工作即为学校校舍用地选址。据《申报》1903 年所载："此间创设三江师范学堂，去岁冬即经署两江总督张香涛宫保饬江宁藩司李芗桓方伯，勘定城北昭忠祠隔河地亩，拨款购买，择日兴工，一面由两江学务处总办杨哲甫观察，檄饬善后局收支委员查大令宗仁，驰赴上海，召集良工，逐一估计，共需费若干，禀候学务处司道查核。"[1]

以南雍旧址为办学地点是张之洞经考察后亲自选定的，其背后蕴含着清末伟大教育家的爱国忠君思想与深深隐藏的对中国传统文化价值的热爱。他希望在这样一个国家最高等级文化教育的场所中建立新教育体系中的高等校园，使得新建立起的学校能够继承南雍所代表的传承数千年的中国传统儒家文化，承担起教育强国的根本使命。

学堂建设时，张之洞已返回湖北，学校的一应建设计划的制订实施均交给跟随张之洞创立湖北师范学堂的堂长胡钧[2]负责。由于张之洞是"中体西用""借材异域"思想的倡导者，所以三江师范学堂的教学模式模仿明治维新后逐渐完备的日本教育体制，学校的建设参考的也是日本东京帝国大学的蓝图，据1904 年 3 月《东方时报》报道："工程尚未完工，然校舍俱系洋式，壮丽宽广，不亚于东京帝国大学。"[3]

学堂从 1903 年 6 月 19 日开始建造，由知县查宗仁进行工程监督[4]。在魏光焘督促下，工程进展顺利，并于 1903 年 9 月正式开学。截至 1904 年 10 月，《大公报》报道，已造好"洋楼五所"，"局面极其宏敞"。1904 年日本东亚同文会也有相关报道，提及三江师范学堂计划兴建的"五百四十室大校舍及职员住宅，已经完成了一半，来年二月即可竣工"[5]。《东方杂志》亦称其"建筑之费，初定二十万两，后因推广规模，再支十五万两，现正赶工，明年秋间即可落成"[6]。7 月又添建理化讲堂一所，由中国教习蒋与权负责绘制[7]。8 月，一处走廊被雨冲塌，学堂新总办徐乃昌请两江总督魏光焘派员查勘，因中日教习均不愿意居住于此，故暂时借昭忠祠使用[8]。全部工程于 1905 年 10 月完全竣工，校园建设共计耗时 2 年。1904 年 11 月，正值皇太后万寿节，新督端方就"宴中外官绅于三江师范学堂"[9]；1907 年 3 月，江宁提学使视察后也认为："该堂局面阔敞，大有整齐严肃之观。"[10]可见其规模恢宏壮丽，与其官办高等师范学堂之地位相匹配。

1　光绪二十九年（1903）二月四日《申报》。

2　胡钧（1869—1944），光绪十八年（1892）考入两湖书院，1896 年奉派赴日考察教育，1902 年协助张之洞创立湖北师范学堂，任堂长。

3　光绪三十年（1904）三月《东方时报》。

4　光绪二十九年（1903）五月十九日《大公报》。

5　苏云峰. 三（两）江师范学堂：南京大学的前身　1903—1911［M］. 南京：南京大学出版社，2002：128.

6　光绪三十年（1904）一月二十五日《东方杂志》。

7　光绪三十年（1904）六月八日《大公报》。

8　光绪三十一年（1905）一月十九日《大公报》。

9　光绪三十年（1904）七月二十二日《大公报》。

10　光绪三十三年（1907）四月《江宁学务杂志》。

1906 年三江师范改制成两江优级师范学堂时，再次增建讲堂等建筑。据当年增建一手工讲堂的用工用料清册可以略知校园内建筑的建造过程及材料造价等细节（图 2-1）。从这份施工清册可以看出，学堂在校园建设上耗费甚巨，做工讲究，且每幢建筑均按照传统建筑做法修订详细的造价单。这一时期校园内建筑基本都为砖木混合结构，围护结构用砖砌，屋顶用木屋架。

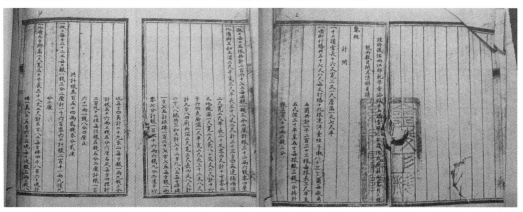

图 2-1 两江师范建设特别讲堂用工用料清册（部分）

至于学校规模与房舍信息，据 1911 年《教育杂志》[1] 登载的报告，两江师范学堂此时的面积已经扩充到 200 亩，全校校舍约 200 间，规模宏敞（图 2-2、表 2-1）。各种校舍场地和容量如下文所述。

（1）口字房（形如口字）。

（2）一字房，为三层西式教学大楼。

（3）中日教习宿舍、职员宿舍。

（4）学生宿舍。

（5）图书室、阅报室、自修憩息室 10 间。

（6）实验室 8 所，内有各种仪器设备、器材和医疗用品。

（7）农事试验场 100 余亩（在今文昌桥右边 122 号住宅区）、养虫室、木工室和金工室。

（8）器械标本室 2 所。

（9）储藏室 2 所。

（10）调养室（即医疗室）3 进，房屋 20 余间。

（11）浴室和盥洗室。浴室很大，为本学堂及附属中、小学生千余人所公用。

（12）厨房及食堂，有夫役 14 人，可供 800 余人食物。

（13）学生会客室。

（14）厕所 3 间。

（15）操场 2 处。

（16）发电室（1911 年新设，供照明用电等）。

（17）附中与附小。

学堂校舍的宏大规模与高效的施工进度均得益

图 2-2 两江师范学堂全图

表 2-1 三江（两江）师范校舍汇总表

年份	建筑
1904	一字房（即南高院的前身）
1906	口字房（现健雄院的位置）
1904	教习房（1978 年拆除，现出版社的位置）
1902—1912	实习工场
1904	田字房
1902—1912	实验室若干
1902—1912	农场（100 余亩，在今校东文昌宿舍位置，现无），1946 年以后迁至丁家桥
1902—1912	运动场（2 处，分别在今操场的位置，及大礼堂的位置）

于清政府在财政上对两江师范学堂的大力支持。张之洞《创建三江师范学堂折》清晰地规划了学堂创办经费的来源及使用项，据《江宁学务杂志》《教育杂志》《学部官报》[2]《东方杂志》等历年记载，三江

1　江苏咨议局调查两江师范学堂报告［J］.教育杂志，1911（3）：31-35.

2　《学部官报》，1906 年创刊，清末学部机关报，内容主要有谕旨、奏章及文牍，是中国近代最早的全国教育行政公报，1911 年停刊。

师范各年经费情形相对较为充裕和稳定（表2–2）。

单位：库平两

表 2-2 三江师范学堂历年经费表

年份	三江师范	附中（小学堂）	合计
1904			300 000
1905	130 541	6 472	137 013
1906	116 296	5 788	122 084
1907	108 591	5 201	113 792
1908	110 247	6 000	116 247
1910	124 474	21 000	145 474
1911	119 259	14 000	133 259

（说明：历年经费采用不同货币做单位，为便于比较，一律以库平两为标准。清末数年，曹平略大于库平，库平略大于湘平。）

从辛亥革命爆发至1914年1月15日江苏民政长韩国钧查封两江师范学堂为止的3年中，两江师范学堂被军队轮番占据而停办，原本规模恢宏的校舍和丰富的学校设备亦遭到严重的盗取和破坏[1]。这段时间是两江师范的"黑暗时代"。

校园布局

1902年兴建的三江师范学堂是当时江苏的最高学府，也是中国最早一批的师范学堂之一。20世纪初是我国新旧教育制度转轨的时期，是中国近现代大学模式开始萌芽并逐步替代传统书院的时期，也是中国近代高等教育的肇创时期。当时国内对于新式教育并没有现成的经验可供借鉴，在此时期创建的三江师范学堂，以日本的高等教育为模板，形成了中西结合式的校园，具有一定的代表性。它的校园布局形态及主要建筑为研究中国近代高等教育院校校园营建特征提供了重要案例。

另外，三江师范学堂是旧址上的百年校园初次建构的重要时期。一方面，它延续了自古以来一直为国家文化宗守之地的旧址文脉，具有重要的传承意义；另一方面，校园的选址秉承了"山川形胜""自然至上"的传统思想，充分利用周围的山水环境，使得校园与周围的景色融为一体，这一初始思想贯穿至今。

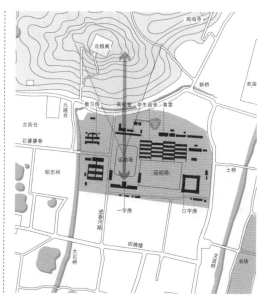

图 2-3 一字房—操场—北极阁历史景观廊道

1. 山川形胜之自然格局

"山川形胜"是南京城市格局的一个十分重要的组成部分，历史上，南京古城对于自然地形地貌的利用就十分重视，故而形成了自由多变的形态和布局，充分体现了老子所倡导的"自然至上"的城市选址布局思想。而不管是从选址还是从校园布局来说，三江师范学堂都沿袭了这一理念。三江师范学堂选址于景色秀丽的北极阁下，北临景色优美的玄武湖，整个校园将这一得天独厚的优势充分利用，将周围的自然环境纳入其中，尤其是一字房—操场—北极阁这一充分体现"山川形胜"的历史景观视廊（图2-3），从三江师范学堂时期开始，历经上百年校史，保存至今，奠定了校园西北部的校园形态格局。

---

1 叶楚伧.首都志［M］.南京：南京市地方志编纂委员会，1985：712.

2. 仿日本帝大之西式风格

三江师范学堂所效仿的东京帝国大学系奉日本天皇之命令设于1886年的国家级大学,校园规模宏大,建筑物亦甚多。三江师范学堂选址面积有限,所以三江师范学堂建筑蓝图设计人胡钧虽着力模仿东京帝国大学(图2-4、图2-5),但并没有完全照搬其全校建筑配置模式,而是借鉴了个别大型建筑的形式。

就个别建筑的特色而言,三江师范学堂并不逊色。如三江师范的行政楼"口字房"和教学大楼"一字房"都极具特色,规模形态相比帝大的建筑有过之而无不及[1]。其中的口字房同东京帝国大学开成学校的校舍及本乡校区的工科学校教学建筑在形式上均高度相似。这种呈"口"字形、四边围合的建筑推测源自英国古典校园中常见的四方院[2](图2-6),基本格局形成一个自我包容的社区,建筑围绕四边建造,形成类似修道院的回廊式格局,中间留出方形院子。此种建筑形式后随着大学传往各国,并在近代一些古典校园中使用。

三江师范学堂最终建成的校舍与东京帝国大学极为相似的原因应当是多方面的。

其一,这是在当时新式学堂"师夷长技以制夷""中体西用"的办学思想指导下的结果。中国传统建筑长于平面上的延展,面对需要大量大空间的新的建筑功能需求,中国传统建筑的不足十分明显——容积率低,要获得同样的使用面积,采用中式建筑必然造成占地面积的极大浪费。由于西方新的组织形式、团体进入中国,在清末的最后十年(1901—1911),中国的官方建筑走上了追求西方建筑形式的道路。这一时期中国的官方建筑,包括政府开办的大学、政府机关,几乎全部采用西方建筑形式。

其二,从清政府层面看,根据三江师范历年经费可知,这不是一所仓促之下将就办学的学堂,而是可以为三省培养师范人才的区域最高学府,这样的定位必然需要一座与之相匹配的校园,而积极学习日本教育的张之洞在向日本寻求校园模式时,选择结果必然是当时日本的最高学府——东京帝国大学。另外,负责制定校舍规划的胡钧,作为张之洞教育实践的得力助手,

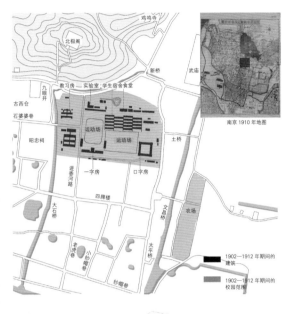

图 2-4 | 三江(两江)师范学堂时期校园总平面图

南京 1910 年地图

1902—1912 年期间的建筑

1902—1912 年期间的校园范围

图 2-5 | 东京帝国大学本乡校园1884年校园平面图

▲ 主入口(赤门)

图 2-6 | 剑桥大学校园四方院

1　苏云峰.三(两)江师范学堂:南京大学的前身　1903—1911[M].南京:南京大学出版社,2002:137–141.

2　剑桥一般称为"Court",牛津则冠以"Quadrangle",即四方院子(四周有建筑,常见于校园)。

曾特地前往日本考察教育。根据清末赴日留学考察的记录，目的地都是东京，时东京最为完备的学校即为东京帝国大学，其全新的校园模式必然成为胡钧组织校园建设时最初浮现的校园样貌。

其三，从学堂内部的人员方面看，通过日本东亚同文会[1]聘请的日本教习对三江师范课程设置、教学工作、学堂设施、学生成绩展览及服务方面的贡献可谓巨大。张之洞同日本教习签订的协议中写明："总教习负责监督整体教学活动，并兼任江宁学务处参议，可以左右江宁的教育规划和政策"[2]，这表明日本教习对于学堂事务具有很大的话语权。三江师范日本教习以总教习菊池谦一郎与任伦理、教育科教习的菅沼虎雄为首，此二人均毕业于东京帝国大学，分别于1903年3月和5月到达南京，而北极阁下的学堂工程6月方始动工，因此，可以大胆推测，在学堂校舍规划一事上，日本总教习应当给出了相应的建议。

因此，三江师范学堂西式校园建筑风格的确立既是清政府建设国内高等师范教育学校的意志体现，是张之洞模仿日本教育的必然选择，也是日本扩大在华影响力所希望的结果。

3. 传统书院布局

由于三江师范学堂时期遵守的仍是以"忠君、尊礼、习经"为主导的"中学为体、西学为用"的思想，因此虽然校园建设模仿了东京帝国大学，但由于当时的中国并没有建筑学、规划专业的载体承接，对于帝大的模仿与移植也没有建筑文化理念的理解，对于新的功能、空间组织方式也处于未知的状态，因此只是在模仿东京帝国大学部分建筑的基础上，试图用以中国传统的"间"为单位的建筑组织方式控制校园空间，最终的校园形态呈现出中国传统建筑空间布局与西式规划思想杂糅的"拼贴"。

校园最重要也是体现学校核心精神的空间轴线是一字房至操场轴线（图2-7），这条轴线上自南至北顺次排列着校园主入口、一字房、操场、实习工场。这是三江师范学堂时期校园中的唯一轴线。这条轴线体现了较为正统的儒家文化礼制秩序，与南雍相比，两者的轴线有着奇妙的对应关系（图2-8）。南北向轴线均以主入口为起点，轴线上围合成一个可供大型集会的院落（据1909年鸟瞰图，操场周围有围廊），轴线上最重要的建筑均为礼仪性的会堂（位于一字房北侧凸出部分内）或祭祀空间（大成殿）。这条轴线体现出了一种异质的中国传统的院落式布局特点。

同时，口字房和一字房还形成了一条横向轴线，主要的建筑直接面向城市空间，住宿生活区相对位置靠内，操场与东北角生活区之间有长廊分隔，这是

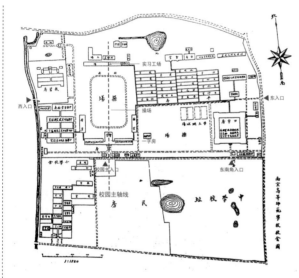

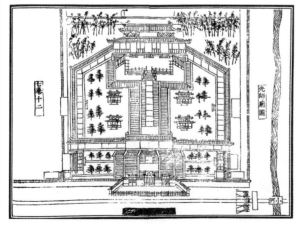

---

1 东亚同文会是由日本政府资助的民间在华团体，成立于1898年，表面上以"保全支那"，也就是"启发中国人，挽救东亚局势"为宗旨，实际上是以蚕食中国、称霸亚洲为目的，至1945年第二次世界大战结束后解散。

2 三江师范学堂拟聘请日本教习约章［Z］//南京大学校庆办公室校史资料编辑组，南京大学学报编辑部.南京大学校史资料选辑.南京，1982：8–10.

一种含蓄的内外之分，由校门至生活区体现了一种抽象的中国传统院落的礼制空间组织模式。此外，校园南部几乎没有绿化，绿化全部集中在北部，形成了类似于中国传统建筑群中院落同园林的关系。

4.清政府教育改革理念之反映

虽然校园主轴线与中国传统礼制空间体现出高度的相似性，但轴线上每个建筑、空间均体现了清政府对于高等教育改革的重要理念。

一字房中间有公共集会所用的会堂1所，两侧容纳有讲堂24所。将用于聚集学生宣讲、教化的会堂置于校园轴线上，既不同于传统书院轴线上的强调礼仪性的祭祀空间，也不同于教会大学将教堂置于重要位置的传教目的，当然也谈不上体现现代大学学术自由与自治权的图书馆轴线。这样一种对会堂空间的强调，体现的是清政府一方面希望学生能够开放地吸收新式西学知识，另一方面又能听从训诫，保持对国家、皇权忠诚的矛盾思想。

一字房以北是可用于公共集会、团操训练的操场，操场两边建有体操室与一字房相连。三江师范学堂内有两片操场，一在轴线上一字房北侧，一在一字房与口字房之间，这是对日本明治早期军事教育思想的一种模仿。随着多次对外战争的失利，张之洞认识到西方列强不仅战法先进，而且士兵身体强壮、精神抖擞，而国人在长期的重文轻武思想影响下身体羸弱，军队士气不振。因此在看到日本明治维新后迅速崛起的军事实力以及在研究日本教育时发现日本教育制度所规定"军事教育"为必修课后，张之洞认识到了体育和军事教育的重要性。在三江师范学堂的课程设置中，将体操课设为各科必修课，甚至细分出普通体操、兵式体操、器械体操、中队教练、兵学大意等细项，足见张之洞强烈希望能通过这种方式强健国民体魄，提升国民素质，甚至能做到战时皆兵。将操场置于轴线上以及超出实际需求建设两片操场都反映出张之洞急切希望转变国人"东亚病夫"的形象，提升国民身体素质，以抵御外国列强的入侵。

轴线北侧尽端是实习工场，这是张之洞的实业思想在教育中的物质体现。三江师范学堂自创办起，就开设手工课程，均由日本教习授课，与此相关的是随着国内轻重工业的发展，工业人才的缺乏逐渐显现，现有的重工业大量依赖外国人士。初建的实习工场只是一座略显简单的长条形二层建筑，比之一字房及口字房在建筑外观上简陋许多，但是这样一所建筑位于轴线北端，体现的是对近代工业知识的重视。至南京高等师范时期，手工课已经发展得极为成熟，工场建筑也在1916年重新设计建造。民国八年（1919）十二月，学校提议将实习工场改组成为生利工场，将学生在此所做的工业产品出售以缓解当下教育经费不足的境况。可见，实习工场的地位与作用在长期发展中逐渐提升。

无论是一字房所代表的对高等师范教育的重视，还是操场所体现的对于军事体育教育的强调，抑或实习工场所揭示的实业兴国、教育强国的根本教育目标，都是张之洞对日本高等教育的一种模仿和移植。这也是张之洞在长期教育改革中探索出的一条适应当时国情的教育模式。

建筑营建

1.一字房（现无，旧址上现为南高院）

一字房（图2-9）是两江师范学堂内最引人注目也是作为校园核心存在的建筑，建于1904年，因呈"一"字形得名，处于校园西侧，位于校园重要轴线上，紧临学校南侧主校门，呈现出近代典型的以外廊为特征的殖民建筑风格。整个建筑造型分为三段，左右两端各两层，中间高三层，三层之上还有一个钟塔位于第四层，建筑整体呈金字塔形，采用垫高式地坪，

图2-9｜两江师范学堂一字房

图 2-10 | 东京帝国大学安田讲堂

图 2-11 | 东京帝国大学工科大学本馆

图 2-12 | 东京帝国大学工科大学本馆内庭

是校园中最高的建筑，造型典雅。一字房采用砖混结构，平面采用内廊式，建筑中部设会堂，两侧一、二层共设置讲堂 24 所。

多有说法认为一字房是模仿东京帝国大学安田讲堂（图 2-10），但现存安田讲堂实际建成于 1925 年，晚于一字房的建设时间，但是两者确有诸多相似之处。如同样作为校园轴线上的重要建筑，集宣讲会堂与教学讲堂于一体，体现了宣扬西学文化与训育学生的教育目的；两者同样是阶梯形建筑，中端顶点的钟楼成为校园的制高点。但是两者的建筑风格有很大差异，因此与其说一字房的建筑风格是模仿安田讲堂，不如说是受东京帝国大学本乡校区内大量的带券廊建筑的影响。一字房四面皆用券廊装饰，形成了统一连续的建筑界面，两侧二层部分与中部三层部分券廊尺度及样式有所改变，又造成了节奏与韵律的变化，丰富了建筑立面，同时强调了建筑中部。这种风格的券廊在东京帝国大学内也多有使用，如在东京帝国大学工科大学本馆（图 2-11、图 2-12）中，正立面主入口和内庭立面均有采用。

据南京高等师范学校总平面图，可大致测算出一字房东西长约 95 m，南北宽约 12 m，会堂处南北宽约 25 m，会堂两侧主楼部分内凹，应当是利于会堂及内部房间采光。建筑共有 3 处出入口，1 处在南侧正中为主入口，其余 2 处位于北侧走廊两端，分别以连廊与北部操室

相连。为了到达中部三层，楼梯应设置在中部三层主楼位置，会堂两侧内凹处采光通风较为适宜。两侧二层部分共设置讲堂 24 所，单层每侧 6 所。据一字房照片，二层楼部分三侧均为外走廊。由于包含会堂及教学功能，建筑使用人数较多，且一字房处于校园中部、主轴线上，周围不适宜设置独立厕所，因此厕所应当设于建筑内，以方便使用，推测可能位于楼梯外侧，这样既对于门厅相对私密，也便于两侧教室使用（图 2-13）。

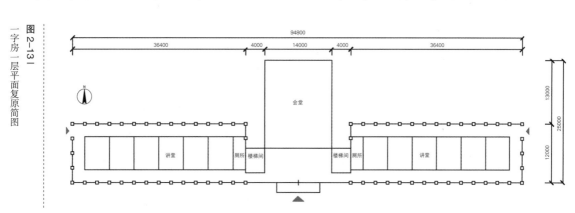

图 2-13 | 一字房一层平面复原简图

2. 教习房（现无，旧址上现为出版社）

教习房（图2-14）1904年建，为两层楼房，西式样式，处校园西北角，1978年被拆除（建成留学生宿舍大楼，后改为出版社）。

图 2-14 | 两江师范学堂教习房

3. 自修室（现无，旧址位于今东南大学建筑设计院附近）

位于副操场以北，有中式平房18排，始建于1905年，初建时以学生自修为主。两江师范学堂后期被毁，南高时改为学生宿舍，共计14间，每间有20个寝室，共280个寝室，可住学生600人。

4. 口字房（现无，旧址上现为健雄院）

口字房是校园最靠东北角的建筑，1906年建，因轮廓呈"口"字形而得名（图2-15），其建筑形式为西方折中主义风格，模仿东京帝国大学前身开成学校的建筑，其原形为英国传统校园内的四方院建筑，四面围合形成庭院。口字房采用垫高地基的二层楼房，屋顶设有通风口，体量相当宏伟，采用砖混结构，屋顶用木梁架，屋顶上有通风口。楼房四边连接，中间为广场，是两江师范学堂的行政中心，位于校园大门的右侧。内有60间房作为办公室，置监督室、教务长室、庶务长室、斋务长室、教室、实验室、仪器室和图书室等。

图 2-15 | 口字房

日本开成学校建筑是日本本土的西式折中主义风格建筑（图2-16），平面同样呈现口字形，局部两层，庭院中有一长条形建筑与一个日本特有的八角形建筑，建筑背面中央为一两层小楼，以日式连廊与两侧相连。建筑正立面正中主入口做西方古典主义门廊，正立面两端入口则做日本传统的千鸟破风。开成学校建筑虽为西式风格，却带有大量日本传统建筑局部细节，是西方建筑与本土风格融合而成的日本

图 2-16|
开成学校

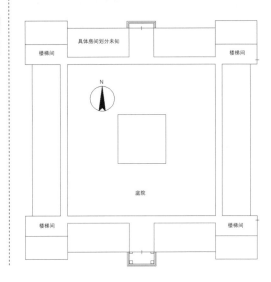

图 2-17|
口字房一层平面复原简图

折中式建筑。

两江师范学堂之口字房在模仿前者时，也针对日本建筑的特征做了局部的调整以适应我国的建筑文化，将所有日本传统装饰全部去除，仅保留西式建筑特征，比如南侧两端日本千鸟破风被移除，庭院中的八角形建筑也并未被采用，而南侧正立面的西式门廊被保留。这一点极为有趣地说明了清政府希望追求纯正的西式风格建筑，对于混杂其间的脱胎于中国唐代的日本建筑特征则一概呈摒弃态度，这表明此时的西化是一种完全否定中国传统的西化道路。口字房总体来说较为简洁，最具文艺复兴风格的是门口西式门廊的使用，除此以外窗户上部的西式线脚装饰也丰富了立面效果。在 1909 年绘制的一幅两江师范学堂鸟瞰图中，口字房庭院中也有一两层小楼，但是据南京高等师范总平图，口字房在南高时期并没有庭院中的小楼，故疑为鸟瞰图绘图错误或后期被拆除。口字房已于 1923 年毁于火灾，具体建筑图纸已不可考，仅能凭借现有的几张图片进行大致复原。

根据南京高等师范学校校园总平面图可以大致确定口字房轮廓尺寸（图 2-17），外廊尺寸宽处约 66 m，窄处约 62 m，庭院尺寸约 42 m 见方，内部房间组织为面向庭院的走廊加单侧房间，又据口字房照片可推知走廊在庭院一侧。据总平面所绘校园道路，口字房有 4 个入口，南侧正中为主入口，北侧正中为次入口，东立面两端分设一入口，通往外部厕所。建筑呈正四边形，为便利交通，宜设 4 处楼梯。南北向采光较好，应设于东西两侧，观察东立面南端窗户及窗间墙分布，还原照片透视变形后大致测量可知此处面宽可分为 6.5 : 5.5 的两间，楼梯适宜设于面阔较小的房间内，可方便地自二楼前往口字房东侧厕所，其余三处楼梯设计应为对称设置。

第三章 民国国立高校——大学精神的移植与塑造

建设过程

表 3-1 南京高等师范学校时期校舍汇总表

	年份	建筑
大学	1904	一字房（即南高院的前身）
	1906	口字房（现健雄院的位置）
	1904	教习房（1978 年拆除，现出版社的位置）
	1904	田字房
	1902—1912	实验室若干
	1902—1912	农场（100 余亩，在今校东文昌宿舍位置，现无），1946 年以后迁至丁家桥
	1902—1912	运动场（2 处，分别在今操场的位置及大礼堂的位置）
	1900 年代	梅庵
	1918	工艺实习场
南师附中	1919	附中一院（即东南院）
	1922	附中二院（即中山院）
南师附小	1919	杜威楼（南师附小旧址）
	1919	望钟楼（南师附小旧址）

▨ 新建建筑　　□ 原有建筑

表 3-2 校董捐助创校资金统计

姓名／机构	职业、身份	捐助金额及用途
穆藕初	上海实业家、棉纱大王	捐助器具院建筑费 6 000 元
穆杼齐	上海警务长	又捐银 50 000 两选送东大学生留学欧美
上海面粉工会		又捐银 5 000 两选送东大学生留学美国
上海纱厂联合会		南汇造桥实验费 1 000 元
上海合众蚕桑会		改良小麦试验费每年 6 000 元
各省高等专门学校		扩充实验场 40 亩购地费 46 000 余元
张步青	华侨实业家	改良植棉实验费每年 20 000 元

一、南京高等师范学校时期的校本部建设

1913 年后，两江优级师范学堂的校园由于南京经历种种兵事，数次被驻军占领，房舍破坏非常严重，共有 192 间校舍遭到焚毁，除了一字房和口字房受损稍轻外，其余的房舍门窗尽毁，校园农场满目荒芜，劫后景象惨不忍睹[1]。1915 年 1 月 29 日南高筹备处迁入两江师范学堂旧址，筹备工作重中之重的有两件，一是迁出驻军，二是修建房舍，尤其是对用处较大的一字房和口字房加速进行修葺。修建完成的南高校园面积约 375 亩，包括 1917 年成立的南高教育科教育实验基地、南高附中、南高附小以及文昌桥右边供农业专修科教学实习的农场。南高时期的校舍情况如表 3-1 所示。

二、国立东南大学时期的校本部建设

国立东南大学成立初期与南高同校办学，但校舍建筑遭军队占用，损毁严重，虽修补后勉强敷用，但为今后教学计，重新规划建设校园成为一项重要任务。郭秉文等人向教育部申请创立东南大学时，关于经费一条，财政部以年国家预算超支甚巨为由拒绝批准，致使创立东大的议案陷入僵局，后不得不将原本计划的开办费 206 040 元削减至 81 000 元[2]，几乎不足原计划的 50%，筹备工作捉襟见肘。郭秉文只得提议效仿欧美各

大学为求助社会的资助而设立董事会的方法，以达到募集捐款的目的，经商议最终推举江苏两任巡按使为名誉校董（后齐燮元因独资赞助建设图书馆也被列为名誉校董），最初的 10 位发起人成为校董会成员，除此以外，校董会还吸收了江苏地方财政大员严家炽、教育部专门教育司长任鸿隽、中华基督教青年会总干事以及 4 位工商巨子：上海著名实业家聂云台、上海银行工会主席陈光甫、上海交通银行经理钱新之、上海棉纱与面粉大王荣宗敬[3]。借助董事会的影响力与财力，东南大学才得以正式开办（表 3-2）。

1　朱斐.东南大学史：第 1 卷 1902—1949 [M].南京：东南大学出版社，1991：24.

2　黄炎培、郭秉文关于改正东南大学计划书致教育部函 [Z] // 南京大学校庆办公室校史资料编辑组，南京大学学报编辑部.南京大学校史资料选辑.南京，1982.

3　国立东南大学一览 [Z].南京：国立东南大学，1923.

东大成立之后，聘请杭州之江大学的建筑师威尔逊先生到南高兼任建筑股股长，勘察地势，并做出了全部的规划（图3-1），以四牌楼为中心向周围辐射，按照轻重缓急来制订分期实施计划，并由上海东南建筑公司进行了总图的绘制。这一规划主要是古典空间形态的建设，主要针对的是校区向南的拓展部分以及原校区东南的部分用地。建筑师威尔逊先生借鉴同时期美国大学兴起的"西方折中主义风格"对校园进行了规划，重新整理出校园空间的序列，打破了校园原先仅存一字房—操场单一轴线的局面，利用原师范学堂的附属训练场和中学校址，新增了南大门到大礼堂这一主导轴线，并规划形成了几何方正的道路网架、规整严谨的中心区和以大礼堂作为构图中心的西方古典空间。此后直到中央大学时期，都是按此规划实施的。

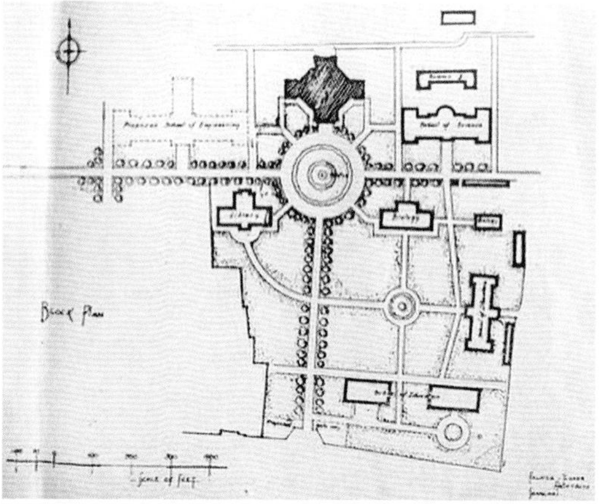

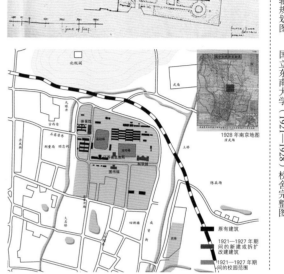

图 3-1｜
大礼堂总平面设计图所示的威尔逊校园主轴规划图

图 3-2｜
国立东南大学（1921—1928）校舍完整图

从1920年代开始，陆续建成了江苏省昆虫局、东南院、中山院、孟芳图书馆、体育馆以及科学馆等[1]。国立东南大学时期，校舍面积199亩，加上附中、附小共305亩，农田824亩（其中100亩为本校完全拥有，其他为租赁）[2]（图3-2）。

当时的校舍有：一字房、口字房、教习房、斋舍、实验室、工场、农场、操场、昆虫局办事处、食堂、调养室、梅庵、孟芳图书馆、体育馆、中学校舍、小学校舍、杂用房屋[3]（其中体育馆不在威尔逊1921年绘制的规划图内）。

国立东南大学在这个时期的建设具有划时代的意义，尤其是这个时期威尔逊所做的校园主轴规划图，为后面的校园建设提供了蓝图，校园范围开始向南扩展，校园核心空间发生转变，西方古典主义风格居校园主导地位，两江师范学堂时期的校园布局开始弱化，为今天所见的校园主轴线奠定了基础。

三、全面抗战前中央大学的校本部建设

全面抗战前，中国的社会、政治、经济极不稳定，中央大学在国民党党化教育的重压下艰难地走在现代大学的自由主义道路上。这种与国家政治保持距离的独立是光荣而可贵的，与之相对应的校园建设在这一时期缓慢但扎实，重点的建筑工作基本集中在重要建筑的修缮、扩建以及校园非核心区的个别建筑的建设上。校园规划则并无较大发展，不再有大量的建设活动，主要是依循原先威尔逊所做的规划将校园进行充实建设，以单体建设为主（图3-3），中央大学时期学校的校舍汇总情况如表3-3所示。

首先是1929年建成了由生物系使用的生物馆以及1929年建设完工的"新教室"（由工学院使用，后改为前工院）。所有的校舍中最可称道的是1931年建成的造型庄严雄伟的大礼堂，可容2 700余人，两翼为行政办公处，成为四牌楼校区的标志性建筑。

1　朱斐.东大大学史：第1卷 1902—1949［M］.南京：东南大学出版社，2012：35.
2　南京大学高教研究所.南京大学大事记：1902—1988［M］.南京：南京大学出版社，1989：47.
3　南京大学校庆办公室校史资料编辑组，南京大学学报编辑部.南京大学校史资料选辑［Z］.南京，1982：113.

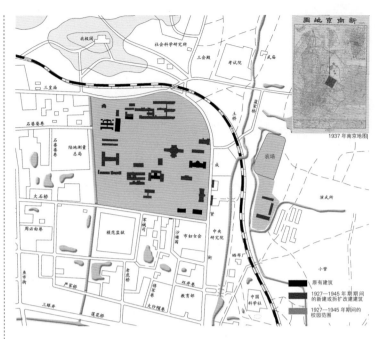

图 3-31｜国立中央大学校舍完整图

1937 年南京地图

原有建筑
1927—1945 年期间的新建或拆扩改建建筑
1927—1945 年期间的校园范围

其他建设有 1931 年建成的位于三牌楼（因农学院需要大量实验基地，四牌楼面积捉襟见肘，遂移于三牌楼）的农学院，1933 年建成的南大门以及 1933 年前后对图书馆、南高院（供教育系使用）、生物馆、梅庵（供音乐系使用）等建筑的扩建或者重修。

这期间还将原附中的两栋建筑改为供大学使用：中山院供文学系使用，东南院供法学院使用（原为附中一院、二院，后附中迁到校西南角）。1930 年代还在南高院的西侧建设了三江院和两江院，另外于 1937 年建成位于校园东北部的牙科大楼和体育馆北侧的游泳池。

中大时期，由于对大学实验的重视，在南高院西侧以及校园北部建设了一些实验室和试验工场。包括：试验林场 22 150 亩，位于南京市郊的乌龙山、幕府山，由当时的江苏省政府拨交，用于中央大学农学专业的发展需要；农场 7 处，2 700 亩；牧场 2 处，72 亩；园艺场 4 处，200 余亩；蚕桑场 1 处，100 亩；农产制造所 1 处，5 亩。

另一个对校园规划影响较大的因素是宿舍功能的逐步迁出。校园教学区内三江

表 3-31｜国立中央大学 1927—1937 年校舍汇总表

年份	建筑
宿舍生活区	
1934	中舍（现东大校舍东宿舍及餐厅旧址，文昌示意舍右边）
1930 年代	南舍（后又改为校东 19 号教工住宅，现 122 号 14 栋）
1930 年代	北舍（现文昌十二舍）

年份	建筑
教学区	
1904	教习房（1978 年拆除，现出版社的位置）
1900 年代	梅庵（1933 年改建为砖混结构平房）
1918	工艺实习场
1919	东南院
1922	中山院
1923	体育馆
1924	图书馆（1933 年扩建北部，加建两翼，1947 年修缮）
1927	健雄院（在口字房旧址上重建，1947 年进行修缮）
1929	生物馆（1933 年加建成三层）
1929	新教室（现前工院）
1931	大礼堂
1933	南大门
1933	南高院（1933 年在一字房旧址上拆除重建）
1934	两江院
1934	三江院
1936	游泳池
1937	牙科大楼
1930 年代	校园北部实验室
1930—1940 年代	西平房（后改称西平院）

新建建筑　　原有建筑

时期建设的学生宿舍已经使用了超过 30 年，且在辛亥革命时被军队破坏，建筑损毁严重。此外，三江学生宿舍为 14 幢一层建筑，占据大量校园空间，土地使用率低，且位于轴线上大礼堂的正北，对于未来的校园建设不利。因此 1934 年和 1935 年在文昌桥东面建了新的学生宿舍（北舍、南舍、中舍）。至此，今天我们所见的主轴线序列及校园整体框架已初步形成。

此外，为了适应南京中小学的需求，扩充了附属实验中学，从幼稚园到小学、中学、高中一应俱全。中央大学时期的实验学校在校园的西南角，共30余亩，除原来的望钟楼、杜威楼外又添建了中小学教室各一座，分别命名为"雪耻楼""民族楼"[1]。关于此时中央大学周边的情况也有记载：校北为北极阁，山下有铁路通过，东面是成贤街和民房，西面为进香河，进香河西侧（今校西）为陆军测量局，校南为民房[2]。

除上述以外，中央大学还有一个宏大的蓝图，即建设中央大学新校址。从1902年建校起，校本部就一直在北极阁下的四牌楼，这里处于市中心，土地面积局促。此前农学院已因用地不足分离在三牌楼。中央大学时期，工学院得到了大力发展，需要建设大量的试验工场，但校本部已无多余土地供其使用，故拟在南京近郊选址建造新校舍。这个设想得到了教育部的同意，在1935年内务部颁发公告，并由中大建筑系前系主任虞炳烈做出新校区的规划，后用地变更，最终勘定征收位于中华门外约7 km的石子岗3 000亩土地供中央大学建设新校址[3]，叶楚伧等9人被聘请为新校舍建筑设备委员会会员。新校址所在的石子岗景色优美，是办学的理想地。1936年8月，徐敬直和李惠伯获聘为新校建筑设备委员会的专任工程师，负责新的中选规划的优化与实施（图3-4），11月开始土方动工。新学校采取分批迁移、分期建设的方法。根据规划，除宜于处在城市中心的医学院和牙医专科学校仍留在四牌楼外，其余均迁往新校址。农、工、理学院由于需要土地最多，故最先兴建。1937年5月，部分建筑已经开始招标开工，另有一部分建筑也已经着手开始设计。不幸的是，抗战的爆发使得新校区一切建设活动终止，建设新校址的美丽宏图最终破灭[4]。

1937年淞沪战役爆发后，中央大学本部遭到日军飞机的多次轰炸，导

图3-4｜1935年国立中央大学中华门外新校区规划图

本大学新校址地盘图

致校园内的图书馆、实验中学以及大礼堂等建筑遭到了不同程度的破坏，大部分的校园道路亦遭到损害。

四、抗战时期中央大学的校本部建设

抗战时期中央大学西迁重庆，沦陷时期的四牌楼中央大学原址被敌军占据，一段时间内用作日本陆军医院（图3-5、图3-6）。汪伪国民政府成立后，中央大学校园又被汪伪政权扶持的"南京中央大学"占据。直至1945年抗战胜利，校园才重新被收回。这期间也有部分建设活动，然而并没有具体的文字记录。

图3-5｜日据时期校园中轴线

图3-6｜日据时期图书馆

1　王德滋.南京大学百年史［M］.南京：南京大学出版社，2002：197-203.

2　南京大学校庆办公室校史资料编辑组，南京大学学报编辑部.南京大学校史资料选辑［Z］.南京，1982：113-116.

3　据东南大学档案馆馆藏档案，编号2-20035068.

4　闵卓.梅庵史话：东南大学百年［M］.南京：东南大学出版社，2000：80-81.

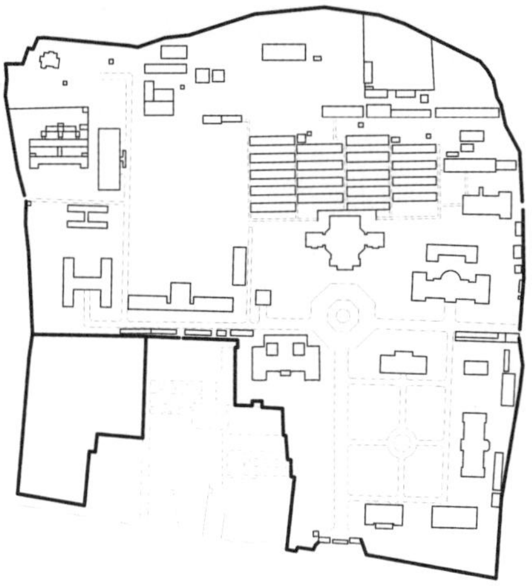

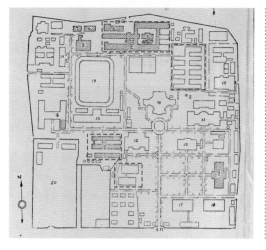

图 3-7 |
推测 1937 年校园平面图

图 3-8 |
推测为敌修产业部分

图 3-9 |
复员修缮工程统计

通过对比 1933 年和 1948 年的校园总平面图，并结合相关档案记载，可以大致绘制出 1937 年的校园平面（图 3-7）。同时，通过对比全面抗战前后的 2 张校园平面图，判断可能为敌修产业的有 4 处（图 3-8）。

一是图书馆西侧 3 幢平房，根据校史资料记载可以明确为日军医院占据时期所建炊事房。2021 年北侧平房修缮时在部分木屋架杆件和望板上发现了日文标记，为判断建筑年代提供了有力佐证。二是图书馆南侧 2 幢平房，据复员建设委员会档案记载，"日时占用民地若干，复员后本校以该项圈用民地有继续征用之必要，前经陆续收购现……"[1]，因而可以推知此项为日占时期建筑。三是操场北侧的北平房，建于 1939 年，用作日占时期病房，建筑面积约为 4 600 m²。四是大礼堂东北侧建筑，此处在全面抗战前为中央大学校内学生宿舍，抗战后根据复员建设委员会的相关记载（图 3-9），宿舍仅余大礼堂西侧 4 幢，且复员后校园建设工程记录中并无修建此建筑的记录，因此推测此处为敌修产业。

这一时期敌修建筑除了对学校南部边界进行扩大外，只修建了局部次要建筑，校园中心区域并无变动，对校园整体空间和风格并未产生大的影响。

五、抗战胜利后中央大学的校本部建设

1945 年 11 月 28 日，吴有训校长赴南京办理四牌楼校区的接收工作。除了三牌楼、文昌桥、大石桥等零星小块附属建筑进展顺利，可以直接接收以外，其他各处都有不同程度的延误和阻隔。抗战时期，四牌楼的校区被日军陆军医院所占据，1945 年抗战胜利时仍有数百号伤病员未被遣送，使得接收工作延迟到次年 2 月 [2]。丁家桥校产则是被国防部联合后勤司令部接收作为仓库，经过交涉之后，对方同意将原有的校产归还，同时还将原南洋劝业会旧址 100 多间房屋、800 多亩一并拨给中央大学，这批房屋也为第一批复员的师生提供了暂时的"宿营地"。

全面抗战前，中央大学是不提供教职员眷属宿舍的，但是此次复员后，人数大增，而原有的房舍无法满足需求，故学校决定购买附近的兰园、成贤街、九华山、高楼门等土地 83 亩，楼房 7 幢，以应急用。

复员南京后，行政院拨给学校活动房屋 162 栋，分给医学院、农学院和附属小学 30 栋，剩余的全

1　国立中央大学收购地牌楼王诠澄薛蒯氏土地协议记录［A］.南京：南京大学档案馆.

2　南京大学高教研究所.南京大学大事记：1902—1988［M］.南京：南京大学出版社，1989：45.

部分给校本部和丁家桥处。校本部的活动房屋分别分布在大礼堂后的废墟上和图书馆的前面，作为教工临时宿舍使用。校园建设情况如表3-4所示。

学校在进行复员工作时专门成立了工程组。负责校舍的修整与建设，并聘请了时任工学院院长刘敦桢为主任。由于当时修建的工程项目繁多，地点较分散，加上时间又较紧迫，工程组函请了各地土木建筑校友无偿为母校服务，两系的师生也组织参加。最先动工的大工程为1946年在文昌桥兴建的7幢两层学生宿舍，可以容纳3 000余人，继而是丁家桥、三牌楼两个校区陆续兴建的教学楼、图书馆、餐厅、运动场、学生宿舍及教授公寓。

当时的本部校园内，东南院、中山院、南高院等被航空委员会占用，作为回国空军等的临时房舍，

表3-4 国立中央大学1946—1949年校舍汇总表

年份	建筑	年份	建筑
宿舍生活区		教学区	
1934	中舍（现东大校东宿舍及餐厅旧址，文昌十一舍右边）	1904	教习房（1978年拆除，现出版社的位置）
1930年代	南舍（后又改为校东19号教工住宅，现122号14栋）	1900年代	梅庵（1933年改建为砖混结构平房）
1930年代	北舍（现文昌十二舍）	1918	工艺实习场
1946	小营学生宿舍一舍	1919	东南院
1946	小营学生宿舍二舍	1922	中山院
1946	小营学生宿舍三舍	1923	体育馆
1946	小营学生宿舍四舍	1924	图书馆（1933年扩建北部，加建两翼，1947年修缮）
1946	小营学生宿舍五舍	1927	健雄院（在口字房旧址上重建，1947年进行修缮）
1946	小营学生宿舍六舍（现老六舍）	1929	生物馆（1933年加建成三层）
1946	小营学生宿舍七舍（现文昌十四舍）	1929	新教室（现前工院）
1946	文昌学生饭厅（现莘园餐厅位置）	1931	大礼堂
1946	文昌浴室（1960年代拆，现9号住宅旧址）	1933	南大门
		1933	南高院（1933年在一字房旧址拆除重建）
		1934	两江院
		1934	三江院
		1936	游泳池
		1937	牙科大楼
		1930—1940年代	侧平房——实验平房（图书馆西侧）
		1930—1940年代	西平房（后改称西平院）
		1930—1940年代	北平房——工厂实验室（礼堂后面）
		1947	校友会堂
		1948	机械厂
		1949	大礼堂及图书馆附近的活动房屋

▨ 新建建筑　□ 原有建筑

尚未收回，故先将附属中学的房舍加以修缮，作为复员学生的临时宿舍，但是容纳人数有限。大礼堂的北面，从南高开始，一直都是成片的学生宿舍，但是在日本侵占时遭到炮火的轰炸和破坏，成为废墟，后来日本侵略军的陆军医院占领中央大学，在废墟的北部建起了三排"榻榻米"式的平房，用作医院的传染病房。复员后，学校将各实习工场，土木、航天、电机几个系的办公室和教学用房都设在这片平房里。日本陆军医院还在校门入口西侧（今新图书馆位置）建造了手术平房——1955年至1982年作为校部办公室。校园图书馆西侧的3栋平房原来是日本人的炊事房，复员后，对其进行了改造，供工学院部分教室、实验室使用，其中，建筑系办公室、设计教室、美术教室、模型室在第三栋，机械系的热工、汽车两个实验室以及航空系的风洞实验室、化工系的化工机械实验室分设于一栋、二栋。

抗战时沦陷区的南京伪中央大学办在金陵大学的原址，战后回迁的中央大学与金陵大学进行了协商，敲定除了将南京伪中央大学的土木工程系、艺术系（绘画、音乐）、医学院等院系图书设备归中央大学接收外，其余都归金陵大学所有，至此，中央大学的复员接收工作暂时告一段落[1]。

另外，重庆的校产也分别做了移交，学校在重庆成立了留渝办事处，专门负责处理善后工作。沙坪坝校舍由重庆大学和中央工学专科学校接管，柏溪分校和小龙坎校舍均由重庆青民中学接管，医学院在

---

1 王德滋.南京大学百年史［M］.南京：南京大学出版社，2002：204-211.

成都开办的公立医院由四川省政府卫生实验处进行接收，并改名为四川省立医院。

校园布局

一、南京高等师范学校时期的校园布局

从现存南高校舍总平面来看，当时的校园范围仅为一字房、口字房往北区域，与两江师范学堂时期的校园规模大致相同，北部仅于1919年新建一栋工艺实习场。南高时期的校园变化主要在于附中、附小的建设导致校区范围扩大。附小在今校区西南部建成（今斯霞小学）；附中在南部扩大的用地上逐步建造教学用房，1919年建成了附中一院，即今东南院，附中二院于1922年建成，即今中山院，这两栋教学楼在此后一直沿用，直到1983年拆除重建。总的来说，南高的范围在两江师范学堂时期校园的基础上向南扩大，将附中附小包含在内。至此，东南大学四牌楼核心校区的范围基本形成（图3-10）。

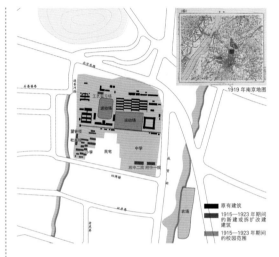

图3-10｜
南京高等师范学校（1915—1923）校舍完整图

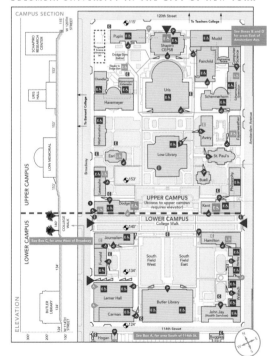

图3-11｜
哥伦比亚大学校园总平面图

二、国立东南大学时期的校园布局

国立东南大学最终呈现的规划风格偏向于美国自由开放式校园规划模式，校园南部新建的建筑大多呈西方古典主义风格或者西方折中主义风格。这种特殊风格的确立是由作为业主的校方领导及设计师共同决定的。

1. 美国式校园模式

学校的创办者总是喜欢将自己母校的建筑形态移植到新校园中。虽然由于社会、背景、经济等诸多因素的影响，在建设过程中会出现偏差，但是决策者的这种倾向仍会明显体现出来。国立东南大学时期校方对于学校规划建设工作有极大话语权的校长郭秉文及建设股股长涂羽卿[1]均有留美经历，毕业于哥伦比亚大学，从而使新校园规划所呈现出的规划模式或建筑风格反映出美国大学校园的特点。

哥伦比亚大学校园规划（图3-11）是美国本土在英国古典主义校园规划的基础上演变而来的一种更为自由、开放的校园规划模式，建筑均采用西方古典主义风格（图3-12）。

1　涂羽卿（1895—1975），涂羽卿于1914年从清华学堂毕业后赴美留学，先后就读于麻省理工学院、哥伦比亚大学以及芝加哥大学，获博士学位后回国，在东南大学担任物理教授。

图 3-12 哥伦比亚大学洛氏图书馆前广场

美国最初的大学由英国人建立，校园模仿英国牛津、剑桥等古老的寄宿制学校，建筑基本都为英国修道院式的四方院，风格上全部为纯正的英国古典主义风格。但是，随着美国实用主义、现代主义的流行，美国开创了理论知识和实践并举的现代大学教育理念，与此对应，也形成了美国独特的大学校园形态。1817年，由托马斯·杰斐逊（Thomas Jefferson）设计的弗吉尼亚大学开创了美国式平等、自由的大学校园新模式。

杰斐逊认为大学是学习、教育、生活的特殊场所，"不能成为个体建筑的表现，而应是一个村落"，除了教学功能，生活、娱乐、社交等功能也应当完善，校园同周边环境一起成为一个功能完善、独立的社会实体。在校园规划上，一改以往修道院式的封闭四方院模式，采用低密度、开放式布局，校园建筑围绕开放、纪念性的绿地布置，形成聚合、多轴线的格局。这种校园规划模式自1820年代起在美国极为盛行，很快取代了原本的英国式校园规划，也随着美国的教育理念一同传入中国，对中国1920年代之后的校园规划建设产生了重大影响，东大的新校园规划中便带有这种规划特征。

2. 威尔逊的开放式校园规划

美国建筑师威尔逊对新校园的规划起到了重要作用，他是这座校园的第二任规划设计师，也是校园核心区古典主义风格的奠定者。

郭秉文聘请威尔逊承担东南大学校园规划设计任务时，威尔逊正担任杭州之江大学物理工程系教员和建筑部主任。威尔逊1914年开始负责杭州之江大学校园建设工程，1917—1919年建成的都克堂（图3-13）、白房、绿房均由他负责设计和工程施工监理；1920年威尔逊在之江大学创办了建筑部或称建造署（Construction Department），威尔逊任主任，由 Dzu Sen-dang 及 13 位绘图员协助其工作，承担了之江大学 1920 年至 1926 年间建造的大部分建筑的设计工作，包括佩韦斋、图书馆、科学馆。之江大学作为美国基督教会大学，采用的是美国大学自由开放式的校

图 3-13 之江大学都克堂

园规划，建筑围绕绿地布置，以西式风格为主。除了负责校内建设工程，威尔逊还带领建筑部为其他没有专门建筑设计机构的教会学校提供建筑设计服务，是当时国内为数不多的 3 所为教会学校服务的建筑机构之一。建筑部成立后一年，威尔逊及 14 位部员即帮助设计并监理了金陵大学部分建筑[1]。

规划东南大学校园这项工作对于威尔逊而言也是一个不小的挑战。首先，现有基地呈现极不规则的形状，南侧中部民房部分未被划入校产；其次，这不是如同其他作品一般在空地上随意泼洒他的设计，北部校园已建设完成，因此必须尽可能考虑和利用场地内已有建筑，以降低建设成本，同时还要解决同北部校园的协调问题。

1 队克勋.之江大学 [M].珠海：珠海出版社，1999：46.

最终威尔逊考虑到校园北部及西部已经几乎被建筑占满，主要在校园东南角原中学校址及口字房西侧操场较为空旷处进行新的建设计划。新的规划采用美国自由开放式校园形式，或称之为弗吉尼亚大学校园规划模式。建筑采用与哥伦比亚大学相似的西方古典主义建筑风格，具体建筑样式并非由威尔逊设计，但是从他简单勾勒的建筑平面可以看到建筑呈现出典型的三段式与强烈的对称性。

威尔逊对校园的入口做了调整：原本南侧两个入口被取消，主入口设在四牌楼道路北侧原附中场地内；东侧入口调整至口字房前道路正对东围墙处，以方便与农场部分的交通联系；西侧整体校园未做变动，西围墙入口不变。校园主入口的选址既考虑到未来西侧地块划入东大后整体校园规划的平衡，也考虑到北部校园与南部校园的合理衔接。南入口调整后，校园更加深入城市界面，两者的关系多了更多的交融碰撞，不再像两江师范学堂的规划那样，以建筑界面直接面向街区，而是对城市空间做出一定退让，以南大门轴线使城市向校园深入延展，校园以更亲切开放的姿态应对城市。

校园南部与已有北部之间的处理则是通过校内东西主干道将科学馆、工业馆（最终未建成）与一字房控制在同一界面，大礼堂则深入北部与宿舍区平房相接。由于大礼堂流线主要集中在南侧，与北部宿舍区之间相对分离，因此相互干扰较少。且由于宿舍区均为平房，建筑状况不佳，未来可以拆除，这为主轴线的北向延伸提供了空间，进一步协调了校园南北部。

整个南部校园空间结合了教学、生活、休闲的功能，建筑围绕草坪布置，形成了宜人的校园尺度。自南大门至大礼堂设置校园主干道，在流线上，大礼堂是重要的流线节点，也是校园主轴线的端点（图3-14），这种布局模式同威尔逊所设计的之江大学校园规划同为移植自美国大学的自由开放式校园规划模式，哥伦比亚大学（简称"哥大"）也采用这种规划模式（图3-15）。东大与哥大同为美式校园风格，中部的道路将校园分割成南北两部，同时加强中部的轴线关系，南北两处各自形成三面围合的庭院关系，北侧庭院正中设置校园的"核心"建筑，哥大为图书馆，东大则是大礼堂。此外，虽然建筑设计并非由威尔逊所做，但在威尔逊的图纸中对于建筑轮廓的描画可以清晰地看出西方古典的意象，同时部分建筑轮廓同哥大的建筑极为相似，例如科学馆与未扩建时"Schermerhom"教学楼在平面轮廓上很相似。如果从平面上观至立面，就能发现更多的相似之处，例如哥伦比亚大学中广泛使用的爱奥尼柱式的门廊与东大图书馆、大礼堂、中大院的爱奥尼柱式也不能仅以巧合来形容。

对于这样一种国内从未有过的校园风格，只能从业主或者设计师的所见、所思、所想中来寻找来处。或许不能说东大与哥大是借鉴关系，但是应该正是哥大校园在郭秉文等

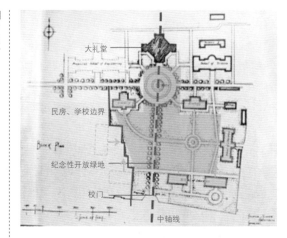

图3-14 | 校园规划轴线图

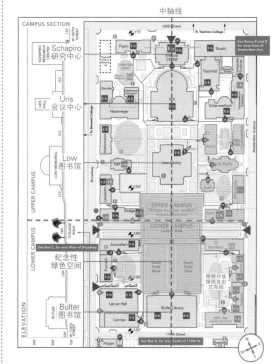

图3-15 | 哥伦比亚大学校园轴线图

一众留美学者心中留下了深刻印象，然后才经由威尔逊和其他设计师之手将之实现。无论是作为甲方的郭秉文及校方诸多教授的留美教育经历，还是作为设计师的威尔逊的成长背景，都让最终所呈现的美国自由式古典主义规划方案成为一种必然的可能。

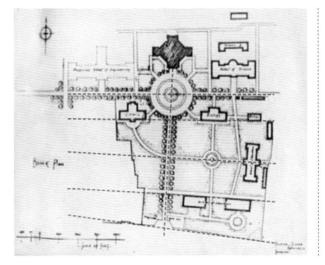

图 3-16 | 建筑朝向调整示意

新规划的南大门与大礼堂南北呼应，大礼堂两侧对称规划了科学馆及工业馆，大礼堂与南部图书馆、生物馆呈三足鼎立之势，生物馆南面与附中二院相对而立，两者东侧为校内唯一一栋东西朝向的教学楼——两江院。

虽然西侧民房界面打破了方正的中心大草坪，但是草坪东、南、北侧面向草坪围合的建筑还是能够体现美国自由式古典主义校园的典型特征。美国大学自由开放式的校园中，无论是经典的大草坪还是四周围合的建筑都应当处于完全的正交关系中，而威尔逊所绘的 8 幢主要教学建筑之间并非完全平行，而是为了协调四牌楼路与校内主要道路（现南高路）之间的角度，对建筑的朝向进行了微调，使南部和北部的建筑处于一种和谐的关系中，这也是应对受限制的场地关系而做出的精心调整（图 3-16）。这种调整使得中轴线两侧的建筑在图纸上呈现出不完全对称的特征，但是在置身校园时，却能够获得对称、轴线、焦点（大礼堂）的空间感受。

威尔逊的图纸在之后东南大学、中央大学时期十余年的建设中得到了很好的执行和延续，体现了其规划的合理性和科学性，对比经过系统规划的校园东南部与草创时期建设的校园北部，可以看出明显的区别：

（1）一个是旧式中国传统规划与西方建筑生硬的碰撞，一个是西方建筑在美国自由开放式校园规划方式下的灵动自如；

（2）礼仪性主轴线截然不同的表达方式，一者寓于院落中，一者寓于建筑之间所形成的"灰空间"；

（3）道路系统的组织方式截然不同，北部校园道路基本按照中国传统的平面化的方式延伸，新规划中道路明显有了纵深骨架和道路层级，将礼仪性和功能性道路做出区分；

（4）在校园景观及公共空间的塑造上有了极大的改善，清末校舍虽然借鉴了东京帝国大学校园，但是在中国传统院落关系中，景观与功能性建筑相分离，因此校北部的绿化只在北部围墙边，与教学生活区难有交流，南部规划中则将景观同建筑组合在一起形成一幅古典式校园图景，为师生提供了课余活动的公共空间；

（5）三江师范至南高时期校园功能划分严明，教学、行政、生活完全分开，而新规划具有更强的功能复合性，与东南大学时期各个相对独立的专业院系所需要的教学、行政功能组团相适应。

3. 校园主轴线的移动

随着新校园规划的实施，东大的校园相较之前在校园空间重心上有了极大的变化，其中最为重要的就是校园轴线发生了改变，体现大学精神的校园核心空间组织形式也与三江师范学堂时期截然不同。

新的校园规划中沿南大门—中央大道—大礼堂形成了新的校园轴线（图 3-17），两侧相对布置的图书馆与生物馆更加强调了这条轴线，原本位于一字房—操场—工艺实习场的轴线仍然存在，两条南北轴线并立。但是由于新的轴线更长，且重要建筑大部分位于新轴线附近，校园重心较之三江师范学堂时期相对向东侧移动。这样一种校园建筑、教育、生活重心的改变，暗示了两个时期教育目的的转变：三江师范学堂是以培养清末亟缺的师范人才为目的所办的师范教育学校，而东南大学和中央大学时期则是要建设成为东南文化教育中心的现代化综合性大学，且郭秉文一向倡导寓师范于大学，因此，新的大学轴

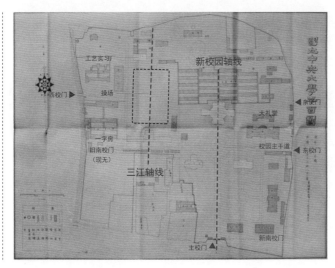

图 3-17 |
1933年建成后校园轴线分析

线统治校园，旧有的师范轴线退居次要地位，但仍占据重要的位置。

每当人们提及一所知名大学，总会有一些能够代表这所大学的物质性的标志浮现在脑海中，例如清华大学二校门、日本东京大学安田讲堂等，这些校园建筑已经超越一种物质的存在，而更多地与一所大学的精神、文化融合，成为大学校园的"核心"。如果在清末，人们提到三江、两江师范学堂，想起最多的应当是一入南大门扑面而来的一字房，其蓬勃向上的动势正如师范学堂的迅猛发展一般。容纳了大量教学空间以及室内集会会堂的一字房寄托了创办者希望传授西学、教化青年学生的目的，同时这一栋位于中国传统院落空间内的西式建筑，也寄予了洋务派"中体西用"的愿景。至于威尔逊的新校园规划，从平面上即可看出位于轴线尽端的大礼堂当仁不让的中心地位，有序且左右对称的建筑排布突出了以大礼堂为首的主轴线，体现了现代大学开放、民主的精神，当然这也得益于民国初年军阀割据的混乱状况为大学的自由发展所提供的难得可贵的契机。

及至建设完成，大礼堂的绿色穹顶成了泱泱东大师生心目中学校的象征。进入南大门，沿着静谧悠远的主干道向北，待得高大的梧桐被撇在身后，大礼堂与那标志性的绿色穹顶才端方地伫立在人们面前。比之之前的一字房，大礼堂以一种更加含蓄的方式表达着它的存在。大礼堂自建成后，很长一段时间都作为行政、集会演讲的场所，这在最初定下这一规划方案的郭秉文眼中，正是他所主张的"自由讲学"思想的重要体现。郭秉文在东大时，积极邀请国内外学者来校讲学，杜威、泰戈尔、罗素、梁启超等都曾是郭秉文所邀请的嘉宾。但遗憾的是，大礼堂迟至1931年方才建成，因此众多学者的讲学地点定在了体育馆，否则大礼堂应当是校方不二的选择。

三、全面抗战前中央大学的校园布局

1927年，国民党统一国家政权后，对大学实行党化教育，对建筑也提出了相关的要求。1929年制定的《首都计划》即明确要求，建筑形式以"中国固有之形式为最宜，而公署及公共建筑尤当尽量采用"，这促进了中国固有式建筑的迅速发展。1930年朱应鹏等人联名发表了发布《民族主义文艺运动宣言》，

图 3-18 |
国立中央大学鸟瞰图

1935年王新命等十位教授联名发表了《中国本位的文化建设宣言》，逐步推动中国民族式建筑的盛行。而中央大学应对这一建筑风潮却没有选择完全顺应政府倡议。

中央大学时期的校园建设与规划继续以威尔逊的规划为蓝图，完善和充实了上个时期的总体形态格局，至1931年，除了未建成的工业馆，威尔逊的规划已经全部建设完成（图3-18）。同时这个时期

的扩建还形成了体育馆路和生物馆前的两条次要空间轴线，校园形态结构日渐丰满。与此同时，校东宿舍区也不再是大片的农场，开始兴建宿舍楼。3栋三层宿舍成口字形排列，向内形成一个大庭院，内有道路到达宿舍门口，当时周围还有农田，环境十分优美。校东宿舍的建设打破了之前教学和生活校舍都混在中心区的局面，便于校园的管理（图3-19）。

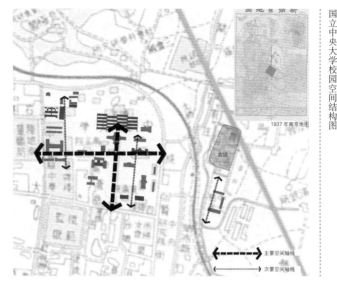

图3-19 | 国立中央大学校园空间结构图

校园建筑以西方古典建筑样式作为主要的基调，以古典柱式为主要的元素，整体构图严谨，主次分明，形体上简洁明快，气势上庄严恢宏。中央大学大礼堂立面为山花与爱奥尼柱式构图，上面覆盖欧洲文艺复兴时期的铜质大穹隆顶，造型雄伟，形如苍穹，成为校园的标志性建筑；生物馆正面为爱奥尼柱式门廊，门廊上方墙面装饰有史前恐龙图案；南大门由三开间四组方柱与梁枋组成，外形采用简化的西方古典建筑式样，简洁大方。这3栋建筑与国立东南大学时期建造的三馆风格一致，高度融合，形成和谐的校园整体风貌。

1931年以后至全面抗战前的校园建设，除了南大门由于其轴线南端的特殊位置保持西方古典主义风格，其余新建建筑均为现代风格建筑。

纵览三江师范学堂至中央大学时期的校园规划和建筑风格变迁，可以分为3个阶段。

（1）三江师范学堂时期：此时的规划建设由张之洞任命胡钧负责，规划思想为中国传统院落式，建筑采用西方风格。

（2）东大—中大初期（以1931年大礼堂的建成为时间节点）：这一时期的规划由建筑师威尔逊完成，规划采用西方古典主义布局，重要建筑也采用古典主义风格，次要建筑则采用折中主义风格。

（3）1931年之后至全面抗战前：这一时期没有系统的校园规划，建设活动由实际需求控制，轴线建筑为简化的古典主义，其他建筑多采用现代风格，最终校园呈现出一种中式规划思想同西方古典主义校园格局及西方风格建筑、现代主义建筑多元拼贴的状态。但是整个校园依然处于较为协调的秩序之中。中国传统式规划同西方古典规划并存，分别位于校园的东南部及西北部，均以南北向轴线展开，两者之间相对分离。再者，校园建设顺序是由北向南逐步扩张的过程，后加入的古典主义空间和建筑考虑了如何同原有校园格局相适应。从人的直观感受而言，建筑风格相对于校园格局更容易被人所感知。整体来说，校园建筑主要为西式建筑，虽然有古典、有折中、有现代，但在合理的规划下，互相之间保持协调的关系（图3-20）。

图3-20 | 国立中央大学全景

四、抗战胜利后中央大学的校园布局

这个时期中央大学中心教学区的布局较之于战前，在主体结构上没有变化，依旧是两条主导轴线统领校园，以大礼堂作为整个校区的构图中心，拥有几何方正的道路网架，三江和两江师范学堂时期的校园布

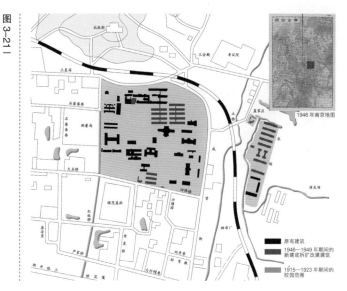

图 3-21
国立中央大学 1946—1949 年校舍完整图

1946 年南京地图

■ 原有建筑
■ 1946—1949 年期间的新建或拆扩改建建筑
■ 1915—1923 年期间的校园范围

局进一步被弱化。整体形态上，上个时期形成了整体较为疏朗的校园形态，而这个时期由于日军占领期间修建的位于校园各处的大片平房以及复员后校园内安置了大量活动房屋，和之前校园呈现的西方古典空间明显"不搭"，好在后期很快将活动房屋拆除并做重新规划建设。

兴起于中央大学初期的校东宿舍区在复员后有了很大的变化，战前校东宿舍区仅有 3 栋（1 组）建筑，显得不成体系，略显空旷，复员后由于师生数量的激增，在校东兴建起 7 栋文昌宿舍。这几栋建筑采用行列式布局，轴线与初期的南、北、中舍重合，平行于西侧南北流向的小河，西面的自然景色与东面行列式的宿舍楼相呼应，形成舒适宜人的宿舍区生活环境，体现了规划者的智慧（图 3-21）。

建筑营建

一、南京高等师范学校时期的建筑营建

1. 工艺实习场（现仍在）

工艺实习场始建于 1918 年（图 3-22），翌年建成，是当时南京高等师范学校为设立专施机械工程教育的"工艺专修科"而建设的，为中国近代历史上最早的工艺实习场所。我国著名的政治活动家及教育家杨杏佛曾经在此担任过实习工场的主任。

工艺实习场位于校园西北侧，坐北朝南，面对操练场，和一字房遥相呼应，形成南京高等师范学校时期的主要校园格局，基本奠定了现东南大学校区西北部分的空间形态。建筑造型和一字房一致，为西式风格。建筑共两层，初建时面阔 7 间，进深 3 间，南向当中设主入口。平面布局采用了内廊式，中间入口处有"工艺实习场"字样，建筑立面上有古典装饰，古朴典雅。最初建筑内和场院里设立了锻工场、木工场、金工场、铸工场等，主要用于机械工程专业技术培训。1948 年向北扩建，建筑面积达 1 959.8 m²，1949 年后工艺实习场发展成为现代化的机电综合工程训练中心，为学生提供工程实践教学场所。2009 年，工艺实习场北侧扩建部分被拆除，改为停车场。

保存至今的工艺实习场 1918 年主体建筑被列为全国重点文物保护单位中央大学旧址的文物本体之一，也是校园现存建设年代最早的建筑，见证了校园一百多年的历史，具有重要的遗产价值，经过 2017 年的修缮改造，现已成为东南大学校史馆，焕发出新的活力。

图 3-22
工艺实习场初建

2. 杜威楼（现为斯霞小学纪念馆）

杜威楼（图3-23）始建于1918年，为南高附小校舍。为纪念美国著名哲学家、社会学家、实验教育家杜威，学校将其讲学的地方命名为"杜威楼"。为一字形西式二层楼房，占地面积为263.6 m²，建筑面积为448.4 m²，檐口高度为6.2 m，屋脊高度为6.6 m。青色面砖，波形瓦屋面，砖混结构，三角桁架坡屋顶，建筑屋檐、线脚处理细致。2002年，南师附小对杜威楼进行重建，一楼为斯霞纪念馆；2007年，杜威楼重新修缮，成为南京师范大学附属小学的校史馆所在地，校史馆位于二楼。杜威楼见证了南高附小在民国时期的教育实验（后为南师附小）和一百多年的发展历程，成为一个时代的象征，现为南京市重点文物保护建筑。

图3-23｜杜威楼现状照片

3. 望钟楼（现为斯霞小学图书馆）

望钟楼（图3-24）始建于1919年，也是原南高附小校舍之一，因楼顶能看到钟山雄姿而得名。为一字形二层西式楼房，占地209 m²，建筑面积为425.9 m²，波形瓦屋面，上有天窗，砖混结构，三角桁架坡屋顶，造型优美，现为斯霞小学图书馆。同杜威楼一样，望钟楼见证了南师附小一百多年的发展史。望钟楼现为南京市重点文物保护建筑。

图3-24｜望钟楼现状照片

4. 附中一院与附中二院（现东南院与中山院）

附中一院（图3-25）和附中二院（图3-26）为南高附中校舍，分别建于1919年和1922年，是南高的教育实验基地。附中一院为一字形二层西式洋楼，附中二院为一字形三层西式洋楼，造型优美。这两栋教学楼在此后一直发挥着作用，后来并为大学所使用，直到1983年才被拆除重建为东南院与中山院。附中一院和二院见证了南师附中早期的教学实验，也见证了东南大学一百多年的发展史。

图3-25｜附中一院历史照片

图3-26｜附中二院历史照片

5. 梅庵（仍在）

三江、两江师范学堂时期，学堂在西北角以松木为梁架建有三间茅屋，南京高等师范学校成立后，江谦校长为纪念两江师范学堂校长李瑞清，将之命名为"梅庵"，门前挂有李瑞清手书的校训木匾。

1922 年 5 月，南京共青团在此成立。1923 年，中国社会主义青年团第二次全国代表大会又在此召开。南京解放前的中央大学地下党总支部活动也设在梅庵。

1932 年，梅庵茅屋被拆除，又在原址上建造了一座砖混平房（图 3-27），建筑面积为 212.4 m²，檐口高度为 6.01 m，砖混结构，另有地下室一层，房屋为南北向，平面布局采用内廊式。当时设有办公室 1 间，图书馆 1 间，大教室 1 间，小教室兼琴房 4 间。音乐教育家王燕卿、李叔同曾在此授课。1947 年 6 月 9 日，著名文史学家柳诒徵将题写的"梅庵"二字匾额挂于正面入口上方。梅庵后于 1980 年代、2002 年、2010 年多次得到维修，曾长期用作东南大学艺术学院办公室。2021 年，梅庵被修缮改造为中国社会主义青年团第二次全国代表大会展馆。

值得一提的是梅庵南面的一棵古树——六朝松（图 3-28）。六朝松是东南大学的精神图腾，高近 10 m，胸径 310 cm，距今已经有 1 500 多年的历史了，相传为六朝时期的梁武帝手植。后来我国著名的林学家马大浦、黄宝龙写文章记述了这株古树的来历背景和价值，并对古树进行了鉴定，"六朝松"并非松树而是桧柏。六朝松不仅见证了东南大学一百多年的发展历程，更是这片地区千百年来文风学风传承不绝的象征。

图 3-27 | 梅庵历史照片

图 3-28 | 六朝松

梅庵整个建筑中西结合，既有西式风格，又有中式风采，环境古朴，典雅幽静，自成一局。梅庵在中央大学的建设发展史上有着重要的纪念意义，在后来我国社会主义青年革命运动史上也有着不可磨灭的重要价值，不仅见证了学校光荣的革命史，也见证了东大师生灼热的爱国情怀，现为全国重点文物保护单位文物本体之一。

二、国立东南大学时期的建筑营建

1. 孟芳图书馆

兴建校舍，图书馆为当务之急。经过校长郭秉文的奔走，由江苏督军齐燮元出资 15 万银圆建立图书馆，并且代为募捐图书及购书款。1922 年 1 月 4 日，图书馆正式奠基，1923 年，美国建筑师帕斯卡尔主持完成图书馆设计，1924 年图书馆落成，为纪念齐氏捐助之功，取齐父之名，命名为孟芳图书馆。

图书馆（图 3-29）位于校园主入口西侧 100 m 处的显要位置上，建筑坐北朝南，占地 710 m²，总平

图 3-29 | 国立东南大学图书馆

面呈"品"字形，地上两层，檐口高度 12 m，局部设一层地下室，以钢筋混凝土结构承重。外观则是典型的西方古典式样，采用爱奥尼式柱廊、山花、檐部等西方古典形式构图，并用仿石材构造的水刷石粉面。整个建筑造型十分严谨，比例匀称，细部装饰精美。

图书、杂志是高等学校进行教学和研究必不可少的基本资料，一向为中

央大学所看重，中大时期，为了增加图书馆期刊、扩大藏书量，并有相应规模的建筑，学校节约其他费用，于1933年对图书馆进行扩建，由建筑师关颂声、朱彬、杨廷宝共同设计完成（图3-30）。扩建工程在原馆的东西两侧加建阅览室，背后扩建书库，使原来的品字形平面变成凸字形平面。扩建设计注意新旧建筑协调统一，整体布置、细部处理、内部装修以及材料和色彩均做到天衣无缝，和原馆融为一体。2008年，学校对其进行加固改造。

孟芳图书馆是学校标志性建筑之一，也是校园核心轴线的重要组成部分。它的建立和扩建体现了学校对图书馆的重视，也体现了当时优秀的建筑师西方古典建筑手法的高度素养，是我国近代建筑中难能可贵的杰作。孟芳图书馆现为全国重点文物保护单位文物本体之一。

图 3-30 | 扩建两翼后的图书馆

2. 体育馆

体育馆的建设是对郭秉文"德、智、体"三育并举教育理念的折射。体育馆（图3-31）于1922年1月4日和图书馆同时举行开工奠基典礼，1923年建成，1936年在其北侧建了一个室外游泳池（后拆除）。体育馆位于操场西侧，坐西朝东，共三层，入口正对操场，整个建筑为西方古典复兴样式，建筑平面呈长条形，强调中间入口，由西式扶梯双面上下，柱头简洁方正。整个建筑结实美观，造型简洁，色彩素雅。

1946年复员后对体育馆进行了大规模修缮，2002年东大建校100周年之时又对体育馆进行了修缮，将体育馆的玻璃顶改成了彩钢顶，并对建筑进行了加固改造。

该馆是当时国内最大的体育馆，是重大赛事和政治、文化、娱乐活动的主要场所。由于当时大礼堂还未建成，学校内外很多重要的聚会都在体育馆举行，英国哲学家罗素、美国教育家杜威、印度诗人泰戈尔等均曾受邀在此演讲，1928年的全国教育会议也在此召开，1931年九一八事变后北京学生南下示威到南京也曾借住于馆内。

体育馆是民国大跨度建筑的杰出代表，具有重要的技术价值、历史价值和社会文化价值，现为全国重点文物保护单位文物本体之一。

图 3-31 | 国立东南大学体育馆

3. 科学馆（原口字房旧址，今健雄院）

科学馆（图3-32）又名江南院，即今健雄院，由上海东南建筑公司设计，三合兴营造厂承建。当时，学校一直想盖一座能够作为全校研究中心的科学馆，1922年美国的洛克菲勒基金会中国医药部想要在中国科学力量最强的大学建造一所科学馆，后经调查认为东大的科学研究实力居于全国之首。1923年，东大的主楼口字房遭遇火灾，经过校内师生募捐，加上洛克菲勒基金会的募款，后经过各方会商，决定在口字房原址上建造科学馆。科学馆于1923年动工，1927年才建成。落成后，洛氏基金会又向学校捐助仪器设备费5万元，科学馆建成后为理学院所使用。

科学馆位于校园东北部，靠近成贤街，坐北朝南，地上三层，局部有地下室，平面呈工字形，建筑风格为西方古典复兴主义风格，爱奥尼柱式门廊前伸，二楼檐下有精致的浮雕纹样装饰，中间部分为砖墙承重，两翼为砖墙和混凝土柱混合承重，屋顶采用木桁架结构，平瓦屋面。楼内科学用房布置在走廊两侧，大楼北部中央还有扇形大阶梯教室。

科学馆的建立使得东大拥有了全国一流的科学馆，也开启了国立大学接受外国基金会资助的先例。科学馆（今健雄院）现状保存较好，为全国重点文物保护单位中央大学旧址文物本体之一。

三、全面抗战前中央大学的建筑营建

1. 生物馆（今中大院）

早在东大时期，在筹划科学馆的同时便拟建生物馆，经过校董会决策，由校董会筹资10万元，洛克菲勒基金会亦表示会赞助。

生物馆于1929年建成（图3-33），为生物系所使用，由李宗侃督造设计，上海陆根记营造厂施工，是我国生物学科的诞生地。建筑高三层，与中轴线西侧的孟芳图书馆遥相呼应，立面造型与图书馆相似，

正面有二层高爱奥尼柱式门廊，后于1933年重修，将原二层门廊改为三层，门廊上方墙面装饰有恐龙等史前动植物图案。1957年由杨廷宝设计加建了两翼的绘图教室，自1958年至今作为建筑系系馆，1988年又扩建后楼，1996年再次扩建后楼，2001年学校对该楼进行加固。

生物馆初期为生物系所用，是中国现代生物系的摇篮，后期改为中大院，为建筑学的系楼。如今东南大学在建筑学科上有着雄厚的实力，在国内享有较高的声誉，而中大院正是学校培养建筑学人才的大本营。在这里，东南大学为国家培养出了多位著名学者和高级人才。著名建筑学家杨廷宝、刘敦桢与童寯曾长期在此任教和主持工作，后又有戴念慈、齐康、吴良镛、钟训正、戴复东、程泰宁、王建国、孟建民、段进等杰出人才相继被评为两院院士。这些年来，建筑学院已经为国家培养了众多高级人才。

生物馆和孟芳图书馆两栋楼位于校园入口中轴线的两侧，东西呼应，相得益彰，是校园核心轴线的重要组成部分，西方古典复兴主义的建筑风格，典雅大方的门廊，雕刻的恐龙图案，极富象征意义和艺术价值，是这一时期建筑艺术的代表，且中大院先后作为生物和建筑学科的大本营与培养基地，见证了学校两个学科的兴起、发展和辉煌，具有重要的社会和文化价值。生物馆（中大院）历经90多年风雨，整体保存较好，现为全国重点文物保护单位中央大学旧址文物本体之一。

2. 大礼堂

位于校园中心的大礼堂，于1930年3月由中央大学首任校长张乃燕主持动工兴建，后因经费不足一度中辍。1930年到1931年朱家骅校长任期内，大礼堂由中央大学建筑系教授卢毓骏主持续建，并于1931年4月底竣工（图3-34）。至此，校园内四馆一堂（体育馆、科学馆、图书馆、生物馆、大礼堂）全部建成。

大礼堂是由英国的公和洋行进行设计、新金记康号营造厂进行建造的。

图3-34 国立中央大学大礼堂

这座矗立于学校中心的大礼堂，在学校众多建筑中独具特色，建筑风格为西方古典主义，整个建筑坐北朝南，总平面为八边形，南立面为主立面。建筑高三层，两侧建有办公室，主体两层，采用钢筋混凝土结构，主入口与图书馆及生物馆一样以三角形山花及爱奥尼柱式门廊强调，水平方向丰富的线脚加强了建筑立面的稳定性，绿色的穹顶使大礼堂更具标志性。屋顶上有一八角采光通风亭，装饰以彩色玻璃窗，极具西方文艺复兴气质。内部八角形的礼堂别具特色，从较为开敞的门厅，经中间低沉的过道进入礼堂内部，豁然开朗，在流线上的空间组织可谓十分精妙。两翼办公部分有单独入口，可使办公部分不受礼堂活动的侵扰。

后又对大礼堂进行了几次加建维修工程。1965年由杨廷宝先生主持设计了大礼堂两侧的加建工程，在两边各建了三层教室。至此，整个大礼堂的平面呈十字形。1994年4月，由台湾的中大校友余纪忠捐了107万美元对大礼堂进行修葺，大礼堂再次焕然一新。在2002年东大建校100周年之时，学校又对大礼堂进行了全面维修。

大礼堂自建成以来，见证了多次历史时刻，国民政府第一届全国代表大会就曾在此召开。大礼堂以其庄严的造型成为学校的标志，更是被海内外校友视为母校的象征。由于大礼堂的重要性，中央大学的校徽更是将大礼堂作为主要元素。

从艺术价值层面来说，大礼堂从平面布局、外观比例到基座、柱式、穹顶、线脚等要素细节都表现出浓郁的西方古典主义风格，是我国近代建筑中不可多得的杰作。大礼堂现状保存完好，为全国重点文物保护单位中央大学旧址文物本体之一。

3. 南大门

南大门（图3-35）为学校正门和主要出入口，也是学校中轴线的南起点。南大门建于1933年，由杨廷宝先生设计，牌楼上方由右至左刻有"国立中央大学"（现为"东南大学"4个字），造型庄重。整个门楼由三开间的四组方柱和梁枋组合而成，砖混结构，檐口高度约为8.3 m，外形为简化的西方古典主义建筑式样，简洁大方，和同时期的大礼堂、图书馆等建筑群风格一致。在长约百米的中央大

图3-35 国立中央大学南大门

道指引下，以大礼堂作为终端，南大门巧妙地形成了视觉效果极佳的框景，形成了一段令人记忆深刻的空间序列，也是校园整体格局不可或缺的一部分，具有鲜明的空间表征意义。

南大门和大礼堂作为校园的标志性建筑，被海内外校友视为母校的象征，除门额上方所刻校名发生变化之外，其他完整保存至今，现为全国重点文物保护单位中央大学旧址文物本体之一。

4. 新教室（现无，1987 年在原址上建前工院）

中央大学时期，工学院的快速发展使其需要一栋为工学院教学工作服务的建筑，1929 年建成的新教室（图 3-36）位于生物馆和中山院中间，建成后该栋楼为工学院各系所使用，为一字形两层坡屋顶建筑，现代主义建筑风格，主立面水平方向分为五段，造型简洁大方。

新教室使用至 1987 年被拆除，学校在原址上建设了前工院。

新教室见证了中央大学工学院的发展历史，也见证了 1949 年以后南京工学院时期的传承发展。

图 3-36｜国立中央大学新教室

图 3-37｜南高院（拆建后）

5. 南高院（原一字房）

南高院为原一字房，抗战时期该楼中部的三层及以上的钟塔被毁，于 1933 年大修，修缮后整栋楼的外表面被覆以水泥砂浆，因为学校历史上曾为南京高等师范学校，当时除体育系在体育馆、艺术系在梅庵之外，其余系科均在该楼内，故将之命名为南高院。

后于 1964 年被拆除重建（图 3-37），中部由建筑系教师唐厚炽、卫兆骥完成施工图设计，两翼由江苏省建筑设计院建筑师马希良完成施工图设计，建筑中部高四层，两翼高三层，占地面积为 1 444.42 m²，建筑面积为 5 084.7 m²，平面采用内廊式，入口二层为露天平台，两边的屋顶和立面也保持和中间一致，底层水泥黄沙粉刷，上面青砖、水泥勾缝。

南高院除了两江师范学堂时期为教学楼，自南高、东大乃至中大初期，校长室一直设于此栋建筑中，各种会议也都在此楼内召开，是学校的行政中枢，中央大学后期又将教育学院设于此，1950 年代时为南京工学院的院办办公楼。这栋楼承载了许多校友的回忆，是南高、东大、中大时期学校的标志性建筑物，现为学校的科研基地。

6. 牙科大楼（今金陵院）

1935年，中央大学奉令创办国立牙医专门学校，设牙医专科，筹建牙科大楼，由基泰工程司杨廷宝先生设计，三合兴营造厂承建，于1937年建成。建筑位于校园东北角，坐西朝东，与中央大学同时期其他建筑相比，该建筑的立面相对简化，用宽大的门套代替了柱石门廊，窗间墙为青砖砌筑，清水勾勒，整体造型简洁大方，屋顶部分为铁皮，部分为石棉瓦（图3-38）。

随后，医学院和附属医院迁至丁家桥二部，牙科大楼改为附属于医学院的口腔医院。1952年院系调整成立南京工学院后，口腔医院迁出。由于院系调整时并入的部分系科来自原金陵大学，故将该楼命名为金陵院以示纪念。1960年，金陵院向西侧扩建，由施守一设计。

金陵院作为杨廷宝先生在校内的第一个现代主义建筑作品，具有重要意义。它作为中央大学时期的建筑留存至今，是民国建筑的代表，也是中央大学医学学科建设的见证，体现了中央大学当时完备的学科建设。金陵院现状保存较好，为全国重点文物保护单位中央大学旧址文物本体之一。

7. 农学院新建建筑（位于三牌楼）

第四中山大学成立后，"三牌楼校区"随南京农业专门学校并入。此处原有土地300亩和一些校舍，经过中大数十年的建设，全面抗战前已拥有足够的校舍和农事试验场（图3-39、图3-40）。该地一直作为中大农学院的一部分，与丁家桥校区共同承担农学院的教学与科研任务，最主要的三栋建筑为种子室、昆虫研究室和蚕桑馆。种子室建于1933年，为农学院搜集的各类品种的专用储藏建筑；昆虫研究室同样建于1933年；蚕桑馆为蚕桑研究室所在，馆内设有养蚕室等专业试验室。

8. 文昌学生宿舍（即后来的南舍、北舍、中舍）

罗家伦上任后，除了修建大批教学用房，也修建了学生宿舍（图3-41）。由于校园内土地局促，也为了更好地对学生进行集中管理，于是决定将过去租赁的宿舍退掉。1934年先于文昌桥东部建设学生宿舍2幢，1935年落成，可容数百人；后于1935年又在文昌桥东部修建了女生宿舍，

供全校女生居住[1]。学校学生除了军训生与体育生住在校园北部平房之外，大部分学生住于该宿舍区。

南、北、中舍后都被扩建改造。南舍于1983年被扩建为七层建筑，现为校东19号教工住宅（现122号14栋）。中舍后期也被扩建为七层建筑，仍为学生宿舍，在文昌十一舍右侧。北舍于1985年在原址扩建成六层，现为文昌十二舍。

四、抗战胜利后中央大学的建筑营建

1. 文昌桥一至七舍（现除老六舍，其余都被改建）

从南高到国立东南大学，学生宿舍主要集中在大礼堂北面的一大片平房内，后来抗战爆发，学校遭到炮火的轰炸，学生宿舍变成废墟。1946年学校复员后，当时本部校园内许多校舍尚未收回，故先将附属中学的房舍加以修缮，作为复员学生的临时宿舍．但是容纳人数有限，校园里的大部分教室也都不得不暂时作为临时宿舍。由于复员后学生宿舍问题的紧急性，学校修建校舍首当其冲的就是解决学生的住宿问题，复员当年就在文昌桥动工兴建了7栋二层学生宿舍楼以及配套建筑。宿舍楼和配套建筑于10月完工，可容纳3 000余人，从而解决了复员后学生们的住宿问题。关于这片宿舍区的资料较为缺乏，但通过在东南大学档案馆查阅资料以及对东南大学建筑设计研究院资深总建筑师沈国尧老先生的采访，也获得了一些当时的情况。

宿舍区位于文昌桥东面，从教学区回宿舍，不仅要穿过一条弯曲的小巷，还要跨过一条铁路。小巷两边是各种各样的店铺，其中以小吃店最多，每晚晚自习结束后，这里更是热闹非凡。宿舍区中，7栋

图3-42 │
老六舍现状照片

宿舍坐北朝南，整齐地排列在宿舍区内，建筑为两层坡屋顶的中式建筑，古朴典雅。学生宿舍中有5栋是男生宿舍，2栋为女生宿舍，通过中间的食堂和球场相隔开。中间的食堂分为两组，每一组都是一个厨房带2栋两层的餐厅，球场则供学生们强身健体之用。除此之外，浴室和开水供应站位于食堂的西北方向。南面靠近入口的地方是一组学生会办公的平房。除了大方古朴的建筑，宿舍区最值得一提的就是宿舍西面南北流向的弯曲小河，围绕在小河周围的是绿地、花架以及跨越小河的小桥，景色十分优美，而西面的自然景色也与东面行列式的宿舍楼形成了鲜明的对比，丰富了宿舍区的生活环境，同时为学生们提供了一个宜人的交往空间，这种格局即便是在现在，也有着重要的借鉴意义。

现如今，除了老六舍（图3-42）经翻修后仍在，其他的6个宿舍均被改建，其中一至五舍于1991年被改建为六层职工宿舍，七舍的位置现在为文昌十四舍，中间的饭堂现为莘园餐厅。让人遗憾的是，西边的小河早已不在，原小河的位置现已被一栋栋宿舍所替代。

中央大学时期的文昌宿舍群不仅解决了复员后学生住宿紧张的问题，而且开启了在校外大面积兴建学生宿舍的先河，强化了校园功能分区，使学生宿舍完全撤离教学区。

1　南京大学高教研究所.南京大学大事记：1902—1988［M］.南京：南京大学出版社，1989：56.

2.图书馆西侧平房

实验是高等教育中一个重要的教学环节，一所大学实验室的多少、仪器设备的优劣以及实验质量的高低，都是衡量一所大学教学质量的重要标志。而中央大学院系众多，教学研究需要的仪器、机械、标本、模型等种类繁多，数量也多，从而也需要大量的实验室与工场。1940年代中后期，复员后的中央大学分别在校园北部和图书馆西部新建并改建了大量的实验室与实习工场，解决了师生的教学问题和实习问题。

后因为校园建设，学校逐渐对这些工场平房进行拆除，现仅存图书馆西侧2栋平房（原为3栋，为自北向南排列的三排坡屋顶平房，后剩2栋），这两栋建筑建于1939年，原为日军占领期间的炊事房，中央大学复员后，对其进行改造，属工学院第三部：机械系、航空系和化工系的实验室分别设置在北起第一、二栋，建筑系实习教室设置在第三栋。建筑主体一层，局部两层，为砖混结构，外立面为灰色清水砖墙墙体。这两栋平房一直发挥着自己的作用，在中央大学时期，它们曾承载着电机系、航空系、化工系、机械系、建筑系的教学实验活动，之后也一直承担着学校实验教学的任务，见证了学校工学院早期的发展以及后期的壮大，具有重要的历史价值。图书馆西侧平房现为校分析测试中心（图3-43），是南京市重要近现代历史建筑。

图 3-43 | 图书馆西侧平房现状照片

第四章 现代综合大学——校园空间的生长与更新

建设过程

一、"文革"前南京工学院的校园建设

表4-1 南京工学院1952—1965年新建或拆扩改建校舍汇总表

年份	建筑
	中心教学区
1929	生物馆（1933年加建成三层，1958年扩建两翼）
1931	大礼堂（1965年扩建两翼）
1933	南高院（1933年在一字房旧址上拆除重建，1963年扩建两翼）
1937	金陵院（牙科大楼，1960年向西扩建）
1952	金陵活动室（后改造为六系研究室，现为电子科学与工程学院行政办公室）
1953	地质学校部分平房
1954	五四楼
1955	五五楼
1955	河海院
1955	铸工厂（现榴园宾馆位置，1990年代被拆除）
1956	部分北平房
1958	动力楼
1950—1960年代	校西工厂平房（2000年后被拆除）
1958	校西农机实验室
1964	电子研究所科研楼（现科研楼）
1965	消声水池实验中心
1965	结构实验室
1965	新华园南北楼宿舍
1966	新华园中楼宿舍
1966	校西01、02库房

年份	建筑
	周边宿舍区
1957	兰园1—3幢
1958	兰园4—7幢
1959	兰园8幢
1960	兰园食堂（后改为托儿所）
1955	文昌八舍（后先后改为东大筒子楼八舍，新八舍）
1954	兰园传达室
1957	文昌九舍（后先后改为东大筒子楼九舍，新九舍）
1960	文昌十舍（后先后改为东大筒子楼十舍，新十舍）
1962	文昌桥浴室（后改为软件学院女生宿舍，1988年改建，1992年扩建）
1961	122号9栋
1961	122号10栋
1961	122号11栋
1957	幼儿园后勤办公用房（现为国资办）
1958	第10学生宿舍（现沙塘园宿舍楼第一舍）
1958	沙塘园学生食堂
1959	第11学生宿舍（现沙塘园宿舍楼第二舍）
1960	第12学生宿舍（现沙塘园宿舍楼第三舍）
1960	沙塘园浴室
1961	成园病员食堂
1961	文昌桥第三学生食堂
1964	中贤村住宅，一共3栋（现文昌桥1号住宅A栋位置）

以第一个五年计划为节点，这个时期南京工学院的建设情况也可以分为1952—1957年和1957—1966年两个时期。在这两个时期，不管是中心教学区还是周围的宿舍区，都得到迅速的发展。中心教学区的建设分为新建、扩建和重建三种。新建多集中于前5年（1952—1957），为教学建筑，且多位于校园的边缘及角落，是对空余空间的"填充"；扩建和重建活动多集中在后10年（1957—1966），由于历史建筑的使用功能不能满足需求和基础设施日渐老化，必须做出相应的改善与调整，使得扩建、重建活动大量增加，而周围宿舍区的扩建使得学校基地范围进一步扩大（表4-1）。

1. 1952—1957年

这个时期学校的规模迅速扩大，师生人数增长到之前的近3倍，各项事业欣欣向荣，是南京工学院的"第一个黄金时代"。学校的鼎盛带来的是校园建设活动的大量增加，校园的建筑面积也由初期的8.77万 m^2 扩至17万 m^2。这个时期的建设活动主要为教学区教学楼的新建、实验室的建设，另外还有校东宿舍楼的建设。

在中央大学、南京大学时期，学校工学院各系的教学、实验及办公用房主要分布在以下4处：（1）新教室；（2）西平院（今逸夫科技馆的部分旧址）；（3）图书馆西侧的三排平房；（4）大礼堂北面的一片平房以及机械工厂，总建筑面积约为2万 m^2。

院系调整后，四牌楼本部以及附近的宿舍区都划给了南工，建筑面积8.77万 m^2，虽然用地比原有

用地增加了好几倍，但是由于师生数量急剧增长，仍然处于紧张状态。1954 年，南京工学院制定了四年基本建设计划并开始实施，由于国家财力有限，采取了"精简节约，合理建筑，经济适用"的原则。在这个原则的指导下，南工建成了一批由杨廷宝先生设计的具有社会主义民族形式的新建筑。1954 年学校建成了五四楼，1955 年又建成了五五楼，并重建了河海院。

南京工学院时期主要照搬苏联的教学模式，强调理论联系实际。至 1957 年，学校已经开展了许多基础课、技术专业课以及实验课程，实习也被南工列入教学计划的重要组成部分，实验室则是工科院校完成教学任务、开展科学研究的必备条件和重要基地。但建院初期全院仅有 19 个实验室，且大多设备都比较陈旧，规模也较小，不能满足教学需求。1952 年到 1957 年，学校采取"统一规划，重点投资，分批建设"的方针，建设了许多实验室，如铸工厂（西平院原址）、铸工实验室、校西的农机实验室等。截至 1957 年，南工共有实验室 59 个，其中动力系实验室 14 个，无线电系实验室 13 个，土木系实验室 5 个，机械系实验室 6 个，食工系实验室 6 个，化工系实验室 10 个，建筑系实验室 2 个，基础课教研组 3 个。

宿舍楼方面，1955 年，建成了文昌学生宿舍共 8 栋。

校园规模也得到了全面增长。南工原有土地面积为 540 亩，由于处于市中心，发展困难，在这期间，经过多方的努力，向东征地小营，并兴建了小营操场，又划了兰园，向西又征购了学校附近的零星土地，最后合计面积约 110 亩，至此，学校的基地增至 650 亩 [1]。就建筑面积而言，这几年共增加了 8 万 m²，全院总建筑面积达到 17 万 m²，相比院系调整前的工学院，面积增长了 94%。

2. 1957—1966 年

这十年中，南工的办学设施和条件有了很大的改善。这个时期的建设活动主要分为两方面：一是老建筑的扩建与重建；二是校东文昌、校南沙塘园的宿舍楼以及生活配套设施的建设。

由于学校的发展和师生人数的大规模增长，教职工和学生的住宿紧张问题一直存在，故在这期间，尤其是前 5 年，南工盖了大量教职工宿舍、生活配套设施，以应学校发展之需，另外也对一些老建筑进行了扩建、重建。情况如下：

1957 年建成了教职工宿舍兰园 1—3 幢、兰家庄 4 号、第 9 学生宿舍（文昌九舍）、幼儿园（现国资办及后勤处位置），扩建文昌桥学生食堂。全年基建面积为 8 370 m²。

1958 年建成了动力楼，扩建了中大院的两翼作为建筑学绘图教室，并建成了校西 3 栋农机实验室、教职工宿舍兰园 4—7 幢、第 10 学生宿舍（沙塘园宿舍楼第一舍）、沙塘园学生食堂。全年基建面积为 28 756 m²。

1959 年建成了第 11 学生宿舍（沙塘园宿舍楼第二舍）、兰园 8 幢。全年基建面积为 5 784 m²。

1960 年首先扩建了金陵院，然后建成了沙塘园浴室、第 12 学生宿舍（沙塘园宿舍楼第三舍）、文昌十舍，并建成了兰园食堂。全年基建面积为 7 889 m²。

1961 年建成了成园病员食堂、文昌桥第三学生食堂以及太平北路 122 号职工宿舍 3 栋。全年基建面积 8 009 m²。

从 1962 年开始，学校的规模相对稳定，逐渐开始注重实验室、科研楼的建设，但最终由于"文革"的开始而未能形成规模。

1962 年建成文昌桥浴室 425 m²。

1963 年对南高院进行了翻建，建成了危险品库房。全年建设面积为 4 820 m²。

1964 年建成了电子研究所科研楼以及居安里职工宿舍。全年建筑面积为 2 003 m²。

1965 年对大礼堂两翼进行了扩建，建成了结构实验室、消声水池实验中心以及新华园南北楼宿舍。全年建设面积为 5 536 m²。

1966 年建成了新华园中楼宿舍以及校西 01、02 库房。全年建设面积为 2 281 m²。

关于实验室的发展，1956 年为 56 个，1965 年时为 54 个，虽然在总量上没有什么增长，但是因为在这期间食工、化工、农机系的分出，其他系的实验室实际上仍在增加。"大跃进"过程中，南工也紧跟形势大办工厂，大搞科研，遭受了一定的损失，但是后来经过"八字方针"和《高教六十条》[1] 的全面贯彻，新开了一些实验，又添置了一些仪器设备，并加强了管理。直至"文革"前，全院约有 1 600 万元的实验设备，形成了一支有 180 多人、各有专长的实验技术队伍，能够适应当时实验、科研的需求。

1957 至 1966 年这 10 年，南工基建面积共计 73 873 m²，至此，全院建筑总面积达到 24 万 m²。

二、"文革"时期南京工学院的校园建设

"文革"期间，学校的教学处于真空时期，校园建设亦几无进展。1975 年，由于学校 1950—1960 年代的单身教职工都已成家添丁，使得住房空前紧张，故在文昌桥之南、太平北路 122 号建了 5 栋教工宿舍，共达 8 033 m²，其中有一栋房子因为不合格而拆除重建。另外，又于校西新盖了机械工厂大件车间 976 m²，截至 1978 年，全校共有建筑面积 19 9182 m²。

关于校园中心教学区的面貌变化，主要是所有重要建筑的门、柱子、墙面无一例外都被刷上了红色油漆和革命口号，这一片"红色海洋"使得"文革"结束后的清洗耗费了相当大的力气。另外，"文革"期间，大礼堂前广场的中心绿岛上建造了几层楼高的毛主席立像，后根据中央的指示将其拆除，恢复成以雪松为中心的绿地，2002 年百年校庆前，又将其改为现在所见的喷水池。

三、"文革"后南京工学院的校园建设

"文革"结束后，全国百业待兴，在这一时期，南工各项事业均获得长足进步。一方面，在学生数量上有了很大的增长，学校已经达到万人规模；另一方面，学校规模也进一步扩大，各种设施、条件得到改善，10 年来，学校新增了房舍近 15 万 m²，实验室仪器设备得到更新，新图书馆落成，出版社成立。这一切保障了教学、科研的顺利进行，师生员工的生活条件也得到不断改善。

这一阶段，南工基于边兴建校舍、边着手基本建设的规划思路，确立了两个方面的主要任务：第一，丰富中心教学区，积极兴建教学、科研用房，并逐步将大礼堂东西轴线以南的半个校园建成环境优美、绿树成荫，建筑群风格与色彩较为和谐协调的主教学区；第二，继续建设周边的宿舍区，强调安居而乐业，又多又快地兴建教工、学生宿舍，解决师生们的住宿问题。

这个时期教学区的建设活动以拆除重建和新建、插建为主，不再有扩建项目，建设活动不仅局限于教学用房，附属用房的建设活动也逐渐增多，逐步"填实"校园边缘角落。附属用房和小实验室等设施用房的布局较为凌乱，与主体建筑整洁美观的空间形成了鲜明的对比，使得教学区的校园风貌受到了影响。拆除重建活动不仅只聚焦于主体建筑，也包括大礼堂南面校区的前工院、东南院、中山院以及西南部的校友会堂。新建建筑有两类，一类是体量比较大的建筑，总体布局上遵循或延伸中央大学时期的轴线，如中心楼和新图书馆，体量较大，高度较高；另一类为体量较小的教学实验用房和设施，采取"插建、填充"的建设方式，如道桥实验室、微波实验室、测震中心、电子管厂、专家楼等。

周围宿舍区建设方面，校东宿舍区在上一阶段的框架内进一步"填充"和拓展，校南宿舍区进一步完善。由于学校东面土地面积的局限，教职工宿舍开始向校西拓展，这使得宿舍生活区大面积外延式发展。

现将南京工学院此阶段具体的建设活动分为中心教学区和周边宿舍区两个部分进行介绍（表 4–2）。

1　《高教六十条》，是 1961 年 9 月 15 日中共中央印发讨论试行的《教育部直属高等学校暂行工作条例（草案）》的简称。

表 4-21 南京工学院1974—1988年新建或拆扩改建校舍汇总表

年份	建筑
	中心教学区
1919	东南院（1982年拆建）
1922	中山院（1982年拆建）
1929	生物馆（1933年加建成三层，1958年扩建两翼，1988年扩建后楼）
1929	前工院（1987年由新教室拆建）
1933	南高院（1933年一字房大修，1946年在一字房旧址上拆除重建）
1947	校友会堂（1986年由一层拆建成三层）
1976	机械工厂校西大件车间（2000年后拆除）
1978	留学生宿舍楼（2011年改为东南大学出版社）
1979	南京工学院建筑系建筑物理实验室工程
1979	动力楼西平房（现拆除）
1981	电子管厂（现东南大学显示技术研究中心）
1981	南工中心配电房（后来改称后勤服务集团水电维修服务中心）
1983	南工空调机房（现空调机房）
1983	东大热力热管工程
1984	中心楼（又名自控实验楼）
1984	南京电子研究所
1984	道桥实验室
1985	新图书馆
1970—1980年代	后勤服务集团校园服务中心
1986	实习工场平房
1987	专家楼
1988	无线电系微波实验楼（混凝土与预应力混凝土教育部国家重点实验室）

年份	建筑	年份	建筑
	周边宿舍区		
1979	122号1栋	1985	东大汽车修理厂（校西）
1975	122号2—5栋	1987	原校西幼儿园（现东大后勤管理处）
1978	122号6—7栋	1975	大石桥2号住宅1、3栋
1980	122号8栋	1983	大石桥2号住宅2栋
1981	122号12—13栋	1980	大石桥2号住宅4—5栋
1983	扩建原南舍，改为校东19号教工住宅（原南舍，现122号14栋）	1984	大石桥2号住宅6栋
1984	122号15栋	1986	大石桥2号住宅7栋
1979	122号传达室	1985	大石桥2号住宅8栋
1978	南工9号住宅	1986	校西南门（现大石桥2号大门）
1980	兰园10—13幢	1974	大石桥17号学府1舍（现东南大学建筑设计研究院）
1979	兰园28号花房	1984	格林宾馆招待所
1980	东大2舍学生公寓（校西）	1984	格林宾馆招待所食堂
1981	文昌宿舍游泳池	1980	进香河33号教工宿舍1—2栋
1982	扩建校东文昌桥浴室（现文昌第一浴室）	1981	进香河33号教工宿舍3—9栋
1981	130号1—2栋	1984	进香河33号教工宿舍10—12栋
1983	130号3栋	1979	进香河33号教工宿舍13栋
1984	南京干部培训班学院宿舍（现文昌十三舍）	1978	幼儿园北楼（现保卫处）
1984	校东第3学生宿舍（现文昌十一舍）	1979	沙塘园第三宿舍
1985	拆建原北舍为文昌十二舍	1981	南京工学院校南锅炉房（沙塘园食堂锅炉房）
1987	翻建校东原学生食堂为食堂兼招待所（现莘园餐厅）	1981	南京工学院校南浴室（现已拆）
1987	拆建文昌桥七舍为文昌十四舍	1982	沙塘园宿舍配电
1986	130号4—5栋	1980	南工医院（现成贤街东南大学校医院）
1988	南工校东单身宿舍（现东大集团）	1981	南工18—2宿舍
1988	校东文昌十五舍	1985	南工服务公司门市部（现文昌桥教育超市）

1. 中心教学区

1978年到1988年，学校中心教学区的基建情况具体如下。

1978年，在体育馆旁拆除了有"70高龄"的教习房，就地建成留学生宿舍楼，从此中心教学区内再也没有教工宿舍了。南工在1970年代末开始面向世界，扩大国际合作，这是南工历史上国际交流、合作的空前活跃期，不仅组团出国考察，与国外的大学建立合作关系，还发展了留学生教育。在这样的背景下，建成了留学生宿舍楼，供学校的外国留学生使用。现为东南大学出版社所在地。

1981年建成了电子管厂。1980年代初，学校在无线电子学科等方面的技术已经接近国际1970年代的水平，取得了不少成果，为了辅助研究，建成了电子管厂。

1982年，扩建了声学楼。

1982年，分别拆建中山院和东南院，1983年建成。

1978年学校提出"要把我校实验室尽快建设成为现代化教学、科研的科学实验基地"，使得这期间学校的实验室工作进入了有计划的发展阶段。1984年，先后扩建了电子研究所，兴建了道桥实验室，另外，同年又兴建了大礼堂后面的中心大楼（计算机中心设于此）。计算机中心面向全院服务，使得学生中会使用计算机的人数大大增加，保证了教学和科研的有效开展。

1985年，南工建成了新图书馆。在这之前南工沿用60余年的老图书馆，虽然建筑造型颇具特色，建筑质量也堪称一流，但是面积远远不够使用，新图书馆的建成，极大地解决了图书收藏和开放阅览问题。

1986年，南工拆建了校友会堂。

1987年，拆建了原来工学院使用的新教室，改为前工院。同年，还在校园北部、梅庵右侧建成了专家楼，供国际交流学者、专家使用。

1988年，建成了无线电系微波实验楼。

至此，南工中心教学区南部的建设基本定局。以大礼堂、老图书馆、中大院三座西方古典复兴风格的建筑为中心，周围是不同年代的现代建筑，特别是1980年代初期重点建设的中山院、东南院、前工院以及扩建的图书馆，这些新老建筑组合在一起既错落有致，又浑然一体。宽敞的中央大道两侧绿草茵茵，特别是路旁中央大学时期栽培的二球悬铃木已长成大树，夏季浓荫密布，备感凉爽，冬日阳光透过树枝，如诗如画，形成了优美的校园环境。

2. 周边宿舍区

1978年到1988年，校园东部、南部、西部的宿舍区建设情况如下：

1978年至1981年，在东部宿舍区的太平北路122号内兴建教工宿舍共13栋。

1979年，在校南的沙塘园宿舍区建成学生宿舍楼1栋（即沙塘园学生宿舍3舍）。同年，在校西的进香河路33号内建成教工宿舍1栋。

1980年，在校东宿舍区建成了兰园10—13幢，共4栋。在太平北路138号内建成职工宿舍1栋，同时在校西进香河路33号又建成了教工宿舍1—2栋。

1980年到1986年，在校东宿舍区太平北路130号建成了教工宿舍1—5栋。

1981年，在校西进香河路33号建成教工宿舍3—9栋。

1982年，扩建校东文昌桥的浴室（现文昌第一浴室）。

1983年，拆建校东文昌桥南舍为教工宿舍。

1984年，在校东太平北路122号兴建教工宿舍1栋。在校西进香河路33号兴建了教工宿舍10—12栋，同年校东文昌十一舍建成。

1985年，校东拆建原北舍为文昌十二舍，将原南京干部培训学院宿舍楼改建为文昌十三舍。

1987年，校东拆建文昌桥七舍为文昌十四舍，同年翻建学生食堂，改造为食堂兼招待所（现莘园餐厅）。

1988年，校东建成文昌十五舍。

这个时期，校东和校西进行了大量的教职工宿舍建设。校东主要为见缝插针式建设以及向南扩展，校西则为从无到有开始建设。此时的校东宿舍区与前几个时期相比，建筑高度增加至6—7层，建筑密度也逐步增加。

除了教学区和宿舍区的建设，南工于1982年在成贤街兴建了四层高的南工医院门诊楼，供师生使用。此外，在这10年中，为了进一步解决教职工住宿问题，学校还在兰家庄、中闲村、南湖沿河二村、九华山、峨眉路、锁金村等地兴建或购置了一批商品房作为教工宿舍，其中仅锁金村就有22栋，面积达到10 835 m^2。

这期间的宿舍建设极大地满足了南工师生的住宿需求，医院的兴建和浴室、食堂的扩建，更是南工致力于改进学校后勤服务的体现，体现了南工基建工作的组织性和有序性。

如果说1952—1966年是南工校园历史上的第一次扩建时期，那么1978—1988年就是南工校园的第二次扩建高潮（图4-1）。1978年，校园校舍面积为199 182 m^2，经过这10年的"填充式"建设活动，总面积已经达到346 964 m^2，为1978年校园校舍建筑面积的1.74倍，成为学校本部历史上建筑最多、建设速度最快的时期，基本上满足了南工当时的教学、科研及师生生活的需要 [1]。

1　东南大学校产科. 现有校舍使用情况一览表［Z］，1994.

三、更名东南大学后的校园建设

更名为东南大学后，学校事业的发展以及老校区基建规模扩张的速度也是空前的。虽然学校已经进行了新校区的兴建，但老校区依然负荷着高密度以及高层化校园建设开发的需求。如今四牌楼校区占地 641 亩，建有各类建筑 61.85 万 m^2。

现将东南大学此阶段具体的建设活动分为中心教学区和周边宿舍区两个部分进行介绍（表 4-3）。

南京工学院1974—1988校舍完整图

图 4-11

1983年南京地图

■ 原有建筑
■ 1974—1988 年期间的新建或拆扩改建筑
┈ 1974—1988 年期间的校园范围

1. 中心教学区

这个时期教学区建设的特点为"大规模、大尺度"建设新建筑，少数小高层的出现极大地改变了校园风貌，教学区内主要进行的建设活动分为以下三方面：一是校办工厂的拆除；二是"见缝插针"式地大量兴建新建筑；三是对老建筑进行修葺、改造。

首先是老校区内各校办工厂逐渐从学校退出。如逸夫科技馆旧址就是以前的西平院，内设铸造厂，在计划兴建科技楼时将其拆除；拆除印刷厂，在旧址建造逸夫建筑馆；此外，拆除了校园最北边的一大片历史长达半个世纪的工厂，这片工厂系工艺实习场建成后逐年扩建形成，一致作为学校工程实践教学场所，具有重要的历史价值，但可惜于 2009 年被拆除殆尽，场地被改建为停车场。

接着是教学区内各种实验室、研究用房的大量兴建。由于学校处于南京市中心，用地较为局促，为合理有效地利用土地资源，在这期间建成了一批多层和高层建筑。这一时期，中心教学区主要有以下建设：

1989 年在校西教学区（原地校）建成了大体量的东大交通学院综合楼。

1994 年在学校原西平院旧址上建成了逸夫科技馆，在河海院南侧建成了留学生楼（现榴园宾馆），同年改造原东南大学测震中心大楼为火电机组振动国家工程研究中心。

1998 年东南大学建筑设计研究院（简称"东大设计院"）建成，位于大礼堂的西北侧。东大设计院原一直在新图书馆顶层办公，用地十分局促。新建筑的建成大大改善了设计院的办公环境。

2000 年在中大院右侧建成逸夫建筑馆与群贤楼。

2002 年在大礼堂西南侧建成吴健雄纪念馆。

2004 年建成李文正楼。

在这期间，在大量建设新建筑的同时，还加强了对老建筑的修葺与改造、扩建：1988 年扩建中大院后楼，1996 年再次扩建，2001 年又对其进行加固；1994—1995 年对大礼堂进行修葺，2002 年对其加固；2000 年对五五楼进行全面加固；2008 年对动力楼进行维修等等。这使得一栋栋老建筑焕发了新的生机，继续发挥自己的作用。

2. 周边宿舍区

在这个时期，校东、校西、校南的宿舍生活区也有了长足的发展，建设活动主要包括三个方面：一是改造老建筑，进行了大量低改高、旧改新的校舍改建活动；二是建设后勤基础设施；三是见缝插针地建设新宿舍。

由于宿舍区中有许多年代较为久远的建筑，部分建筑结构或墙体老化，部分建筑内部基础设施老旧和不足，故学校在这 20 多年间，一直致力于对老建筑的修葺和改造，为师生们提供更好的住宿条件。

表 4-31

东南大学1988年至今新建或拆扩改建校舍汇总表

年份	建筑		年份	建筑
	中心教学区			**周边宿舍区**
1900 年代	梅庵（1932 年改建为砖混结构平房，2002、2010 年分别进行了修缮改造）		1946	小营学生宿舍一至五舍（现为东大新一至五舍）
1918	工艺实习场（1948 年向东扩建，2009 年拆除扩建为停车场，2017 年修缮）		1946	老六舍（1991 年改造）
1923	体育馆（1946 年大规模修缮，2002 年修缮加固）		1959	兰园 8 幢（1999 年重建）
1924	老图书馆（1933 年扩建北部，加建两翼，2008 年进行全面加固）		1962	文昌桥浴室（后改为软件学院女生宿舍，1988 年改建，1992 年扩建）
1929	中大院（1933 年加建成三层，1958 年扩建两翼，1988 年扩建后楼，1996 年再次扩建，2001 年加固）		1954	文昌八舍（2000 年改造，现为新 8 舍）
1931	大礼堂（1965 年扩建大礼堂两翼，1994—1995 年修葺大礼堂，2002 年加固）		1957	文昌九舍（2000 年改造，现为新 9 舍）
1949	东南大学岩土工程研究所（原土科学馆，属于南京地质学院，2000 年地质学院并入东南大学后为东南所有）		1960	文昌十舍（2000 年改造，现为新 10 舍）
1949	教育部职能运输系统工程研究中心（原地质学院西教学楼，属于南京地质学院，2000 年地质学院并入东南大学后为东南所有）		1960	第 12 学生宿舍（现沙塘园宿舍楼第三舍，2008 年对其进行整修）
1949	东大幼儿园（原地质学院东教学楼，属于南京地质学院，2000 年地质学院并入东南大学后为东南所有）		1974	大石桥 17 号学府 1 舍（现东南大学建筑设计研究院，2014 年翻修）
1949	东大职业技术教育学院（原行政楼，属于南京地质学院，2000 年地质学院并入东南大学后为东南所有）		1984	122 号 15 栋（1997 年改造）
1949	东大集成电路学院（原属于南京地质学院，2000 年地质学院并入东南大学后为东南所有）		1982	扩建校东文昌桥浴室（现文昌第一浴室，2016 年整修）
1955	五五楼（原化工大楼，2000 年全面加固）		1984	南京干部培训班学院宿舍（2008 年改造，现文昌十三舍）
1958	动力楼（2008 年修复）		1990	进香河 33 号教工宿舍 14—15 栋
1989	东大交通学院综合楼（校西）		1991	东大劳务公司业务用房（校东教育超市）
1989	校园东大门门卫		1991	新六舍
1994	逸夫科技馆（在西平房旧址上）		1991	文昌街 2 号高价房（商业铺）
1994	榴园宾馆		1994	校东天桥（2011 年被拆除，2017 年又重建）
1994	火电机组振动国家工程研究中心（在原有的东南大学测震中心大楼基础上改造完成）		1995	122 号 16—18 栋
1998	东南大学建筑设计研究院		1993	文昌桥 1 号住宅 A、B、C 幢
2000	逸夫建馆与群贤楼		1994	文园宾馆（原东大校东煤场宿舍）
2002	吴健雄纪念馆		2000	东大校东学生宿舍及餐厅（原中舍，为文昌十一舍加建部分及大学生活动中心）
2004	李文正楼		2003	群英楼
			2003	荟萃楼
			2003	香园餐厅
			1994	大石桥 2 号 9—10 栋
			2001	大石桥 2 号 11 栋
			2001	大石桥 17 号 1—2 栋
			2003	东南大学博士后宿舍 1—3 栋
			2001	成园宿舍 1
			2001	成园大学生活动中心
			2002	成园宿舍 2

在 1991—1993 年间，学校首先对校东文昌桥一至七舍进行改造，将其从原来的二层建筑改造为六层的教工宿舍；1997 年对太平北路 122 号 15 栋进行改造；1999 年对兰园 8 幢进行重建；2000 年，又对文昌八、九、十舍进行改造，同年将原中舍改造为东大校东学生宿舍及餐厅（现文昌十一舍加建部分及大学生活动中心）；2008 年对沙塘园宿舍楼第三舍进行整修，同年还将校东原南京干部培训班学院宿舍改造为文昌十三舍；2014 年将大石桥 17 号学府 1 舍进行翻修，现为东南大学建筑设计研究院部分部门的办公场所；2016 年对校东文昌桥浴室进行整修等等。这些建设活动既使得一大片老建筑获得新生，也解决了师生们的住宿问题。

在基础设施建设方面，1991 年在校东区建成文昌街商业铺，一直使用至今，同年在文昌桥兴建了东大劳务公司业务用房（现校东门教育超市）；1994 年建成校东天桥（2011 年由于修建地铁被拆除，2017 年又重建）；2003 年在校西宿舍区建成香园餐厅。

在新宿舍的兴建方面，由于宿舍区的整体格局在前几个时期已经形成，这个时期基地范围基本保持不变，主要是对宿舍区进行插建，局部甚至出现高层。在此期间，1990 年于进香河 33 号建成 14—15 栋住宅；1993 年在文昌桥 1 号建成住宅 A、B、C 幢；1994 年在校西大石桥 2 号建成 9—10 栋住宅；2001 年又分别建成大石桥 2 号 11 栋、大石桥 17 号 1—2 栋住宅，同年在校南沙塘园东侧建成成园宿舍及大学生活动中心；2003 年，开始扩大校西宿舍区，建成了群英楼和荟萃楼两栋 15—16 层的高层宿舍楼，同年又在原校西工厂旧址建成东大博士后宿舍 3 栋。

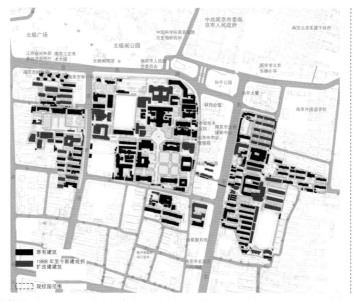

图 4-21
东南大学1988年至今校舍完整图

截至 2017 年，校本部校舍总面积已达 45 万 m²，校园布局形态如图 4-2 所示。

校园布局

一、"文革"前南京工学院的校园布局

总体而言，"文革"前南京工学院的校园建设奠定了今天校本部的基本格局。

在教学建筑上，一批教学楼以及一些实验室的建成为学校完成教学任务并开展科学研究提供了必备条件和重要基地；在教职工及学生的生活设施上，校东、校南兴建的一批宿舍和生活附属设施解决了师生们的住宿生活问题；从校园基地的变化来看，学校的教学区仍旧在中间的核心区域，教职工和学生的生活区逐渐开始占领教学区的东、西、南面区域[1]（图 4-3）。

另外，关于中心教学区的用地范围，原本在南工建校初期，校园围墙内的面积超过了 300 亩。1958 年，北面的保泰街被拓宽成 60 m 的北京东路，使得校园在北部临街的一部分用地被切割；1960 年代，校园西面的进香河被改为暗河，在上面建成了 40 m 宽的大路，又占掉了校园西侧的部分用地；后来，校园沿街建筑以外的绿地又被划给城市公用。这几次土地削减使得南工中心区的面积减少近 20 亩。梅庵本是坐落在花木葱郁的庭院之中的，频频削地使得梅庵两面临街，成了校园西北角的"角楼"。

至此，四牌楼校区的总体格局，历经国立东南大学、中央大学，已经基本形成。但是面对师生数量的增长和学校的不断发展，势必会相应地大量兴建校舍，如何控制新的建筑空间尺度与校园历史文化环境的关系，如何使新建筑与历史建筑保持协调，如何组织校园内的交通流线，这都是校园规划要考虑的问题。值得一提的是，1952—1966 年本部校区的主要建筑都是由杨廷宝先生主持设计的，杨老较为关注学校本部的规划问题，曾于 1950 年代中期提出了校园中心区的规划设想（图 4-4），即学校应该有一个宁静而富有文化的环境，后期的建设要注意考虑学校历史地位以及建筑风格，要有计划地发展和布置校园建筑，从而使新旧建筑有较为统一的格调和完整的校园中心。这一规划设想为学校后期的校园建设以

---

1 郑姚铭 . 我校教学、科研工作主要文件编选（1952—1966 年）［A］. 南京：东南大学档案馆，1989.

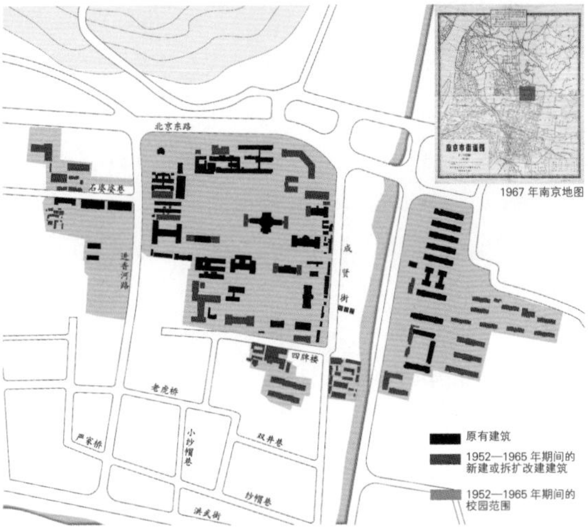
北京东路
石婆婆巷
进香河路
成贤街
四牌楼
老虎桥
严家桥
小纱帽巷
双井巷
纱帽巷
洪武街
1967 年南京地图
原有建筑
1952—1965 年期间的新建或拆扩改建建筑
1952—1965 年期间的校园范围

图 4-3 | 南京工学院1952—1966年校舍完整图

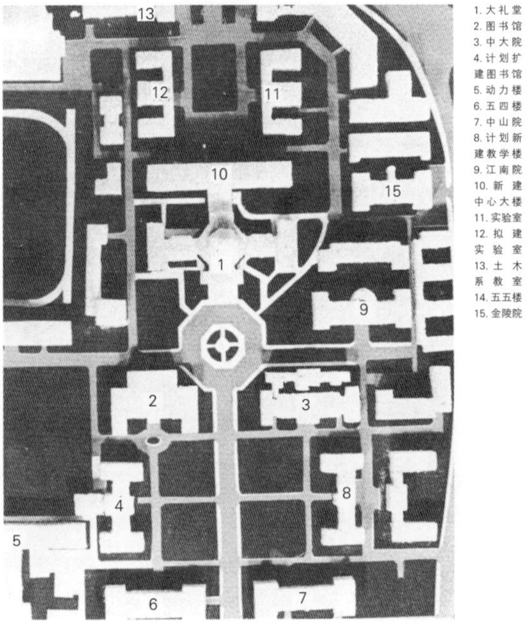
1. 大礼堂
2. 图书馆
3. 中大院
4. 计划扩建图书馆
5. 动力楼
6. 五四楼
7. 中山院
8. 计划新建教学楼
9. 江南院
10. 新建中心大楼
11. 实验室
12. 拟建实验室
13. 土木系教室
14. 五五楼
15. 金陵院

图 4-4 | 南京工学院校园中心区规划模型

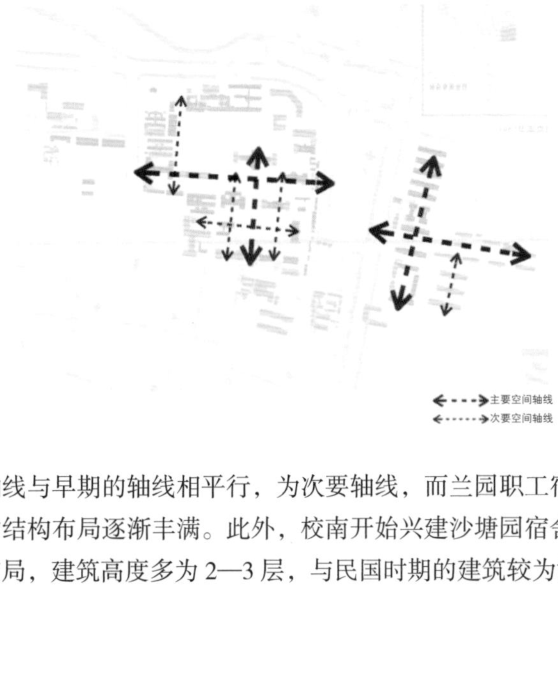
主要空间轴线
次要空间轴线

图 4-5 | 南京工学院1952—1966年校园形态布局

及保护提供了重要的指导。

1952—1966 年是 1949 年以后进行的第一次扩建，这个时期除了对校园的环境进行整治外，主要是兴建了一大批教学楼和宿舍楼，从而满足了当时院系扩大后对校舍的急切需求。

这个时期的校园布局受到苏联的大学组织模式的影响，使得“功能分区”这一原本定义场所和秩序的有效手段极端化为“功能主义”，校区功能的分区愈发明晰，生活区与教学区分区明显。这个时期教学区的基本格局没有太大的变化，新建建筑多为独栋多层建筑，且位于校园的边缘角落，没有进入校园老建筑群的核心区，这既是对老建筑的尊重，也是对老建筑的保护。整体布局呈现为进一步强化中央大学时期的轴线关系，并采用了空间向心力、延续轴线等空间组织手法，形成了平行或垂直主轴线的格网式空间骨架(图4–5)。“一系一楼”使得学校以系为单位进行建设和管理，并形成各自独立的构架体系。后期随着学科分化和交叉学科的出现，原有的校舍资源用途和相互关系已经发生了改变，功能分区随之发生调整，校园建筑的灵活性和通用性不断提高，校园内许多功能单一、设备陈旧的建筑设施不再能适应教学和科研的要求。

总之，这个时期的校园建设是对校园主轴线框架的进一步补充，并在图形上进行加强和延伸。扩建、重建建筑与历史建筑的协调使得校园中心的布局进一步得到完善，而三江师范学堂时期的布局特征则在这个时期进一步被削弱。另外，由于中心教学区的用地紧张，学校将一部分教学工厂和实验室迁到校西进香河区域，从而进一步拓展了校区的范围。

生活区的范围在这个时期进一步扩大。首先是校东宿舍区范围向东、向南延伸。不同于上个时期的单轴布局，文昌八、九、十舍轴线与早期的轴线相平行，为次要轴线，而兰园职工宿舍区的兴建使得第二条主轴线出现，校东宿舍区的结构布局逐渐丰满。此外，校南开始兴建沙塘园宿舍区，此时期的宿舍楼多采用基于经济性的行列式布局，建筑高度多为 2—3 层，与民国时期的建筑较为协调。

由于国家财力有限，这批建筑都是在前期"精简节约，合理建筑，经济适用"的原则下指导完成的。教学区中的建筑大多以"工"字形教学楼为共同特点，宿舍楼为简单的行列式，风格为简约的现代主义形式加少量民族符号，无过多装饰，以五四楼、五五楼为代表，大多采用清水砖为承重结构、无框门窗、混凝土梁板的建造方法，既经济适用，也与周围环境完美融合，这既呼应了上阶段的历史建筑群，又不失其时代特点，也为后期校园内的新兴建筑树立了榜样。而这些都离不开主要的设计者杨廷宝先生的贡献。除了新建筑的建设活动，教学区还对老建筑进行了重建、扩建，不论是中大院，还是老图书馆、大礼堂，扩建时建筑总体仍然保留原有的"气质"，在用材和开窗方式等细节方面根据功能予以调整，从而实现新旧建筑的完美协调。

总的来说，校园的第一次扩建效果较好，既完善了校园中心布局，又使得历史建筑得到了较好的保护。

二、"文革"后南京工学院的校园布局

在这个时期，由于课程综合化改革以及科研机构的引入，教学区建筑功能逐渐拓展，建筑逐渐开始群落化，打破了上一阶段"一系一楼"较为单一的布局。除了教学楼的建设，实验室、会议交流中心、研究中心以及各学科的专业楼也逐渐增加，新建建筑如中心楼和新图书馆成为延续和加强中央大学时期轴线的重点和转折点。另外，这个时期重点打造的大礼堂以南区域校园环境优美，绿树成荫，建筑群风格协调，而其他体量较小的实验设施用房由于采用了"插建、填充"的建设方式，使得教学区的建设趋于饱和，并向边缘蔓延。这些建筑多集中于大礼堂前东西轴线北部，较为凌乱，使得校区的风貌发生一定变化（图4-6）。

宿舍区在这一阶段得到了大规模的发展，这个时期实行的教职工住房统一分配制度使得宿舍面积大量增加。由于教学区内教习房（教职工宿舍）的拆除，教学区和生活区完全分割，宿舍生活区大面积外延式地发展，校东宿舍区在上一阶段的框架内进一步充实和拓展，两条主要轴线逐渐变弱，次要轴线开始增多，新建建筑多集中于南面，北面除了几栋新建建筑外，大多数仍为2—3层，出现了"南高北低"的局面。建筑密度逐渐增大也导致早期老建筑所营造出的舒适的空间和环境受到了影响。校南宿舍区在此期间以沙塘园食堂为核心进一步完善。由于校东土地面积的局限，教职工宿舍开始向校西拓展。与校东宿舍较为整体、连续性较强不同，校西宿舍区由于学府路和石婆婆巷的阻隔，呈现出"各自为政"的组团式布局特征，相互之间联系较弱（图4-7）。

这一时期，由于建筑功能更加多元化、综合化，导致建筑的形式更加现代化。新建建筑风格简单大方，

图4-6｜1980年代末四牌楼校区鸟瞰图

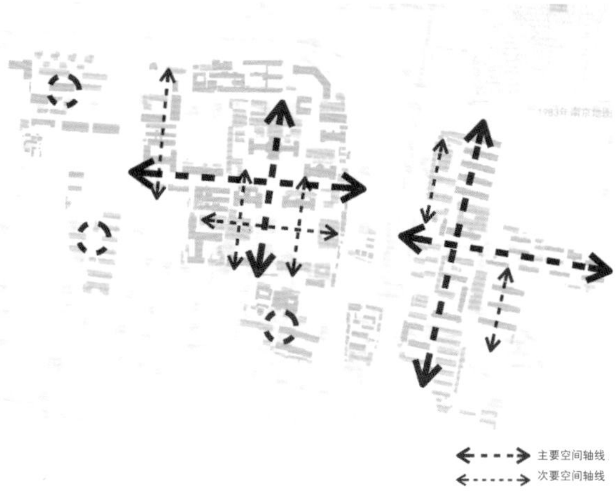

图4-7｜南京工学院1974—1988年校园形态布局

◄--- ► 主要空间轴线
◄···· ► 次要空间轴线

多运用简单的构图手法，强调立面上的纵横分割，色彩上多运用与校园老建筑相呼应的颜色，力求在时代精神和传统文化中寻求突破和协调。

三、更名东南大学后的校园布局

这个时期的校园建筑风格更为灵活，新建建筑通过明确的体块、丰富的轮廓线，既体现了时代感，也活跃了校园的气氛。色彩上多运用与校园老建筑相对应的颜色，部分建筑还通过隐喻手法的使用与校园内的老建筑产生呼应。

这个时期由于市场效益开始侵入校园边界，校园周边出现了杂乱无章的边界围合（图4-8）。教学区内边缘地带开始开发高层建筑，低层或多层新建建筑位于校园相对中心的地带，早期以大礼堂为构图中心的校园格局受到一定威胁。这种高层化、填塞式的建设活动极大地改变了校园风貌，对教学区的历史性校园格局产生了不同程度的影响。另外，由于新时期建筑的无序扩张，割裂了校园空间的延续性，使得老校区整体的空间格局逐渐弱化，但也有一些新建建筑致力于延续和加强中央大学时期的轴线，如大礼堂北部的李文正楼通过采用合适的体量和形式对大礼堂的穹顶进行了呼应，并且进一步延续了校园内的南北主轴线。

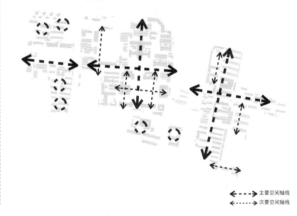

周围的宿舍区在这个时期基地范围基本不变，主要是对宿舍区进行老建筑改建以及"填塞"式的新建建筑建设。校东宿舍区大量早期的老建筑在这个时期进行了"低改高"式的改造，整体的建筑密度进一步加大，至此，校东宿舍区除了兰园1—7幢以及老六舍的高度保持为2—3层，其他建筑都为6—7层，南部边缘甚至出现局部小高层，局部边缘地段更是同教学区一样出现高层。这个时期的改建活动确实解决了一些老建筑无法使用的问题，使老建筑获得了新生，但是，由于校东宿舍区整体高度的抬高、密度的增加，风貌大大改变，破坏了早期老建筑群营造出的舒适的外部空间和环境。校南宿舍区在这个时期只进行了建筑的整修活动。校西宿舍区在这个时期由于中部地质学校的并入使得基地范围进一步扩大，出现了以校西食堂和交通学院综合楼为核心轴线的布局模式，校西中部宿舍区开始出现高层学生宿舍，石婆婆巷北部也出现了中高层博士宿舍楼，格局进一步趋于饱和。由于学府路和石婆婆巷的阻隔，校西仍旧呈现出"各自为政"的组团式布局（图4-9）。

主要空间轴线
次要空间轴线

建筑营建

一、"文革"前南京工学院的建筑营建

1. 五四楼（现仍在）

五四楼（图4–10、图4–11）建于1954年，由杨廷宝先生设计，建筑施工图由江苏省建筑设计院完成，处于校园入口的西边。1946年学校复员后，这里曾是一片由教职工使用的活动房屋，拆除后建五四楼，因建于1954年而得名。五四楼占地面积为1 443.8 m²，建筑面积为4 331.4 m²，檐口高度为16.7 m，屋脊高度为20.1 m。建筑平面为工字形，内部采用内廊式、三角桁架结构。屋顶采用坡屋顶、平瓦屋面。立面为三段式布局，底部为水刷石面层，二、三层为青砖墙面。内部主要包含教室、实验室和部分教研组办公室；三楼东翼为大教室，供学生自修学习用，后改为电教演播中心。五四楼现为学校行政办公楼，是学生处、人事处、财务处以及部分院系在本部的办公地点。

五四楼整体造型简洁大方，具有新民族形式特征，和校园的整体风貌统一，工字形平面体现了1950年代我国高校校园建筑的典型特点，现为南京市历史建筑。

图4–10｜
五四楼外景

图4–11｜
五四楼入口

2. 五五楼（现仍在）

五五楼（图4–12、图4–13）建于1955年，由杨廷宝设计，因其在1955年建成，遂称五五楼，位于校园的东北角。建筑平面形式为折线形，高四层，占地面积为2 159.7 m²，建筑面积为8 638.8 m²，檐口高度为12.75 m，屋脊高度约18.75 m。建筑为钢筋混凝土结构，采用密肋梁楼板，具有一定的经济性。

图4–12｜
五五楼外景

图4–13｜
五五楼转角处

屋顶原为平屋顶，后加建成坡屋顶。立面上层为水泥外墙，底层为白色仿石粉刷面层。体量和开窗与周边的建筑相协调，无过多修饰。整体建筑具有新民族形式特征，简洁大方。

五五楼最开始为化工大楼，内部为化工系的教学、实验用房，后改为外语系系楼。由于之后外语系大部分都转移到九龙湖校区，现除了承担少部分外语系办公功能之外，主要作为各类专业的外语考试地点。五五楼现为南京市历史建筑。

3. 动力楼（现仍在）

动力楼始建于1957年，1958年建成，亦为杨廷宝先生设计，因为是动力系的专用大楼，因此被称为动力楼，位于学校的西南角。动力楼占地面积为 2 927.7 m²，建筑面积为 10 516 m²，楼高四层，平面采用内廊式，呈折线形，檐口高度为 21.3 m，屋脊高度约为 23.2 m，青灰色平瓦屋面，一层外墙为水泥粉刷并勾勒线脚，二到四层为清水墙面，水泥嵌缝，窗户为木质长方形方格窗。建筑风格具有新民族形式特征，简洁大方。建筑于2008年3月13日失火，四层以上基本被焚毁，后对其进行修复，除了窗户改用铝合金材质之外，其余基本恢复原貌（图4-14、图4-15）。

杨廷宝在设计动力楼的时候面临较多难题：地段很不规则，还需要保留一些建筑和树木，同时，动力实验设备本身大小不一，品种又较为繁多，所要求的建筑面积、空间高度相差悬殊。根据以上问题，杨廷宝先生采用了多肢形平面，将不同层高的房间有机地组合成一栋完整的大楼，主要入口处于全楼中心的阴角处，并利用比较阴暗的区域做门厅和穿堂。内部动力学各专业实验室自成一体，使用方便、造价经济，且兼具建筑美观和功能需求。

南工在土木、建筑和热能动力学科方面有着雄厚的实力，在国内享有较高的声誉，而动力楼就是南工培养动力学人才的大本营。我国能源学科著名专家和学者钱钟韩、吴大榕、范从振、王守泰、夏彦儒等先生，我国环境学科的老前辈许保玖、钮式如、胡家骏、秦麟源等先生，电气工程学院陈章、吴大榕、程式、杨简初、严一士、闵华、周鹗、陈珩等著名学者都曾在此执教，至今已经培养出包括7名院士在内的近万名高级专门人才。

动力楼是杨廷宝先生的设计杰作之一，也承载着几代动力人的共同记忆，具有重要的遗产价值，现为南京市历史建筑。

图 4-14 |
动力楼外景

图 4-15 |
动力楼转角部位

4. 沙塘园学生食堂（现仍在）

沙塘园学生食堂（图4-16）建于1958年，与校南门隔着一条街，和同时期的五四楼、五五楼、动力楼一样，也是杨廷宝先生设计作品。建筑两层高，坡屋顶，内设通高中厅。食堂除了提供学生用餐外，还可用做演出场所，采光通风效果较好。建筑具有新民族形式特征，外形简洁大方，结构经济适用。后来对沙塘园食堂东部进行了改造。之后整个建筑又经过几次整修，现在仍为师生所使用，是学校最重要的食堂。

5. 河海院（现仍在）

"河海院"的命名源于1915年成立的"河海工程专门学校"（今河海大学），该校成立之初校舍没有着落，于是与南京高等师范学校进行协商，租用南高的"口字房""一字房"以及部分平房（今河海院）作为校舍。1927年6月，河海工科大学奉命与国立东南大学等校合并成第四中山大学。

1955年，南京工学院将老楼拆除重建，于1956年竣工，由江苏省建筑设计院建筑师秦建中主持设计。建筑为两层，砖混结构，坡屋顶，外立面清水砖墙。建筑面积为1 699.42 m^2，建筑形式具有新民族形式特征，简洁大方。河海院现在的功能为职工活动和会议场所（图4-17）。

河海院是河海大学的发源地之一，现为南京重要近现代建筑。

6. 沙塘园宿舍（现仍在）

沙塘园宿舍（图4-18）于1957年由杨廷宝先生设计，分别于1958年建成了第10学生宿舍（沙塘园宿舍楼第一舍），于1959年建成了第11学生宿舍（沙塘园宿舍楼第二舍）。位于沙塘园食堂的南面，平面为一字形。每栋建筑面积均为4 330 m^2，四层砖木混合结构，坡屋顶，清水砖墙面，外形简洁大方，结构经济适用。后两栋建筑又经过几次整修，现仍为学生宿舍。

7. 幼儿园后勤办公用房（现为东南大学国资办）

南京工学院幼儿园建于1957年，位于沙塘园食堂西面，现仅剩幼儿园北楼和幼儿园后勤办公用房，分别被改为校后勤处和东南大学国资办（图4-19）。建筑为两层混合结构，坡屋顶，清水砖墙面。建筑具有新民族形式特征，外形简洁大方。

图 4-16 | 沙塘园学生食堂外观

图 4-17 | 河海院外观

图 4-18 | 沙塘园宿舍外观

图 4-19 | 国资办外观

8. 兰园 1—8 幢（现除兰园 8 幢被改建，其余仍在）

兰园教职工宿舍区与五四楼、五五楼等属于同一时期建造，1957 年建成兰园 1—3 幢，1958 年建成兰园 4—7 幢，1959 年建成兰园 8 幢，也是在"精简节约，合理建筑，经济适用"的原则下完成的。宿舍楼为简单的行列式，风格为简约的现代主义形式加局部民族装饰。建筑为三层混合结构，坡屋顶，红色平瓦屋面，底层为清水红砖墙面，上两层为黄沙石灰粉刷。建筑具有新民族形式特征，外形简洁，尺度得宜。这 8 幢建筑呈行列式排列，并围合成一个口字形院落空间（图 4-20）。院落内部为绿化，丰富了宿舍区的生活环境，同时为教职工们提供了一个宜人的交往空间，这种格局即便是在现在，也有着重要的借鉴意义。现除了兰园 8 幢被改建，兰园 1—7 幢建筑经过几次整修，仍保持原貌（图 4-21）。

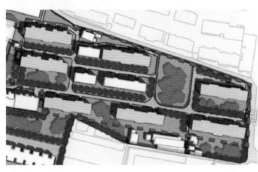

图 4-20 ｜ 兰园教职工宿舍总平面图

图 4-21 ｜ 兰园教职工宿舍外景

二、"文革"后南京工学院的建筑营建

1. 新图书馆

新图书馆（图 4-22）于 1985 年建成，由当时南工设计院的高级资深建筑师沈国尧先生负责，位于老图书馆的南侧偏西位置。建筑主体高五层，局部八层，总建筑面积为 12 141 m²，平面大致呈"U"字形，内有中庭，外墙为水刷石面层，平顶，造型简洁庄重。

在这之前南工沿用 60 余年的老图书馆，虽然建筑造型颇具特色，建筑质量堪称一流，但是面积远远不够使用。1985 年新图书馆落成后，除了部分楼层划给了其他部门使用外，图书馆实际使用面积为 11 260 m²，拥有阅览座位 1 100 个。后图书馆建成图书和情报信息中心、国际联机检索终端等，使得图书馆在实现现代化的道路上迈出了可喜的步伐。

新图书馆建成后与东侧的前工院遥相呼应，加强了中央大道左右建筑的对称性，使大礼堂往南的半个校区的建筑群格局日渐完整。但是新图书馆的建成对老图书馆的入口有一定的遮挡，这一点不足也使图书馆的项目负责人沈老深感遗憾。沈老曾就 1980 年代初这几栋建筑（中山院、东南院、新图书馆等）

图 4-22 ｜ 新图书馆外景

向杨廷宝先生征求过意见，杨先生在校园的总体布局、空间尺度、建筑风格等方面提出了重要的意见。特别是对于新图书馆，杨先生明确说过，新馆的体量不能过大，建筑应该东西向布置，另外建筑的前沿不能超过老图书馆的入口，这一点其实从 1950 年代初他做的校园中心区规划方案中就可以看出。但是后来，由于图书馆和学校的有关领导都反对新馆东西向，而且新馆的面积大大超过了沈老的预期，最终并没有按照杨先生的

设想进行，只是在建筑东北角靠近老图书馆位置做了适当退让。虽然说新馆的确对老馆有些遮挡，但是也不能否认新馆建成后的确解决了校园使用功能上的很多问题。

2. 校友会堂

校友会堂始建于 1947 年，由校友集资捐建，为一层砖木结构，建筑面积为 302 m²，为小型会议及活动场所。1986 年改建为三层楼房（图 4-23），除了供校友会等单位办公之用，还有会议及活动场所的功能，现在为东南大学科研办公建筑。该建筑主体为三层，局部两层，钢筋混凝土结构，坡屋顶，外立面为浅灰色粉刷墙体。

图 4-23 ｜ 校友会堂外景

3. 中山院

中山院初建于 1922 年，原来为南高附中的教学楼，名为附中二院，建筑高三层，共 18 间教室。因为学校历史上曾被命名为第四中山大学，所以在中央大学时期，其被命名为中山院，供文学院使用。1952 年时曾作为建筑系系馆，1958 年改为教学楼，1982 年被拆除重建，次年落成（图 4-24）。建筑面积共 7 433 m²，与同期改造的东南院有平台相连，现在仍为东南大学主要的教学楼，也是学校的电化教育中心。

图 4-24 ｜ 中山院外景

4. 东南院

东南院初建于 1919 年，与中山院同为原南高附中的教学楼。1928 年国立中央大学成立时将学校的社会科学院改称为法学院，1932 年至 1937 年间，中央大学将法学院设于此。建筑为二层楼房，因为该楼地处校园东南角，故以东南院命名。1952 年院系调整成立南京工学院后，东南院用作教学用房，1982 年与中山院一起被拆除重建，次年建成（图 4-25），建筑面积为 2 799 m²，与中山院有平台相通。

图 4-25 ｜ 东南院外景

5. 前工院

前工院初建于 1929 年的中央大学时期，初建时为两层教学楼，名为新教室，工学院各系及部分实验室设置在内。抗战胜利后，学校工科迅速发展，工学院成为全校学院中最大者，1952 年院系调整改为南京工学院后，新教室改称为前工院，一直为工学院所用。1987 年将其拆除重建为六层建筑（图 4-26），建筑面积为 10 700 m²，现为建筑学院教学楼。

图 4-26 ｜ 前工院外景

三、更名东南大学后的建筑营建

图 4-27
榴园宾馆外景

1. 留学生楼（"榴园"）

由于学校在八九十年代招收留学生和开展国际交流任务逐渐加重，原有设施已经不能满足要求，学校使用原国家计划委员会、原国家教育委员会拨款及自筹资金，在河海院南侧原热加工车间处兴建了一座十二层的留学生楼（图 4-27），兼做学校的国际交流活动中心，于 1992 年 5 月动工，1994 年 4 月竣工，建筑面积为 10 950 m²，由著名建筑学家、中国建筑设计大师、中国科学院院士齐康先生主持设计。共有各种客房 178 间，并辅以与之配套的各种会议厅、中西餐厅、宴会厅以及多种娱乐设施，这些全部按三星级旅游饭店标准设计建造。建筑周围环境优雅，交通便利，学校经常在这里举办大型的国际会议，开展各种学术交流活动。

整个建筑功能布局合理，服务流线与客流流线组织恰当，为了避免大体量建筑对周围环境的冲击感，建筑总平面采用 Z 字形，立面上建筑群高低错落。考虑到临近的历史建筑老体育馆的建筑文脉，齐老将建筑的屋顶做成经过变形处理的坡屋顶以及山墙，这样既考虑了建筑文脉，又有所创新，细节处理十分得当，为现代主义建筑杰作。

2. 逸夫科技馆

图 4-28
逸夫科技馆外景

逸夫科技馆（图 4-28）是由香港知名人士邵逸夫捐赠、原国家教育委员会拨款建设而成，在原西平院与三江院的旧址上建造，为学校的科研实验及学术交流用房。1992 年 12 月开工，1994 年 5 月竣工，建筑面积共 9 663 m²，采用钢混结构，外墙部分采用面砖贴面，部分采用磨光花岗石贴面。科技馆的设计充分结合了地形环境，采用了四合院中庭的布局，中庭的花池绿化环境十分优美，提供了学术活动后的室外交往空间。建筑造型方面，因为建筑承担了科研及学术交流功能，为了体现时代精神及高科技感，建筑采用了简洁的造型，并且以镜面玻璃、红色钢架点缀，与面砖墙面形成了强烈的对比。地处周围都是历史建筑的老校区，科技馆也采用了一些与历史文脉有关的隐喻手法，如东入口处四层楼高的"门洞"，既有广泛开放的含义，也与校园内一些老建筑的高门廊呼应。

除了局部面积作为学术交流用房，科技馆内主要设置了一些国家重点实验室及研究中心，如生医系科研用房、通信国家重点实验室、毫米波国家重点实验室等，为学校的科研事业做出了很大的贡献。

3. 逸夫建筑馆

为了解决校内教学、科研办公用房紧张的问题，学校决定于原研究室及校印刷厂用地建造综合大楼以缓解办公用房紧缺的矛盾，以此支撑学科的发展，综合楼定名为逸夫建筑馆（图 4-29），建成于 2000 年，由香港著名爱国人士邵逸夫先生捐资及教育部拨款所建，由东南大学建筑设计院设计。建筑位于中大院的东侧，由塔楼和裙房组成。建筑面积为 16 873 m²，地上主楼 15 层，裙房 3 层，面积为 15 419 m²，地下一层，面积为 1 454 m²，主体结构为框剪结构，外墙采用仿石面砖，底层外墙装饰为天然石材。该建筑现供学校土木、交通、建筑等学科使用，大大地缓解了学校用房紧张的矛盾，为学校学科建设提供了重要的支持。

图 4-29 | 逸夫建筑馆外景

图 4-30 | 吴健雄纪念馆外景

4. 吴健雄纪念馆

吴健雄纪念馆（图 4-30）是为了纪念学校著名校友、举世闻名的杰出女性物理学家吴健雄所建造的。1999 年，中共中央及国务院批准在其母校——东南大学校园内建造吴健雄纪念馆，这是国家批准的第一个华人科学家纪念馆。2002 年 5 月 31 日，在吴健雄 90 周年诞辰之际，东南大学举行了隆重的开馆仪式。

吴健雄纪念馆建于大礼堂的西南侧，为三江时期宴会厅、国立东南大学时期江苏省昆虫局所在，整体四层，地下一层，建筑面积为 2 129 m²，由东南大学建筑设计院设计。纪念馆的总体造型既庄重朴实，又简洁明快，外墙使用了花岗岩饰面和干挂开缝背栓式花岗岩以及点式玻璃幕墙，充分体现了与时俱进的建筑技艺，馆内不仅展示了吴健雄生平的业绩，也陈列了由吴健雄亲属和美国哥伦比亚大学捐赠的大批遗物。

5. 李文正楼

在 2000 年并校及扩招的大背景下，学校做了一个 3 万学生规模的校园建设规划（包括所有校区），老校区安排 13 000 名学生。但老校区由于科研试验用房严重不足，给学校今后的发展办学造成了很大的困难，于是学校内体量最大的一栋科研楼应运而生，这栋楼就是著名建筑大师齐康先生设计的李文正楼（图 4-31）。

图 4-31 | 与大礼堂处于同一轴线的李文正楼

李文正楼是由学校杰出校友、著名实业家、印尼力宝集团董事长李文正博士出资捐建的，由齐康设计，竣工于 2004 年。

在建这栋建筑时，考虑到此地为北京东路沿线地带且与古生物研究所相对，故计划将此楼设计为高标准的精品建筑，高度控制在 40 m 左右，并在后期逐步将北京东路沿线的老平房进行改建，以美化南京市容。该设计充分考虑了环境的特点，建筑本身既充分尊重校园现有的总体布局，又从建筑的文化性及时代性方面进行整体构思，更将科技大楼作为城市环境中的一个元素来考虑。建筑位于校园北端，使得北部被有效地利用起来，缓解了校园的拥挤程度。李文正楼遥对鸡鸣寺，与校南大门、大礼堂处于同一轴线，气势恢宏，与东南大学力求建成国内知名的高水平大学的目标是一致的。

大楼总建筑面积为 29 597 m^2，高六层，为框架结构，外墙面部分使用花岗石饰面，部分使用仿石面砖，造型美观。建筑的轮廓线富有特色，既是对大礼堂的呼应，也是考虑城市景观的结果。形体上采取中心对称的形式，在横向上中心及两端凸出，富有韵律感。明确的体块、强烈的虚实对比及丰富的轮廓线体现了大楼的时代感，活跃了校园气氛。

该楼目前主要为学校电子信息等学科的教育、科研以及实验之用，丁肇中教授领衔的 AMS 研究中心以及中国工程院院士韦钰领导的学习科学研究中心均位于该楼内。李文正楼的建成极大地推动了东南大学宇宙探测、信息电子等学科的发展，具有重要的意义。

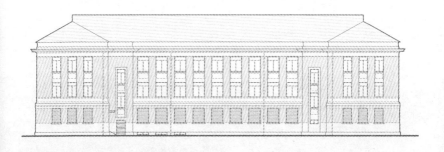

下 篇

建筑遗产

第五章 中央大学旧址文物概况

文物保护管理沿革

一、管理工作沿革

中央大学前身为三江师范学堂、两江师范学堂、南京高等师范学校、国立东南大学、第四中山大学、江苏大学。民国十七年（1928）五月改名为国立中央大学，1949 年改名为国立南京大学，1952 年秋院系调整时成立南京工学院，1988 年改为现名。

1991 年，中央大学旧址建筑群被原建设部和国家文物局评为近代优秀建筑；1992 年 3 月，被列为南京市文物保护单位；2002 年 10 月，被列为江苏省文物保护单位；2006 年 5 月，被国家文物局列入第六批全国重点文物保护单位。其中，1991 年的国立中央大学建筑群包括：南大门、大礼堂、老图书馆（孟芳图书馆）、健雄院（科学馆）、中大院（生物馆）、体育馆、金陵院（牙科大楼、附属牙科医院）。2006 年被公布为全国重点文物保护单位的中央大学旧址包括：南大门、大礼堂、老图书馆、科学馆、中大院、体育馆、金陵院、工艺实习场、梅庵、六朝松。

长期以来，东南大学没有设置负责校内文物保护相关事宜的专属管理机构，而是由学校总务处、后勤处兼管涉及文物保护的相关事宜。

2019 年，东南大学正式成立文物保护领导小组，统筹全校文物保护工作的最终决策。下设：

（1）文物保护专家委员会：文物保护规划编制、文物修缮利用方案等的专家论证和咨询等。

（2）文物保护领导小组办公室：协调落实文物保护领导小组的决策事项；处理文物保护办公室日常行政事务；建立全校各类文物明细台账；联络对接上级文物部门；监督、检查校内使用及相关单位的文物保护及管理工作等。

在文物保护领导小组统筹下，总务处、档案馆和文物建筑使用单位（如各院系等）负责各方面具体保护管理事务。其中总务处负责不可移动文物的用水用电安全、修缮维护等工作，建立不可移动文物明细台账。档案馆负责可移动文物的信息登记归档工作，建立可移动文物明细台账。使用单位负责文物的日常使用和安全工作，定期上报相关情况。

二、保护区划现状

中央大学旧址文物保护区划由保护范围和建设控制地带两部分组成（图 5-1），其中保护范围面积约 6.5 hm²，建设控制地带面积约 22.1 hm²。

中央大学旧址保护范围包括东、西两部分，东侧部分沿中央大学时期留存至今的主要建筑与空间边界划定，包含中央大学时期主要轴线空间及重要建筑——大礼堂、金陵院、健雄院、老图书馆、中大院、南大门及主干道两侧大草坪的整个区域。西侧部分呈 "T" 字形，包括梅庵、六朝松、工艺实习场、体育馆及之间的绿地。

现有建设控制地带为现状校园核心区及南师附小校园范围，北至北京东路，东至成贤街，南至学府路，西至进香河路。

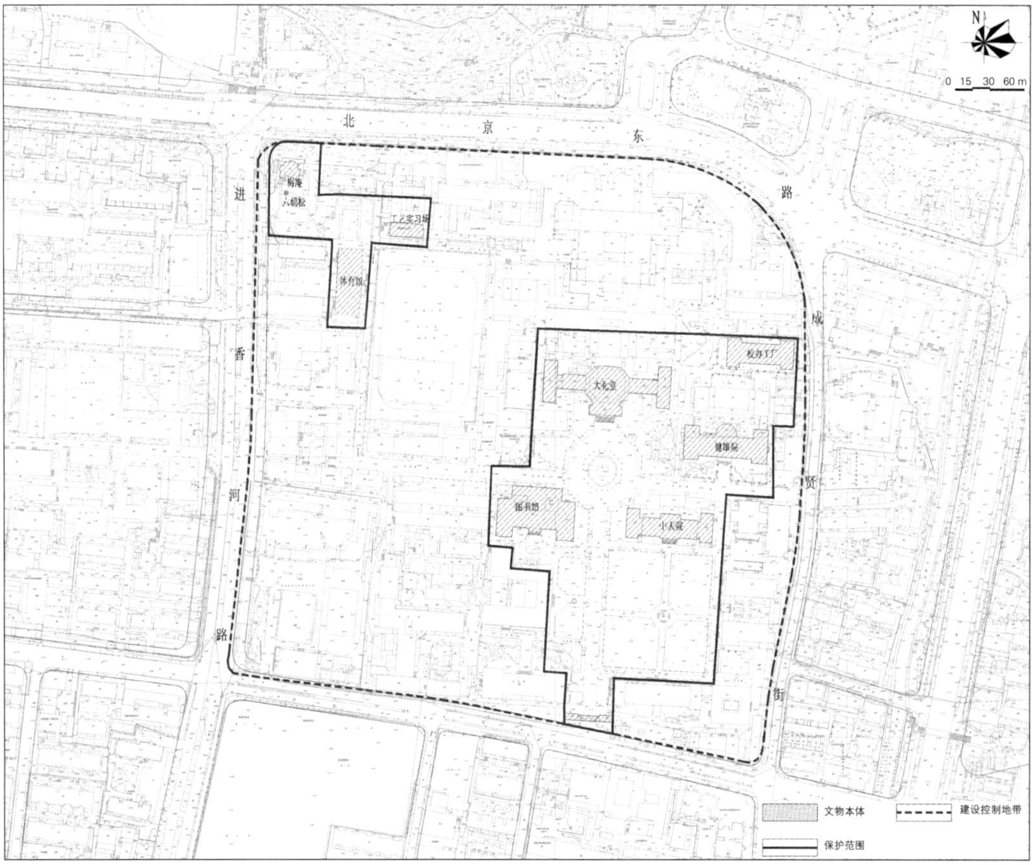

图 5-11 中央大学旧址现状保护区划

文物构成

中央大学旧址的遗产构成不仅包括构成全国重点文物保护单位文物本体的 9 栋文物建筑和 1 株古树，还包括校园内的近现代历史建筑和其他有保护价值的建筑，以及由主要文物建筑和历史建筑围合而成的校园重要历史场所和空间。除此之外，中央大学旧址所承载的相关重要历史人物、事件等历史信息也应得到传承和延续。

一、中央大学旧址文物本体

中央大学旧址文物本体包括 9 栋文物建筑和 1 株古树，分别为梅庵、工艺实习场、体育馆、金陵院、大礼堂、老图书馆、中大院、南大门、健雄院、六朝松（表 5-1、图 5-2）。

名称	别称	年代	层数及面积	特征	现状功能
大礼堂		1931 年竣工，1965 年扩建两翼	地上三层，地下一层，10 339.7 m²	西方古典式建筑风格，钢混结构，主体建筑采用穹顶，二层正面采用西方柱式	会务演出
老图书馆	孟芳图书馆	1924 年建成，1933 年扩建两翼及北部	两层，3 812.9 m²	西方古典式建筑风格，钢混结构，正立面采用标准的爱奥尼式柱廊、山花和檐部	行政办公

表 5-1 中央大学旧址文物本体信息表

名称	别称	年代	层数及面积	特征	现状功能
中大院	生物馆	1929年建成，1933、1958年加建，1988年、1996年扩建	地上三层，地下一层，3 942.5 m²	砖混结构，屋顶采用木屋架，正立面采用爱奥尼柱式、山花和檐部	教学办公
健雄院	科学馆江南院	始建于1906年，后1923年毁于大火，1927年重建落成	地上三层，地下一层，5 086.5 m²	砖混结构，木屋架坡顶，平面呈工字形。采用西方古典复兴主义风格，爱奥尼柱式门廊前伸，没有山花雕刻，屋顶设多个气窗	教学办公
金陵院	牙科大楼附属牙科医院	1937年建成，1960年扩建西翼	三层，2 622.3 m²	砖混结构，采用简化后的西方古典复兴风格，以宽大的门套代替柱石门廊，窗间墙为青砖砌筑，清水勾勒，简洁大方	教学办公
体育馆		1923年建成	两层，2 316.9 m²	砖混结构，木屋架坡顶。采用西方古典复兴手法，强调中间入口，由西式扶梯双向上下	体育健身
工艺实习场	实习工场	1918年立础，1948年扩建东翼及北部，2009年拆除北部建筑	两层，656.4 m²	砖混结构，木屋架坡顶。立面比例及装饰采用西方古典复兴主义风格	展陈
梅庵		始建于1900年代，1933年重建	地上一层，地下一层，212.4 m²	砖混结构，坡顶。外部风貌兼具西式风格与中式风采	教学办公
南大门		1933年	占地面积20 m²	由三开间的四组方柱和梁枋组成，外形采用简化的西方古典建筑式样，简洁大方	校门
六朝松		树龄约1500年	—	六朝松是位于东南大学四牌楼校园西北角的一株桧柏，相传为六朝遗物	—

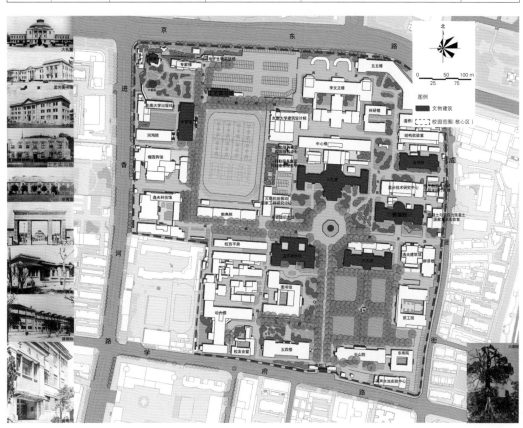

图 5-21 中央大学旧址文物本体构成图

二、相关历史建筑

1. 已公布的历史建筑

除作为文保单位外，中央大学旧址区域现为南京历史文化名城中的中央大学历史风貌区，有9处建筑已于近年公布为南京市历史建筑，分别为河海院、校友会堂、电子科学与工程学院行政办公楼、原国立中央大学实验楼旧址、生物电子实验室、五四楼、南高院、动力楼和五五楼（表5-2、图5-3）。

表 5-2 | 中央大学历史风貌区历史建筑一览表

名称	年代	层数及面积	现状功能
河海院	1955 年	两层，1 699.42 m²	教学科研
校友会堂	1947 年始建，1986 年改建	三层，1 956 m²	办公、会务及活动
电子科学与工程学院行政办公楼	民国时期	两层，472 m²	行政办公
原国立中央大学实验楼旧址	1930—1940 年代	两层，1 756 m²	科研
生物电子实验室	民国时期	两层，396 m²	科研
五四楼	1954 年	三层，4 331.4 m²	行政办公
南高院	1909 年始建，1964 年拆除重建	四层，5 032.3 m²	教学科研
动力楼	1958 年	四层，10 516 m²	教学科研
五五楼	1955 年	四层，8 638.8 m²	教学办公

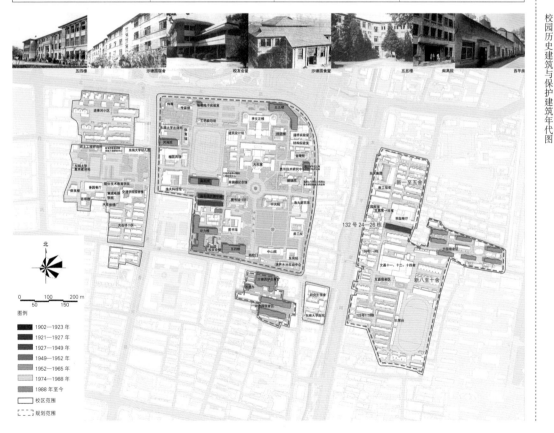

图 5-3 | 校园历史建筑与保护建筑年代图

2. 其他有历史价值的现代建筑

除已公布的文物建筑和历史建筑之外，中央大学旧址内及周围宿舍区内还保存了一些有代表性的现代建筑，其中历史价值较高的有老六舍、工艺实习场东侧加建部分、国资办、沙塘园餐厅、兰园1—7幢和沙塘园宿舍楼第一、二舍（表5-3）。

表 5-31　其他有历史价值的现代建筑一览表

名称	年代	层数及面积	现状功能
老六舍	1946 年	二层，1 916 m²	学生生活
工艺实习场东侧加建部分	1948 年	两层，308 m²	展陈
国资办	1957 年	两层，360 m²	行政办公
沙塘园学生餐厅	1958 年	两层，2 765 m²	师生生活
兰园 1—7 幢	1957—1958 年	三层，1 311 m² / 栋	教职工住宿
沙塘园宿舍楼第一、二舍	1958—1959 年	四层，4 330 m² / 栋	学生宿舍

三、重要历史场所和空间

1. 古典轴线序列空间

主要形成于中央大学时期，是中央大学旧址的中轴线。以大礼堂为端景，两侧分立老图书馆、中大院、金陵院、中山院、前工院等建筑。1949 年以后，又在中山院西侧对称建设五四楼，在大礼堂后建设中心楼和李文正楼，强化了这一空间序列。

2. 四牌楼操场空间

主要形成于三江师范学堂时期。位于中央大学旧址西北侧，以操场为中心，工艺实习场和南高院两栋建筑分立于南北相应，南高时期在西侧建设体育馆。操场既是校园师生的主要活动场所，也是北眺北极阁的视廊通道。

3. 梅庵空间

位于中央大学旧址西北隅，为纪念李瑞清而命名。其周围环种松柏、梅树，有桧柏"六朝松"。是中国共产主义运动的重要活动场所，也是梅庵琴派发源地及中国近现代艺术教育的发源地之一。

4. 兰园宿舍区

位于校区东部，由 1950 年代末兰园 1—7 幢教职工宿舍围合而成，呈口字形，有良好的绿化和活动空间，至今仍为学校教职工宿舍区一个宜人的公共空间。

四、附属文物

1. 古树

中央大学旧址内保存有古树名木 2 株。其中一株为广为人知的"六朝松"，现为全国重点文物保护单位中央大学旧址文物本体之一；另外一株位于健雄院门前东侧，为墨西哥落羽杉。

（1）六朝松

六朝松是位于东南大学四牌楼校园西北角的一株桧柏，相传为 1 500 多年前的六朝遗物。据说当年梁武帝亲手将此树植于宫苑之中，隋军灭陈之后将建康城邑宫苑全部平毁，而此树却自兵火中幸存至今。明朝国子监就建在这株六朝松所在的南朝宫苑旧址上。清朝末年，在明国子监旧址上又建立起三江师范学堂，成为后来国立中央大学的滥觞。因此，这株六朝松成为南朝文脉流传千年、历丧乱而不息的象征。

（2）墨西哥落羽杉

墨西哥落羽杉（简称墨杉）1907 年由西方传教士带来，种在东南大学，1998 年园林部门将它定为古树名木，编号为"052"。100 多岁的它，胸径超过 1.2 m，高超过 30 m，据了解，这也是中国现存最早、最大的一株墨杉。它是北美落羽杉的一种，和中国的水杉一样，是古老的孑遗植物。该属共有 3 个种——落羽杉、池杉和墨西哥落羽杉，是半常绿植物。中山植物园的专家用植物园的落羽杉为母本和东南大学的墨杉为父本进行杂交，经过多年研究培育出了品质优良的新品种——中山杉。美国专家来考察时对中山杉一见钟情，将种子带回家乡推广，并将之命名为"南京美人"。目前中美双方正在合作为中山杉申请国际植物新品种专利 [1]。

2. 古井

梅庵东侧古井，在 2011 年南京市第三次全国文物普查新发现名录中被列为全国重点文物保护单位。

3. 遗构

遗构 1 处，为图书馆南侧石角螭（明故宫散落遗迹）。

五、中央大学旧址所承载的相关历史信息

中央大学旧址蕴含了赓续不绝的江南文风和传承。旧址区域自六朝皇家苑囿转为明代教育圣地国子监，再由清末书院、学堂转为民国重要高等学府中央大学，继而到今天的东南大学，其作为文化宗守、教育圣地的文脉和传承自始至终绵延不绝。

中央大学旧址见证了中国近现代史上众多历史事件，如女子旁听法案、南高学风、董事会制度、东南学制、易长风波、学生运动等。其中梅庵在 1923 年曾作为中国社会主义青年团第二次全国代表大会的召开地，1924 年，中国社会科学社在此成立，梅庵成为学习马克思主义、研究中国问题的中心，抗战及解放战争期间，梅庵又作为中共南京地下党的秘密活动地点。

中国历史上众多名人曾在中央大学旧址生活或求学，如中国近现代教育的重要奠基人和改革者李瑞清，著名教育家江谦，中国现代高等教育事业先驱郭秉文，"学衡派"代表人物之一吴宓，南京高师历史系教授柳诒徵，当代优秀小学教育家斯霞，核物理学家、"东方居里夫人"吴健雄，建筑学家及前辈刘敦桢、杨廷宝、童寯，桥梁工程专家茅以升，物理学家、教育家吴有训、严济慈等。

文物价值

一、历史价值

1. 文化宗守之地

中央大学旧址历史文脉源远流长，自六朝皇家苑囿、明代国子监至近现代国家高等教育中心，是江南地区文风所在和文化宗守之地。

2. 近现代教育史典型案例

中央大学的主体校园建筑是中国教育发展史甚至是国家公共设施建设史上的"第一"和"先进"，在中国近现代高等教育发展史上具有突出地位。

3. 近现代历史见证

中央大学旧址是中国近现代众多历史人物的活动场所和众多历史事件的发生地。

二、科学价值

1. 近现代校园规划设计的优秀案例

中央大学旧址有着百年的沿革历史，见证了我国近现代校园规划建设理念、思潮和理论的发展历程，一直是我国近现代校园规划设计的优秀案例。

1 孙兰兰 . 北美父母育出"南京美人" [N]. 现代快报 , 2008-01-08：B14.

2. 近现代建筑结构及营建技术代表

中央大学旧址文物建筑类型多样，为满足不同功能和空间需求，在建筑结构、营建技术方面有许多创新之举，如体育馆屋顶采用的钢木混合桁架体系及室内回廊采用的钢杆件悬吊结构等，是近现代建筑结构及技术成就的集中体现和代表案例。

三、艺术价值

1. "山川形胜"的选址思想

中央大学旧址坐落于环境优美的鸡笼山下，北面紧靠玄武湖，校区选址传承和延续了"水清木秀之地宜建学府"的中国传统书院建设与选址思想。

2. 西方古典复兴主义的校园空间布局

旧址借鉴美国大学的典型布局模式，形成独特的、典范的空间布局形态。

3. 和谐统一的西方折中主义复古建筑风格

中央大学旧址建筑群呈现了中国近代建筑设计中主动引入"洋式建筑"的折中主义基调，经过中西方建筑设计师的共同营造，形成和谐统一的建筑风格，是民国时期校园建筑设计的典范。

4. 大师建筑作品荟萃

中央大学旧址建筑群包罗了国内建筑大师和前辈杨廷宝、刘敦桢、齐康等先生的众多作品，且类型多样，是研究我国近现代建筑史的宝库。

四、社会价值

1. 中央大学及其前身是我国近现代重要的高等学府和教育胜地，是老一辈中大人的精神寄托，也是中国高等教育发展史的纪念殿堂

1921年在旧址上成立的国立东南大学，是中国近代第一所现代意义上的国立综合大学。"东南大学当时为长江以南唯一的国立大学，与北大南北并峙，同为中国高等教育两大支柱。"国立东南大学是继北京大学之后我国第二所国立综合大学，学科设置之完备，居全国高校之冠。著名校友、东南大学第一任工科主任茅以升就此曾说："本大学制，以农、工、商与文理、教育并重，寓意深远，此种组合为国内仅见，亦本大学精神所在也。"北京大学教授梁和钧在其《记北大（东大附）》一文中说："东大所延教授，皆一时英秀，故校誉鹊起……北大以文史哲著称，东大以科学名世。"

旧址上的中央大学是中国近代教育变革的重要场所。中央大学是中国第一所实行男女同校的高等学校，当代最杰出的物理学家吴健雄就是其代表性人物；中央大学首先在国内采用选课制"学分制"；陶行知首次提出"教学法"代替"教授法"。此外，东南大学和中央大学时期，还开设了诸多国内第一的现代科学课，国立中央大学是当时全国院校当中规模最大、科系建设最全的大学。

2. 中央大学旧址是南京历史文化名城中的重要历史风貌区，与周边同时期文物和历史建筑一起，共同承载了南京的民国记忆

五、文化价值

国立中央大学旧址自明代国子监至今天的东南大学，始终承担着教育国民的责任，体现了地区文化、教育一脉相承的历史，成为中国近现代教育史的重要组成部分。旧址所处的鸡鸣山南麓，自古以来便是南京城的园林范围、寺庙集中之地。明代之后，取之宗守园囿之地而转为教育重地，在旧址区域的国子监时期更是中国古代高等教育的鼎盛期，在世界教育史上也难有对象与之媲美。明永乐年间将首都迁到

北京，南京国子监改称为南雍，之后历经265年与北京的国子监并立未废。清代在旧址区域设府学，建文昌书院，直至清光绪二十八年（1902）筹办的三江师范学堂，成为学校早期的雏形。三江师范学堂在此办学后，开始了近代超过百年的高等教育办学史。

国立中央大学旧址长期作为教育用地，文化积淀深厚，校园学术文化氛围浓厚，对周边的文化氛围起到了积极的影响作用。旧址作为教育用地的历史极为悠久，不仅明清均将此地选为国家或地区教育中心，清末张之洞上书朝廷，在此建立三江师范学堂，自此开始了旧址作为近代高等教育用地的时代。国立东南大学时期，郭秉文校长从美国延请众多中国留美学者前来任教，是时东大大师云集，中国学者在美建立的中国科学研究社也随之迁移至校园北侧鸡鸣山脚下。随着学校办学时间逐渐增长，越来越多的学者汇集于此，旧址逐渐成为区域的文化教育中心，对地区的文化、科研事业发展起到了良好的促进作用。

国立中央大学旧址作为高校教育遗产，留存有多个教育类文物建筑以及与此相关的各类非物质文化遗产。旧址内留存有大量近代教育遗产，包括可移动与不可移动遗产，尤其早期的校园建筑及六朝松具有极高的价值，已被评定为全国重点文物保护单位。除此以外，学校还保留有发展历史中各时代的重要艺术品、手稿、图书资料、代表性实物等众多可移动文物，具有极高的文化价值。

第六章　中轴线建筑——大礼堂与南大门

大礼堂

表 6—1　大礼堂信息表

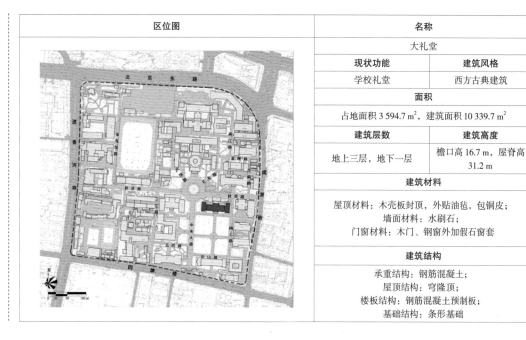

区位图		名称	
		大礼堂	
		现状功能	建筑风格
		学校礼堂	西方古典建筑
		面积	
		占地面积 3 594.7 m²，建筑面积 10 339.7 m²	
		建筑层数	建筑高度
		地上三层，地下一层	檐口高 16.7 m，屋脊高 31.2 m
		建筑材料	
		屋顶材料：木壳板封顶，外贴油毡，包铜皮；墙面材料：水刷石；门窗材料：木门、钢窗外加假石窗套	
		建筑结构	
		承重结构：钢筋混凝土；屋顶结构：穹隆顶；楼板结构：钢筋混凝土预制板；基础结构：条形基础	

一、历史沿革——一波三折的建设过程

　　大礼堂是威尔逊规划中的校园中心建筑，也是校园轴线上的核心建筑。然适逢政府、学校财政困窘时期，其建设过程可谓一波三折，历经两任校长，中途更换设计师，从校方出资到借由国民会议举办争取政府财政补贴，为这座标志性建筑增添了别样色彩。

　　国立东南大学后期，自郭秉文被迫离开后深陷于易长与经费风波，校园建设工作一度停滞。1927年张乃燕任校长，重新开始实施校园建设计划，先后建成了科学馆与生物馆。大礼堂既是威尔逊规划中的最后一幢重要建筑，也是张乃燕任内计划建设的最后一幢建筑。1929年9月，中大正式成立大礼堂建筑委员会，开始大礼堂建设相关事宜，并于1930年动工。同年，在经费问题中苦撑三年的张乃燕终于获准辞职，大礼堂工程也陷入困局。"本校大礼堂工程，照包工合同计算，虽离完工之期不远，然以目前情形观察，决难如期竣工。建筑经费，除已付者外，尚短欠二十万元左右，如此巨款，实觉不易筹措，若将经常费每月节省若干，以资补救，又恐牵及原有预算，照校中以前此外亏欠尚多，欲求政府提出大宗款项，完成此项建筑，又以现在国库支绌，亦不易办到。"[1] 直到朱家骅任中央大学校长，这一困境才凭借校长同国民政府的良好关系得以解决。

　　1930年12月30日民国政府国务院会议决定，以兼任教育部部长蒋中正的名义，任命朱家骅为中央大学校长。朱家骅在国民党中地位、影响均不俗，获悉国民会议即将在南京召开的消息，极力促成会议在中大大礼堂召开。最终大礼堂由中央政府与中央大学共同出资建设，其中中央政府承担三分之二，拨

1　大礼堂建筑委员会第十一次会议［A］. 南京：南京大学档案馆.

款 20 万银圆，中大负担三分之一，出资 10 万余银圆，但实际上由于建设过程中不断超出预算，在大礼堂项目上，中央财政拨款应超过 25 万银圆，中大支出在 20 万银圆左右，其中一部分来源于社会各方的募捐（图 6-1、表 6-2）。

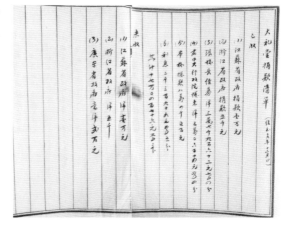

图 6-11　校方筹措资金账目档案记录

表 6-2　大礼堂建设经费来源记录

时间	来源	款项说明	金额／银圆
1929	本校	大礼堂建筑拨款	84 500
1929	中央行政院	建筑拨款	30 614.44
1929	张乃燕经募		37 962.74
1929		以上利息	2 399.45
1930.6.17	卢涧泉经募		2 500
1930.7.31	国民政府教育部	国民会议会场内外设备费	24 554.75
1931.1.28	江苏省政府	捐款	10 000
1931.1.28	浙江省政府	捐款	5 000
1931.1.31	国民政府教育部	大礼堂第一批拨款	50 000
1931.2.9	江苏省政府	捐款	1 0000
1931.2.18	浙江省政府	捐款	2 500
1931.3.2	国民政府教育部	大礼堂第二批拨款	50 000
1931.3.20	江苏省政府	捐款	5 000
1931.3.17	广东省政府	捐款	10 000
1931.3	国民政府教育部	大礼堂第三批拨款	50 000
1931.4.9	广东省政府	捐款	10 000
1931.4.10	江苏省政府	捐款	5 000
1931.4.22	国民政府教育部	大礼堂第四批拨款	50 000
1931.4.28	国民政府财政部	国民会议会场赶工费	5 000
1931.4.28	公和洋行	捐款	1 500
总计			460 031.38

（说明：1930 年之前经费部分被国民政府拨款替代，实际最终总建设费与募款总额不一致。数据来源：南京大学档案馆）

大礼堂先后历经两任设计师，第一任设计师为设计生物馆的李宗侃，据学校大礼堂建筑委员会会议记录可知，1929年秋张乃燕校长即提议推举委员11人（具体名单见表6-3），负责大礼堂建设相关事宜，包括图纸审核、工程预算审核、工程招标、监工等相关事项。据1929年9月1日第一次建设委员会报告事项，卢树森审核李宗侃提交之图纸，以"二十五处不妥之点请交李建筑师以委员会十二点修正"[1]，并限制造价为15万银圆，然而却引发校方与李宗侃之间的纷争。李宗侃认为委员会故意刁难而与校方决裂，并声明不得聘用留美建筑师继续进行，更于1929年7月30日亲函校长张乃燕"将大礼堂打样费计洋叁仟肆佰元（按大礼堂全工程总额十七万之百分之二计算）迅予发给"，催收设计费。校方则以李宗侃之前为东大设计的建筑问题颇多，决定更换设计师，由张乃燕校长亲赴上海请上海资历最深的英商公和洋行来校设计。设计师的更换是大礼堂建设过程中最重要的转折之一，此后大礼堂的设计由公和洋行工程师T.W.巴罗（T. W. Barrow）负责[2]。

表6-3 大礼堂建筑委员会名单

姓名	职务	简历	任职时间
顾毓琇 （1902—2002）	常务委员	江苏无锡人。1923年清华学堂毕业后赴美国麻省理工学院，1928年获科学博士学位，1931年任中央大学工学院院长，后历任清华大学、西南联合大学工学院院长，1944年任国立中央大学校长。1950年移居美国	1931—1932； 1944—1945
林启庸	常务委员、审查标格委员	曾任中央大学工学院教授、院长，抗战时兼任四川大学工学院教授	1927—1949
卢树森 （1900—1955）	委员、审查标格委员	浙江桐乡人。1923年清华学堂英文系毕业后赴美国宾夕法尼亚大学攻读建筑学，1926年回国任中央大学建筑系教授，1936年办永宁建筑师事务所，1949年任华东建筑设计公司工程总监	1930—1932
刘福泰 （1893—1952）	委员、审查标格委员	广东宝安人。早年留学美国俄勒冈州立大学获建筑学硕士学位，曾在美国、天津、上海做建筑师，1927年来中央大学任教，1940年后历任贵州大学、复旦大学、天津大学、西南交通大学建筑系教授、主任	1927—1940
刘敦桢 （1897—1968）	委员、审查标格委员	湖南新宁人。1913年公费留学日本，1921年毕业于日本东京高等工业学校建筑科，1927年起任中央大学建筑系副教授，1930年加入中国营造学社，1952年起任南京工学院建筑系教授、系主任	1927—1949
薛绍清 （1897—1976）	委员、审查标格委员	江苏江阴人。1911年入上海南洋公学，1919年考取清华学堂后公费留美，1921年毕业于康奈尔大学电机系，后入哈佛大学进修。1922年回国，先后在北京工程专门学校、唐山大学任教，1917年任中央大学教授，后先后于浙江大学、大同大学、暨南大学、之江大学、交通大学任教	1917—1921
张闻骏 （1901—？）	委员	江西九江人。1922年毕业于清华大学，后赴美国麻省理工学院机械工程系就读。回国后历任中央大学、山东大学、浙江大学、西南联合大学、中正大学机械系教授、系主任	1927—1932
查啸仙 （1896—1975）	委员、审查标格委员	安徽当涂人。1919年毕业于金陵大学，1923年获美国明尼苏达大学物理学博士，历任金陵大学、中央大学、武汉大学教授	1929—1932

1 大礼堂工程经过报告［A］.南京：南京大学档案馆.
2 民国十八年大事记［A］.南京：东南大学档案馆.

姓名	职务	简历	任职时间
贝季眉 （1876—1941）	委员、审查标格委员	江苏苏州人。1904年赴日本早稻田大学学政治经济，1910年赴德国夏洛敦槊大学学习建筑，1914年回国任北京司法部正正，1928年任南京司法行政部技正，次年任中央大学建筑系教授	1929—1935
余立基 （1894—？）	委员、审查标格委员	金陵大学文学系毕业后赴美国斯坦福大学攻读土木工程硕士学位，回国后历任湖南福湘中学校长、中央大学工程学院教授，后任国立青岛大学土木工程系教授	1929—1932
王明之	委员、审查标格委员	曾任安徽大学、中央大学土木工程系教授，1949年以后曾任北京第一届都市计划委员会党外委员	1929—1932
单基乾 （1899—？）	委员（十三次会议补充）	江苏苏州人。1924年毕业于国立交通大学机电系，1925年获美国普渡大学电机工程硕士学位。回国后任中央大学工学院电机系教授，1949年以后历任同济大学、南洋工学院、上海交通大学机电系教授、主任	1925—1949

　　自1929年成立大礼堂建筑委员会至1931年主体建筑完成，其时间跨度两年有余，详细的时间节点以每次会议记录的方式被详细记录在案（表6-4）[1]。

表 6-4 大礼堂建筑委员会会议记录

会议	时间	地点	主要事项	具体内容
大礼堂建筑委员会第一次会议	1929年9月11日	一字房三层会议室	1. 成立大礼堂建筑委员会； 2. 李宗侃设计图审核； 3. 建筑经费以15万银圆为限	刘福泰委员报告李宗侃设计不当之处，请李君修改，以两星期为限； 大礼堂不当之处：一层平面11处，二层平面7处，三层平面3处，剖面4处，讨论修改12项

1　第一次会议具体内容：

　　一层平面11处：（1）正门天井太小；（2）办公厅扶梯太大，周围走廊耗费地皮太多；（3）传达室、仆役室光线空气俱不足；（4）大礼堂扶梯位置不适当；（5）礼堂大门太小；（6）太平门不足且不应有踏步；（7）礼堂内部走道欠少；（8）音乐室太小；（9）礼堂宽与长之比例不适当，恐声响不佳；（10）会客室地位过于偏僻；（11）办公室光线不足。

　　二层平面7处：（1）校长及副校长室太小且光线不佳；（2）会议室、会客室太小，光线空气均为不足；（3）厕所过小且空气不流通；（4）办公厅光线不足；（5）办公厅扶梯转角处不应设踏步；（6）大礼堂踏步超过15步；（7）会客室位置不适当。

　　三层平面3处：（1）二层及三层太平梯过狭；（2）扶梯转角处不应设踏步又踏步连续长度超过15步；（3）厕所门之位置不适当。

　　剖面4处：（1）下部观览席前数排不应向外斜；（2）演讲台宜更地低下数尺；（3）声浪需考虑；（4）空气流动不佳，现有机器地位不适当。

　　讨论修改12项：（1）大礼堂白日无光线，改取自然光线；（2）房屋形式太觉狭长，应缩短加宽，三层楼取消，为二层楼下边椅位加宽为三行；（3）入口大门须改大；（4）太平门增多，对准走道，不用阶梯；（5）至第二层楼公共扶梯均须放宽；（6）取消天井；（7）因改取天然光线，旁边房屋极为障碍可以取消；（8）音乐台太小，放音不足须稍改大；（9）化妆室稍可改小；（10）演讲台约须坐300人；（11）上下两层礼堂须坐3 000人；（12）校长室办公室等处光线均欠充足。

　　第十四次会议具体内容：

　　未完工程12项：座椅、防火幕、台口电灯、台后总闸铁丝保险间、大礼堂外电灯、电气风扇、冷热气管、沟渠、两旁黑板、园艺、电影机、添造化妆间。

　　修改工程5项：（1）礼堂地面斜度改正问题；（2）二楼中间斜度修正问题；（3）移落水问题；（4）二楼礼堂与两翼之间各添双开门一堂；（5）后台大门四周加橡皮滑水。

　　工程未了部分13项：（1）两翼楼上平顶墙壁粉饰；（2）两翼楼上下如何分隔；（3）卫生工程装完工；（4）电气工程装完工；（5）全部房屋Distemper粉饰及颜色问题；（6）地面T.M.B.式；（7）屋顶气隔内加开7个通风洞；（8）屋顶Calozex玻璃，Leadlas装置；（9）屋外四周人行道；（10）Sounding Board计划图样；（11）油漆工程；（12）磨光地面；（13）通风洞铜花盖。

　　第十五次会议具体内容：

　　追认6项：（1）康益洋行，3 312两（防火幕引槽）；（2）怡和洋行，35磅15先令3便士（屋顶玻璃嵌条加密）；（3）上海自来水设备公司，198两9钱（总水管2根173两1钱，修理添补35两8钱）；（4）通用公司，784两5钱（内材料688两5钱，人工60两）；（5）新金记康号营造厂，765元又48银圆（脚踏板）；（6）播音机修理费，240银圆。

会议	时间	地点	主要事项	具体内容
大礼堂建筑委员会第二次会议	1929年12月6日	一字房三层会议室	公和洋行工程师T.W.巴罗送来设计草图	
大礼堂建筑委员会第三次会议	1930年10月14日	一字房三层会议室	1. 请公和洋行推荐营造厂； 2. 登报招标； 3. 设立表格审查委员会	
大礼堂建筑委员会第四次会议	1930年3月3日	一字房三层会议室	1. 公和洋行图样审核通过； 2. 电灯及冷热水管事项	致函公和洋行相关设备装置问题
大礼堂建筑委员会第五次会议	1930年3月	一字房三层会议室	1. 相关招标事宜； 2. 付款问题； 3. 大钟取消； 4. 开工日期定于4月1日； 5. 新金记康号的担保方式	钢椅暂缓至9月开标；钢架太贵应公开投标；款项存各银行；担保方式：（1）可靠银行担保银25 000元，（2）个人无限担保（均须本校承认），（3）上海道契
大礼堂建筑委员会查标格会议	1930年3月8日	一字房三层会议室	1. 建筑工程开标； 2. 其他部分建筑师推荐公司； 3. 大礼堂建筑地基地址须移后	新金记康号价格最低189 500元；钢骨、窗户、地板、座椅等工料由建筑师选择可靠公司介绍；其他价格计洋145 515元，监工19 625元，共354 640元，校须再筹5万元建筑费；（1）大礼堂与科学馆、图书馆、生物馆及将来之工业馆应有相当适宜之距离，而成一学校建筑之重心；（2）大礼堂地点应照学校将来全部计划，切不可迁就现在之事实。从上项原则乃决定大礼堂门前第一阶沿须与科学馆后墙成一直线，所有平房宿舍第一进东首有一部分房屋（如现在阅报室、办公室等处）及前面一部分走廊皆须拆除以便建筑
大礼堂建筑委员会第六次会议	1930年4月24日	一字房三层会议室	1. 基础问题； 2. 防湿问题； 3. 建筑模型赠予本校； 4. 监工问题	工程师报告地址甚松且多气孔而乏原泥，恐不能照图工作。今日有水不能细看。至于打桩因有水与空气，易于腐朽，现拟再掘低一二尺，用乱砖干石灰做第一层。底脚每次做六寸，三四次做成，可使石灰吸水而上致坚固。再在底脚之最下层做一沟管引入地井使地下之水由沟管流入井中，再将井中之水设法抽出。议决：先掘一尺半查勘土质如何，再行决定；监工人员住宿校方代觅，监工刘宝廉请多派一人，监工工作时间：早6时至晚7时，每月加薪40元
大礼堂建筑委员会第七次会议	1930年5月9日	一字房三层会议室	1. 公和洋行送工程计算书； 2. 监工报告施工情况； 3. 电气工程标件审查； 4. 建筑材料确定； 5. 本会制用图记	西人李博克送来钢椅色样及材料，议决：不用钢椅用廖木板椅；砂及石子，议决：用黑色一种；康益洋行钢架第一次付款14 000元，议决：照付
大礼堂建筑委员会第八次会议	1930年5月30日	一字房三层会议室	1. 工人保险问题； 2. 座椅样式材料选择； 3. 电气工程； 4. 五金工程； 5. 铁窗工程	电气工程标价：大礼堂所有电气工程接受通用公司投标，加减账请工程师预估；五金工程接受安利洋行、铁窗工程接受花钵（Hoppe）洋行标价

会议	时间	地点	主要事项	具体内容
大礼堂建筑委员会第九次会议	1930年11月4日	一字房三层会议室	1. 细节讨论；2. 暑假委员会	大礼堂后面烟囱移至室内；大礼堂椅子于民国十九年（1930）九月底再讨论；钢骨构造合同请康益洋行补送；地脚加账，交监工，九五折，20尺深井不能开账；两边楼房增添案
大礼堂建筑委员会第十次会议	1930年11月4日	一字房三层会议室	1. 寒冬停工；2. 材料确定；3. 两翼图样审查；4. 应付款问题	公和洋行来函地面用T.M.B.式地板；玻璃用耀华厂玻璃，省400元左右；抬空铁架用油漆彩饰，不用水泥，以减轻重量；预备装防火炉子及铁槽等加账；康益洋行10月应付22 350元未付，现有应付19 000元，又新金记康号年内应付25 000元，又五金紫铜皮等工料价格27 000元
大礼堂建筑委员会第十一次会议	1931年1月19日	一字房三层会议室	借以举办国民会议讨论事项	大礼堂工程加紧可在4月间完工；两翼办公室加以建造；加紧工程应赴沪与公和洋行、新金记康号接洽
大礼堂建筑委员会第十二次会议	1931年1月27日	一字房三层会议室	1. 提前完工事宜；2. 蒋主席批款；3. 尚未完工工程决议	批款20万元，另赶工费5 000元；加造两翼办公室计工价洋61 950元；座椅656张（将来二层可用）计价3 936元；卫生器具请设计师商议；夜间赶工增加报酬
大礼堂建筑委员会第十三次会议	1931年4月30日	大礼堂二楼大会议室	1. 大礼堂移交国民会议；2. 账目审查追认；3. 大礼堂厕所问题	5月1日下午3时移交国民会议，继续工作日期再容决定；两翼电线管子1 295元；总火线113英镑；全部临时电灯866两；两翼铁窗222磅，葛烈道洋行；卫生器具（10间）4 593两，上海自来水设备公司；播音机1 805美金，西门子洋行；大礼堂厕所污水连通全校下水道，交工学院土木科计划
	1931年5月1日		大礼堂移交国民会议选举总事务所	—
大礼堂建筑委员会第十四次会议	1931年6月5日	大礼堂二楼大会议室	1. 未完工程事宜；2. 落成典礼；3. 内部装饰请李毅士、徐悲鸿负责	未完工程12项；修改工程5项；工程未了部分13项
大礼堂建筑委员会第十五次会议	1931年12月3日	大礼堂二楼大会议室	1. 卢树森报告项目总账；2. 剩余工程问题；3. 公和洋行捐款问题	加减账讨论：追认6项，减账；场内外各部颜色由建筑科办理；大礼堂椅子布置设计通过；电灯总开关外装设铁网由庶务组负责；两翼先装暖气，会场冷气先做

　　整个工程从地基至相关建筑设备的安装均由大礼堂建筑委员会讨论议决，委员会成员包含多名工学院建筑科教授，具有较高的专业水平，较好地控制了大礼堂的设计及施工质量。从相关会议记录中笔者整理了有记载的大礼堂建设工程中的有关合作方，从中不难发现在大礼堂建设过程中，校方对公和洋行有着较深的信任，相关建筑设备及材料的招标均由公和洋行推荐相关公司或洋行供校方选择，两者形成了一种特别的合作关系。大礼堂建设及材料相关的合作厂商多达20家（表6-5），所用材料及相关报价均经过建设委员会多次商讨决定，在预算内选择最优的合作方。

表 6-51

大礼堂建设合作厂商名单

时间	厂商	合作内容	计价
1930.4.1—1931	新金记康号营造厂	大礼堂建筑工程	189 500 元
1930.4.24	康益洋行	钢骨构造钢料 260 吨	99 268 元
1930.4.24	Dmuaem 公司	建筑基础防湿问题	
1930.5.9	通用公司	电气设备	10 900 元
1930.5.30	花钵洋行	铁窗	380 磅
1930.5.30	安利洋行	五金工程	—
1930.11.4	耀华公司	玻璃	—
1930.12.3	康益洋行	防火幕引槽	3 312 两
1930.12.3	怡和洋行	屋顶玻璃嵌条加密	35.153 磅
1930.12.3	上海自来水设备公司	总水管、修理添补	198.9 两
1930.12.3	通用公司	增设电气工程	784.45 两
1930.12.3	新金记康号营造厂	脚踏板、播音机修理	905.48 元
1930.12.3	公和洋行	大礼堂卫生工程	
1931.1.27	新金记康号营造厂	增建两翼	61 950 元
1931.1.27	通用公司	两翼电线、总火线、电灯	约 4 763 元
1931.1.27	葛烈道洋行	两翼铁窗	222 磅
1931.1.27	上海自来水设备公司	卫生器具	4 593 两
1931.1.27	西门子洋行	播音机	1 805 美金
1931.1.27	沈金泰洋行	座椅 656 张	4 264 元
1931.2.16	公和洋行	委托订购铁窗 "Hoppe's Steel Windows"	—
1931.3.12	公和洋行	分三家承包看台旁听席 12 尺长凳, 有靠背 60 张、无靠背 60 张	2 160 元
1931.4.3	蔡春记	大礼堂 180 张桌子油漆	270 元
1931.4.20	中央大学森林科	带青叶大柳树 20 株, 植于大礼堂广场四周	1 700 元
1931.4.28	沈金泰洋行	主席台桌椅	1 936 元
1931.4.28	上海木器公司	会场桌子	2 857.57 元
1931.4.30	—	记者席椅子 48 把	260 元
1931.5.5	南京市政府工务局	修筑国民会议议场前柏油马路及水泥人行道	23 231.83 元

（资料来源：南京大学档案馆）

二、建筑价值——校园轴线的核心

　　大礼堂为西方古典主义风格，是当时国内最大的礼堂，也成为校园的核心和标志（6-2）。整个建筑坐北朝南，核心区域平面为八边形，主体高三层，两翼高二层，檐口高度为 16.7 m，屋脊高度为 31.2 m，总占地面积为 2 042.2 m²（图6-3、图6-4）。南立面为主立面，为西方古典柱式构图（图6-5），底层三门并立，并有三排踏道供行人上下。主立面采用的是三角顶山花与爱奥尼柱式共同构图，水刷石外墙，采用木门和钢窗。大礼堂内入口地面为白色水磨石，设回廊。门厅两层，内设贵宾接待室；会议厅分为三层，总面积为 4 320 m²，上部两层楼座均为钢筋混凝土悬挑结构，代表了当时精湛的建筑技艺。

　　东南大学大礼堂在结构和施工上都取得了巨大成就。在结构上最具革命性的是大礼堂的

图6-2｜建成后的大礼堂

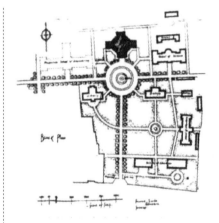

图6-3｜大礼堂初建总平面图

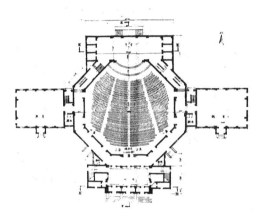

图6-4｜大礼堂初建一层平面图

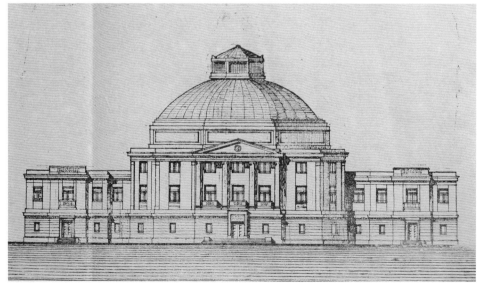

图6-5｜大礼堂初建南立面图

穹顶，呈半球状，采用钢结构支撑，使用八组钢桁架控制屋顶形态，采用木壳板封顶，外包油毡，上铺绿色铜质屋面板，铜皮在高湿度天气和长期氧化的作用下，在表面形成一层自然锈蚀的铜绿保护膜，即我们现在所看到的大礼堂绿色顶（图 6-6、图 6-7）。礼堂顶高 34 m，屋脊高 31.2 m，跨度达到 34 m，是当时中国建筑技术最复杂的工程。礼堂顶部建有八边采光窗，使内部拥有自然采光，天棚采用钢拉杆吊顶，并有石膏线脚对天棚进行装饰，中部设置了沉井式网格玻璃天窗。采光窗和天窗之间有一圈木质挡板，起到了导光管的作用。太阳光从采光窗照射进来时，会在木板上不断反射，最后射入内部天窗（图 6-8、图 6-9）。

图 6-6｜兴建中的大礼堂穹顶

图 6-7｜大礼堂穹顶现状

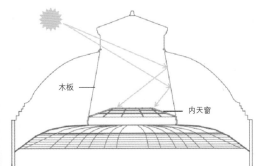

图 6-8｜大礼堂采光示意图

木板

内天窗

图 6-9｜大礼堂内部天窗

　　1949 年以后对大礼堂进行了几次加建维修工程。1965 年由杨廷宝先生主持设计了大礼堂两侧的加建工程，垂直于两翼增加了高三层的教室。扩建部分的占地面积为 848 m²，建筑面积为 2 544 m²，扩建后的总占地面积为 3 594.7 m²，总建筑面积为 10 339.7 m²（图 6-10、图 6-11）。1994 年 4 月，由我国台湾的中大校友余纪忠捐赠了 107 万美元对大礼堂进行修葺，使得礼堂焕然一新。2002 年东南大学建校 100 周年之时又翻修了大礼堂，修理了大礼堂的屋顶和天窗，重新配换了天窗的玻璃，维修了中央空调，更换了室内灯具，增加了室外泛光灯，并对音响设备进行了更新，对 200 m² 的舞台地板进行了更换等，共计投入 91 万元（图 6-12）。

　　大礼堂不仅是中大学子聆听学术讲座、举办校园活动的集会中心，也见证了多次历史事件。民国时期，大礼堂是国民政府召开会议、商讨重大事务的场所，国民政府第一届全国代表大会就在这里召开。抗战时期中大遭到重创，大礼堂也成为侵华日军的驻扎地。返宁复员后，大礼堂恢复了讲学集会的功能。由于大礼堂的重要性，其形象代替原本的六朝松成为中央大学的新标志，更是被海内外校友视为母校的象征，校徽也在此时进行重新设计，中央大学艺术系的陈之佛教授亲自设计的校徽更是将大礼堂作为主

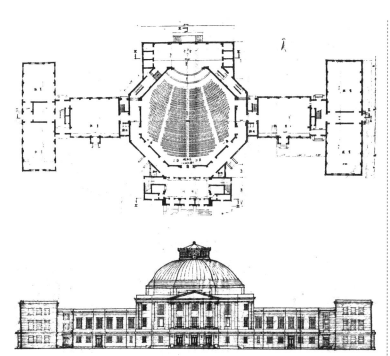

图 6-10 | 大礼堂扩建后一层平面图

图 6-11 | 大礼堂扩建后南立面图

要元素之一，位于校徽的正中央[1]（图 6-13、图6-14）。如今，大礼堂是东南大学规格最高的学术交流场所：诺贝尔奖获得者丁肇中教授、普利兹克奖获得者王澍等人都曾在这里畅谈学术，故宫博物院院长单霁翔、著名作家白先勇都曾在这里分享人生；大礼堂也是东南大学的高级别会客厅：东南大学周年校庆典礼在这里举行，开学典礼、毕业典礼也在这里举办……大礼堂成了东大学子最引以为豪的人文景观。

图 6-12 | 大礼堂现状照片

图 6-13 | 1930年前国立中央大学校徽

图 6-14 | 1930年后国立中央大学校徽

---

1 陈之佛设计的校徽是等边三角形，紫边、黄底、红字、黑色图案，体现中大"校色"的特点。校徽的设计构思和含义大致体现在以下4个方面：（1）图案中央的牌楼门为当时中央大学的新建校门，内部为圆顶的大礼堂，这两个都是中大的标志性建筑，放置于校徽中央就是体现"中央"之意；（2）中间高大雄伟的大礼堂，形式如同苍穹，寓意中央大学为"全国最高的学府"，"涵盖全部学科"；（3）大礼堂两边象征着城墙垛子，表示中大"建在六朝古都石头城内"；（4）校徽下端为数行水纹，"表示学校处于长江之滨，学校的历史也是源远流长"。整个校徽图案庄重、美观、大方，使人过目不忘。

南大门

表 6-6｜
南大门信息表

区位图	名称	
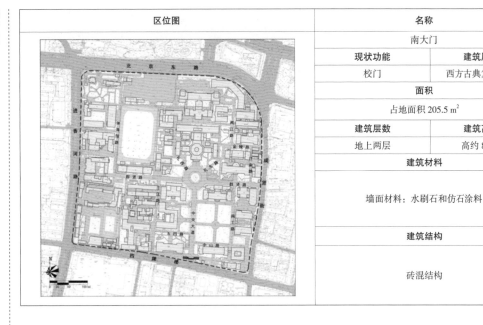	南大门	
	现状功能	建筑风格
	校门	西方古典复兴主义
	面积	
	占地面积 205.5 m²	
	建筑层数	建筑高度
	地上两层	高约 8.9 m
	建筑材料	
	墙面材料：水刷石和仿石涂料	
	建筑结构	
	砖混结构	

图 6-15｜
南大门（上书「国立中央大学」）

图 6-16｜
南大门（上书「国立南京大学」）

一、历史沿革

南大门为中央大学的正门，建于1933 年，与大礼堂、图书馆等建筑群的风格一致，由杨廷宝先生设计，体现出其西方古典建筑设计的深厚功底。

南大门门额上的校名多次变换，先后刻写过"国立中央大学""国立南京大学""南京大学""南京工学院""东南大学"的字样（图 6-15、图 6-16）。现在门额上的"东南大学"四字采用的是东晋"书圣"王羲之的字（图 6-17）。

整个门楼有 3 个门洞，由 4 根西式经典双柱支撑，下部是厚实的柱墩。柱子为直柱，并无收分，柱身四面雕刻 5 道凹槽装饰。柱子上部柱头向上逐步扩大，过渡至上部梁枋，整体造型朴素，主要以线脚修饰，增加了古典主义气息。总面阔为 40 m，总进深约 5.3 m。檐口高度约为 8.3 m。在设计时南大门充分考虑其功能，3 个门洞各自行使不同的使命：

中央大门洞供车辆出入，宽4 m，满足汽车通行需要；两侧门洞供左右行人出入用，宽2.3 m。南大门造型简洁大方、比例协调优美，无过多装饰，但却充分体现出一所顶级国立大学的庄重氛围。

二、建筑价值——校园轴线的收束

学校原有的校门沿用自南高时期（图6-18）。相对于几乎焕然一新的西方古典主义校园，南大门作为校园主入口与校园整体的基调显得不大协调，因此威尔逊在国立东南大学时期重新规划了校园的南北向主轴线，并将南侧的两个入口调整为一个。在此基础上，中央大学时期先由英国的公和洋行设计了学校的中心建筑大礼堂，又由杨廷宝先生设计南大门，形成南北轴线的南端终止点。南大门中央的大门洞很好地对大礼堂形成框景作用。站在校门正中，可以从门洞中将大礼堂中央礼堂部分尽收眼底，

在宽阔的入口道路指引下到达大礼堂，形成了一段令人记忆深刻的空间序列。两座古典主义建筑形成校园整体格局不可或缺的一部分，具有极高的象征意义。

第七章　基于 BIM 的建筑遗产案例研究——体育馆

表 7-11
体育馆信息表

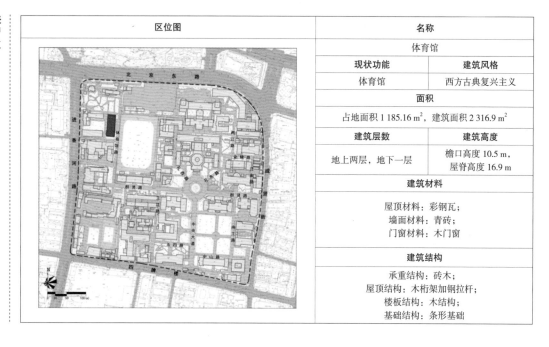

区位图	名称	
	体育馆	
	现状功能	**建筑风格**
	体育馆	西方古典复兴主义
	面积	
	占地面积 1 185.16 m²，建筑面积 2 316.9 m²	
	建筑层数	**建筑高度**
	地上两层，地下一层	檐口高度 10.5 m，屋脊高度 16.9 m
	建筑材料	
	屋顶材料：彩钢瓦； 墙面材料：青砖； 门窗材料：木门窗	
	建筑结构	
	承重结构：砖木； 屋顶结构：木桁架加钢拉杆； 楼板结构：木结构； 基础结构：条形基础	

历史沿革

一、背景——体育在近代教育中被重视

1915 年郭秉文、黄炎培、沈恩孚、陶行知、张士一等著名教育家组织成立江苏省教育会，研究教育制度，提出德育、智育、体育三育并重。为改变"重文轻武"的旧观念，倡导民众体育，增强国民体质，教育会推荐从美国哥伦比亚大学留学归来张士一先生筹办江苏省体育传习所。传习所由张先生担任主任，聘请美国体育专家麦克乐担任教员。学员来自江苏各县，每县派教育人员一名来南京学习体育理论和体育技术，然后返回各县创办体育场，发展民众体育。所以民国时期江苏省设立体育场之早、数目之多，实居全国之首。在此基础上，为推动学校培养体育师资，由张士一等倡议并经校长江谦同意，南京高等师范学校正式成立体育师资科，聘请美国人麦克乐任体育科主任，1916 年秋季，南京高等师范学校体育科首届新生入学，倡全国之先。

关于体育，当时的南高校长江谦认为教育事业需要强健的身躯，若肢体屏弱，即使思想文明程度再高，也不能达到良好的教育效果，故在南高，不论何科系的学生，体育均列为必修。学校设置各种体育会、队，开展各种运动、技艺、球类竞赛，增进学生对体育的兴趣。

郭秉文任校长后延续此思想并加以深化实践。他认为体育是德、智两育之基本，在办学之初经费紧张的情况之下，多方奔走并向社会发布募捐，筹集经费建造体育馆。1922 年，国立东南大学体育馆和图书馆、附中二院一同立础。立础当天，郭秉文把督军、省长等要员和美国孟禄博士等都请来参加庆祝大会和分别举行的奠基礼，自然地把体育馆的游泳池等配套设施的募捐任务交给了省里。郭秉文本人也是中国奥林匹克委员会前身——中华全国体育协进会的董事之一。由此可见体育作为中国近代教育的重要组成部分，不仅在中国近代教育史上，乃至在整个中国近代史上皆有着举足轻重的地位。

体育馆作为威尔逊规划范围之外的建筑，它的兴建具有时代的必然性。以江谦、郭秉文为代表的近代教育家在引进西方近代教育时，深刻意识到强健的体魄对于科学文化的不可或缺性，将体育作为三育之一的教育思路清晰而坚定，使体育建筑成为日常体育教学和校园生活之必需。

二、全面抗战前的体育馆营建历程

1921 年，南京高等师范学校更名为国立东南大学，校长郭秉文即向江苏省公署申请建造体育馆，省财政厅仅同意拨款 59 000 银圆用以建设主楼，剩余设备及游泳池等都依靠不断筹措经费逐步增设而来（表 7-2[1]）。

体育馆	59 000 银圆
浴室、暖气室及水管	6 000 银圆
运动设备	10 000 银圆
游泳室（即游泳池上之房屋）	14 000 银圆
游泳池	5 000 银圆
汲水管与滤水器	6 000 银圆
以上共计 100 000 银圆	

表 7-2｜体育馆设备及游泳池募捐细目

1922 年 1 月 4 日，东南大学举行体育馆、图书馆、附中二院的立基典礼，其中图书馆和体育馆留存至今且仍投入日常教学、办公使用，实属珍贵，与工艺实习场（1918）、科学馆（今健雄院，1927）一道，成为留存至今的"北洋四馆"（图 7-1）。如图 7-2 所示分别为江苏省省长王瑚[2]、江苏省警察厅应邀参与立础仪式之回函，回函主体体现出此次立础仪式出席人员等级、庆典规模之高，反映出体育馆立础一事在当时社会的轰动效应和国立东南大学在宁的特殊地位。这是建校以来第一次大规模的校园建筑立础仪式，邀请了各方贵宾与会，督军齐燮元、江苏省省长王瑚为首选座上宾，督军齐燮元本人也是图书馆的赞助人，是时江苏省警察厅还派乐队赴会。除此之外，还有许多社会名流欣然应会。

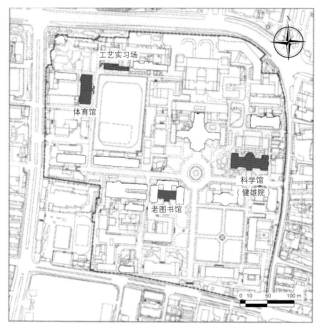

图 7-1｜北洋四馆

由此可见，此次立础仪式在江苏乃至长三角地区都具有较大的社会影响力，不论是从与会人员层次、人数或集会流程的安排，还是从此事在《申报》上所占报道篇幅（图 7-3），都可看出国立东南大学当时在国内具有的知名度与核心地位。因此，之后诸多在宁发生的重大事件、活动都与国立东南大学紧密联系就不足为奇了。

1　国立东南大学体育馆设备及附设游泳池募启 [A]. 东南大学档案馆.

2　王瑚（1864—1933），字铁珊，民国政要，著名爱国民主人士。河北定县（今河北省定州市）人。光绪进士。清末曾任知县、知府等职。曾参与组织护国军。中华民国成立后，历任湖南民政长、肃政厅肃政使、京兆尹、江苏省省长、山东省省长。后追随冯玉祥参加北伐。1926 年后，任黄河水利委员会副委员长、辅仁大学国文系教授等。1933 年 4 月 26 日在北平病逝。

图 7-2 | 江苏省省长王瑚（左）、江苏省警察厅（右）回函

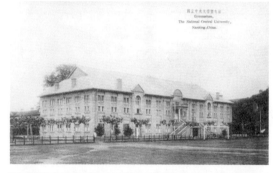

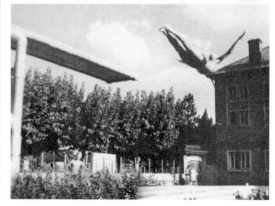

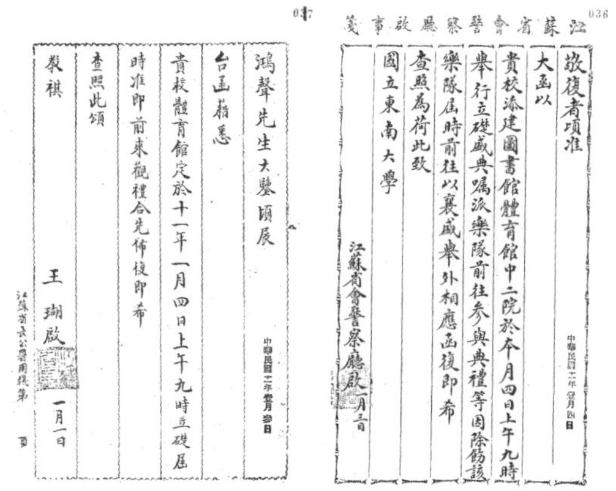

037

鴻聲先生大鑒頃展
台函藉悉
貴校體育館定於十一年一月四日上午九時立礎届
時准即前來觀禮合先佈復即希
查照此頌
教祺
王瑚啟
一月一日
中華民國十一年壹月叁日
江蘇省長公署用牋第　頁

江蘇省會警察廳啟事箋　036

敬復者頃准
大函以
貴校添建圖書館體育館中二院於本月四日上午九時
舉行立礎盛典囑派樂隊前往參與典禮等因除飭該
樂隊届時前往以襄盛舉外相應函復即希
查照爲荷此致
國立東南大學
江蘇省會警察廳啟　一月三日
中華民國十一年壹月四日

图 7-3 | 东南大学之立础纪念

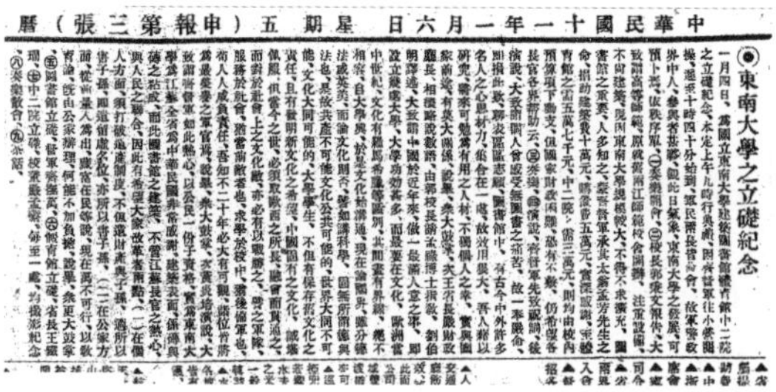

中華民國十一年一月六日　星期五　（申報第三張）

◉東南大學之立礎紀念

图 7-4 | 1923年落成的体育馆旧照

图 7-5 | 1936年建成的游泳池

体育馆1923年落成后即成为东南大学标志性建筑之一，堪称当时国内高等学校之最（图7–4），由于经费短缺，原同期计划之游泳池暂未付诸行动，到1936年室外游泳池才竣工[1]（图7–5）。体育馆最原始的施工图纸、设计者及营造厂等相关资料无法查证，仅存有一份落款“一月三日”的由国立东南大学校长办公处出具的有关体育馆的文字说明（图7–6），推测为1922年文[2]，可供研究，以还原体育馆最初面貌。

体育馆位于操场西侧，坐西朝东，一共三层。占地面积为1 185.16 m²，建筑面积为2 316.9 m²，檐口高度为10.5 m，屋脊高度为16.9 m。整个建筑为西方古典复兴样式，入口处门廊有一双面上下的西式扶梯。由于跨度较大，建筑采用了木桁架中加钢拉杆的结构，青砖外墙，坡屋顶上设有烟囱，屋面为红色铁皮覆盖，取代了沉闷的木头水泥，屋脊每隔几米就是一大块透明的玻璃顶，两层玻璃之间夹着细密的铁丝网，整体造型既简洁又庄严，建筑色彩宁静素雅。体育馆具有很高的建筑成就，是民国建筑的代表，对当时的建筑技术有着直接的反映，同时也是中国传统文化与西方现代文明交汇融合、民国初期建筑业向西方学习成果之实例，其建造方式和水平反映了当时中国工程技术人员掌握、利用西方技术的水准和层次。

在功能布局上，体育馆一层为各种办公用房及其他功能用房和服务性房间，其中包括完善的淋浴及配套设施用房。这一方面反映了当时对西方先进生活方式的追随与学习，另一方面也说明了体育馆硬件设施的超前性。

二层当时为运动场，周长约160 m，可进行篮球、排球、体操、羽毛球等多项活动，功能根据学校内部体育教学及运动项目的开展而灵活变换，这种灵活变通与其通高大空间的特点密不可分。体育馆主要供体育教学及师生日常运动锻炼所用，国内外许多重大比赛也在此举行（图7–7、图7–8），如1948年中国参加第14届奥运会，中国篮球队就在此集训比赛，1951年苏联国家篮球队访问南京，比赛也在这里举行。此外，二层“上悬看楼一层（其形式与公共演讲厅相仿）以便

1　游泳池长25 m，宽18 m。

2　说明书上虽未明确表明年份，但就其落款“一月三日”，及该文件在东大档案馆库中与前文所引用之“回函”一并归档，推测其文件年份为1922年的可能性较大。

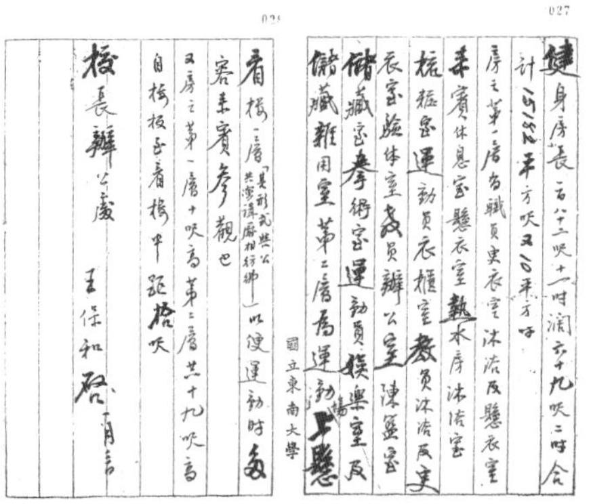

图7-6｜体育馆文字说明书

图7-7｜1929年中大运动会

图7-8｜1953年校内篮球比赛

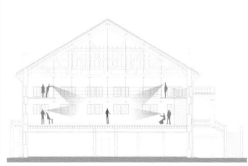

图7-9｜体育馆二层观演示意图

运动时多容来宾参观也"（图7-9），作为室内环形跑道，约长160 m，可供雨天上课之用，必要时也可以切换成"观演空间"，"上悬看楼"化身环形观演廊道，运动与演出相互切换，经济适用，符合建校初期经费拮据但又需满足多样需求的实际情况。鉴于此设计，在1931年大礼堂落成之前，体育馆作为校内唯一的室内大型公共空间，不仅完成了体育场所的功能定位，还承担了许多大型政治、文化、娱乐活动，例如1924年印度文学巨擘泰戈尔来宁演讲[1]，地点就选在体育馆二层，全城轰动，体育馆几无立锥之地。英国哲学家罗素、美国教育家杜威和孟禄博士也在此做过演讲，这与其空间和功能的契合不无关系。

在民国初期时局动荡、学潮频发的社会大环境下，时国立东南大学学子积极投身社会运动，在历史上书写了浓墨重彩的篇章。体育馆作为校内重要的公共活动场所，见证了许多历史事件，如1928年的全国教育会议在此召开，1928年的学校易名风波中学生们在此召开全体大会[2]，1930年朱家骅校长的就职典礼在此召开[3]。1931年九一八事变后北京学生南下示威到南京也是借住于体育馆等[4]。

在1937年以前，体育馆不仅仅是体育运动的发生地，还是文化演讲活动、学生政治生活的主要舞台。究其原因，一是因为大礼堂建成之前，体育馆的空间和功能特点使其能够胜任此类活动；二是大礼堂竣工之后，虽然体育馆在学校内承担政治活动的官方地位被大礼堂取代了，但是体育馆的尺度和空间自由度更适合用作学生们自发组织开展各种活动的场所。

1　泰戈尔在宁演讲记［N］.申报，1924-4-22.

2　朱斐.东南大学史：第1卷 1902—1949［M］.南京：东南大学出版社，1991：203。1927年6月9日，国立东南大学改组为第四中山大学……1928年4月5日，大学院第6次会议议决的答复……原第四中山大学"仍称江苏大学"。江苏大学学生得悉后，群情激愤。4月13日在体育馆召开全体大会，一致反对改名"江苏大学"，然后来到大门口，摘下"江苏大学"名牌，一路游行，抬送到大学院，奉还校牌，以示抗议……

3　朱斐.东南大学史：第1卷 1902—1949［M］.南京：东南大学出版社，1991：217。张乃燕辞职后，经行政院会议决定，并于1930年12月13日以当时兼理教育部部长蒋中正的名义，发布第1315号训令，任命朱家骅为国立中央大学校长。12月20日朱家骅到校接事，同日在中大体育馆举行就职典礼。

4　朱斐.东南大学史：第1卷 1902—1949［M］.南京：东南大学出版社，1991：220。1931年……借住在中大体育馆的北京大学"南下示威团"300余人在南京举行小威游行，沿路高呼"反对政府出卖东三省""打倒卖国政府""被压迫群众联合起来"等口号。……中大同学听闻北大学生被捕后，立即鸣钟，召开大会并决议……

三、复员南京后的修缮工程

1946年复员南京之初，学校开始对校园建筑进行大规模修缮、整治及新建。此时"体育馆仅剩下一个空楼，游泳池杂物满池"[1]。1946年7月开始，由国立中央大学对外招标，分两次对体育馆进行了修理工作。第一次从7月开始，主要进行的是屋顶的修缮工程，由新林记营造厂中标实施。根据工程概要描述，此次屋顶修理工程主要集中在屋顶、天窗、水沟水管三个方面。

屋顶：原洋铅[2]屋顶全部修理，其锈蚀过甚破烂不能修焊者换，配材料用全新念六号瓦楞白铁；

天窗：天窗全部整理，窗樘框芯等如有腐烂缺损，均须修换新料；

水沟水管：天沟、水管、水斗全部整理，如有脱焊、破裂、腐烂、缺少等情，须加修焊或换新。

——体育馆屋顶修理工程《工程概要》

这份《工程概要》传递出1946年有关体育馆屋顶的状况：（1）1946年之前屋顶即有玻璃天窗，战时窗框、玻璃等皆有损毁，此次工程中修缮如初。（2）此次修理过程中对于瓦楞铁皮皆"修焊及上红丹棕色油各一度"，因此体育馆标志性的红色油漆及屋面铁皮材质这两点最迟在1946年就已使用。

第二次修缮工程从10月开始，主要对体育馆内部进行修整，由南京本地有名的裕信建筑公司获得项目施工资格，此次工程涵盖面较大，主要包括体育馆屋架、门窗、地板、看台、楼梯、内部粉刷、油漆等。由裕信公司开具的估价单中，列明以下主要工程内容：

（1）掉换屋架人字梁大料（两品）；

（2）人字梁部加铁板（三品）；

（3）新添芦席纹地板；

（4）电磨地板及油漆打蜡；

（5）新做看台五级踏步（固定）；

（6）新做木门；

（7）新做木扶梯（16步）；

（8）新做杉木木栅；

（9）原有木栅油漆；

（10）修理玻璃窗；

（11）大门修理；

（12）内部刷白；

（13）石级扶梯修理；

（14）体育馆字额；

（15）新做活动看台。

——《裕信建筑公司估价单》

现体育馆内部可见屋架诸多部位存在铁板加固措施（图7-10、图7-11），通过与档案中图纸及说明对比印证，确认均为1946年原件。桁架修缮源于部分木梁受白蚁虫害被蛀蚀[3]，因此以螺栓贯通铁板加以固定，这样处理的优势在于成本低、工程量小、工期短又兼顾结构需求。

还有部分构造和设施于1946年增添但现状已不存，例如：

（1）木质踏步看台。体育馆二层的木质看台现已经不存，但自1946年出现直至移除，该设施存在时间有半个世纪，从历史图片（图7-12）及图纸中能大致清楚其具体形式。因曾经发生过在二楼运动的群众吸烟后将烟头藏于看台缝隙中，导致发生火灾险情，学校出于安全考虑，在1996—2002年间将该

---

1 刘维清，徐南强.东南大学百年体育史［M］.南京：东南大学出版社，2002：136.

2 "洋铅"即铁皮。

3 据东南大学体育馆工作人员洪有洲采访录音整理。

图 7-10 |
未经铁板加固的木屋架

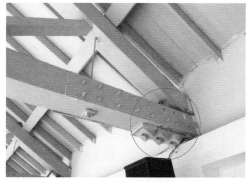

图 7-11 |
采用铁板加固的木屋架

图 7-12 |
体育馆二层木质看台（现不存）

图 7-13 |
体育馆二层入口处木栅（现存）

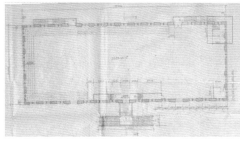

图 7-14 |
体育馆 1946 年档案图纸二层平面图

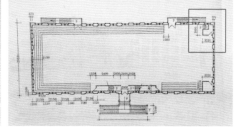

图 7-15 |
体育馆 1989 年测绘图二层平面图

木质看台拆除[1]。

（2）新做杉木木栅及原有木栅油漆。体育馆中现存木栅仅存于二层入口处，比照历史图片，估价单中所指木栅应为此处（图 7-13）。此处木栅至今完好，在迎百年校庆之修缮工程中照旧色重新上漆。

（3）新做木扶梯（16 步）。在体育馆西北角新做一木质楼梯，联系一、二层。对比此次修缮档案中的图纸（图 7-14）与 1989 年由东南大学杨维菊教授带队测绘的图纸[2]（图 7-15），这一布局基本没有变化。

（4）新添芦席纹地板。根据历史照片，隐约显示体育馆二层地面为芦席纹地板（图 7-16），与估价单中所列相符。在芦席纹木质地板上层，据照片推测应还有一道红色油漆以利保养。在迎百年校庆修缮时将地面铺装更换成现在的直条木板地面。

图 7-16 |
体育馆二层芦席纹地板

图 7-17 |
1952 年南京市游泳比赛

游泳池也经修缮后于 1948 年重新对外开放，服务于广大师生及家属（图 7-17）。

1　据东南大学体育系周晓民主任采访录音整理。

2　汪坦，藤森照信 . 中国近代建筑总览：南京篇［M］. 北京：中国建筑工业出版社，1992：24.

四、1949 年以后的体育馆保护利用

自 1946 年大修之后，体育馆基本维持现状，直到 2001 年为迎接百年校庆，对校园内重点建筑和景观做了修缮调整，体育馆在此次修缮工程中的变动较大，基本奠定了今日体育馆的内外面貌（图 7-18）。

体育馆游泳池于 1960—1970 年代因教学秩序紊乱而疏于管理，终致废弃，在 2001 年迎百年校庆修缮工程中最终被改造成绿地（图 7-19）。

图 7-18 | 体育馆现状

图 7-19 | 体育馆北侧游泳池现状

除游泳池外，2001 年的修缮工程还包括体育馆结构加固、屋顶修理、室内布局调整和细部构件维修等四个方面。

（1）结构加固：体育馆自竣工至 2001 年已历经约 80 年，主要承重体系久经风雨，因此此次工程不局限于外在的更新与修补，对结构的修补与加强也是主要内容。通过聘请专业机构进行测量计算，决定在墙身内侧补立结构柱，同时在原有墙体下浇筑新的地圈梁[1]，对体育馆主体结构进行辅助加固，如图 7-20 所示（红色即为新加结构柱，绿色为体育馆原有木柱）。新增结构柱往上至原屋架木梁下方，顶部以圈梁联系，增加整体结构强度（图 7-21）。

（2）屋顶修理：在此次体育馆的修缮工程中对屋顶进行了整体更换，包括屋面板和椽子等[2]。屋面板更换为泡沫夹芯板，屋面主要刷淡绿色漆，歇山山墙面露底色红色防锈漆，延续体育馆历史风格。

椽子虽进行了更换，但外墙上原插入墙体用于承担檐沟与椽子的木构件没有更换，这两者之间用铁箍固定在一起，防止脱落（图 7-22 中红圈处）。

天窗在此次的修缮中被去除，这首先是因为过往施工质量不过关导致天窗与屋面交接处经常漏雨，其次也是因为室内电气化照明条件的完善使天窗照明的必要性减弱。

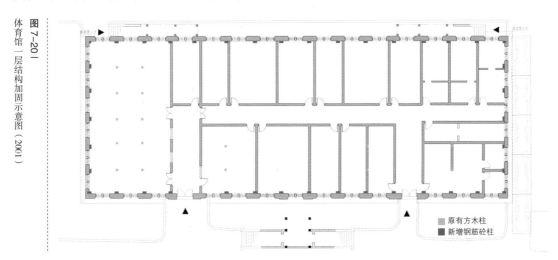

图 7-20 | 体育馆一层结构加固示意图（2001）

原有方木柱
新增钢筋砼柱

---

1 据东南大学体育系周晓民主任采访录音整理。
2 据东南大学体育系周晓民主任采访录音整理。

（3）室内布局调整：借助不同年代的一层平面图纸，可以直观展示其变化。从 1946 年至 1989 年，体育馆一层的主要功能布局未发生重大调整，直至 2001 年，体育馆一层功能，尤其在北半部分有较大幅度的调整（如图 7-23、图 7-24 中黄色标记所示）：

①一层西北角连通二楼的木制楼梯被去除，该处原木工房改为男女厕所及淋浴间；

②一楼西面对外大门被去除，出口被封堵，改为一般性房间；

③东北侧原淋浴间被改造成为办公室及库房，部分淋浴间移至西北侧。

图 7-21 | 体育馆结构加固与屋顶交接图

图 7-22 | 体育馆屋顶檐下细节

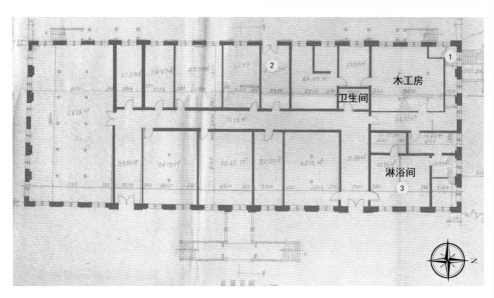

图 7-23 | 体育馆1946年一层平面图

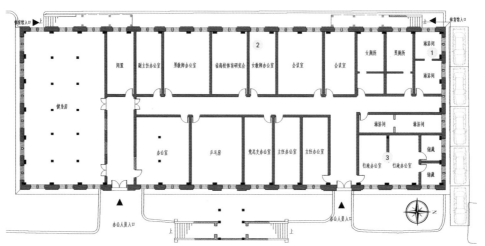

图 7-24 | 体育馆2014年一层平面图

一层布局调整的原因主要是木工房的日常需求减小，原来体育馆内家具的修理修缮工作已转移至学校专业后勤部门。木工房空出后，将南侧淋浴功能转移至此，南向房间作为办公室使用。综合而言，体育馆功能布局的调整源于时代发展及条件改变带来的内部使用需求的变化。

（4）细部构件：此次工程中细节部分变动如表7-3所示。

表 7-3 |

体育馆2001年修缮细节变动明细表

部位	修缮概况
门窗	老窗户木材采用加拿大枫木，长且直，一直未换，但存在闭合困难，反复油漆导致黏结严重等问题。修缮时首先用喷灯去除表面累积油漆，少部分腐朽木头予以更换；为达到兼顾日常使用与保护之目的，在墙内侧新做塑钢窗，保持原有风貌的同时满足日常使用要求
石质楼梯	现宝瓶栏杆乃2001年重做，扶手确定是新做的（对比历史照片，栏杆形式基本沿袭旧制），表面喷涂水泥砂浆；楼梯踏步表面用水泥砂浆抹面，后用砖刀砍出密集条纹做防滑
石质楼梯下壁龛	原有古典柱式2根，其样式风格与门廊所用柱式相似。此次修缮中去除柱式，改砌筑一堵砖墙，用作杂物间
室内木柱	办公室新砌墙体将原有方形木柱（200 mm×200 mm）埋入，与之对称的南侧另一间房内木柱用木板重新外包，以防止木柱被损害。现健身房内柱子采用同样的处理方式
木质看台	改用塑料椅
楼板天花	原二层楼板下部直接暴露，新做石棉板天花
题字匾额	原为铜质（是否为1946年沿用匾额不可知），后腐朽，替换成铝合金，表面镀金
外墙	此次修缮工程中未予变动。2014年8月重新刷漆，勾缝

本体分析

一、样式风格

体育馆立面采用对称式的构图（图7-25），中间为主入口，一层采用直入式门厅，入口处设缓坡与室外地坪过渡，墙面采用上下连贯式做法，门洞上方用平拱砖梁，东立面两个次入口上方的通高窗户采用半圆形窗套。主入口处设置室外双合式楼梯通向二层，二层主入口门廊采用简化的西方古典柱式，室外楼梯栏杆及门头亦用西式宝瓶栏杆。立面窗户上皆用水泥窗套。

东立面主次入口处的墙身高出屋面，次入口外墙顶部以三角形山花结束，主入口外墙顶部则以半圆形山花收束，山花内塑有"体育馆"三个金色大字。除主次入口外，东立面其他部分的墙面、窗户及窗下墙线脚处理与西、北、南三个立面基本一致。

图 7-25 |

BIM模型中体育馆东立面图（1922）

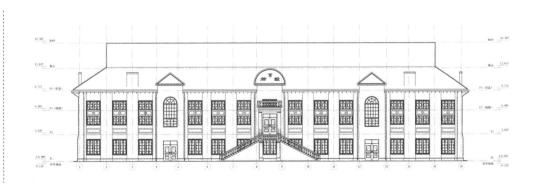

2001 年更新后的体育馆屋顶以泡沫夹芯板为主要屋面材质，保暖性能好，质地轻，易于维护（图 7-26），山墙面露底红色油漆，其余屋面刷淡绿色漆。墙身用青砖砌筑，采用一顺一丁砌法，窗下墙采用砖砌手法做矩形内框，丰富立面光影效果。

图 7-26 | 体育馆屋顶形式

体育馆立础于 1922 年，正处于教会建筑在南京兴盛时期。当时金陵大学北大楼（图 7-27）早已落成多年（1917），金陵女子大学建筑群也处于大规模建设初期，但主要建筑也已落成。与此同时，通过早期承建南京教堂等一系列西方建筑，南京本地营造厂如陈明记营造厂，一方面学习、整合中西方技术，积累了许多工程实践经验，另一方面，西方样式风格与做法也逐渐成为它们的必备技巧。更不用说一些发家于上海的营造厂来宁所开办的分部，它们对于中西结合样式实践更是游刃有余。教会学校的建筑示范和本地营造厂、工匠对于西式建筑的技术储备为体育馆的样式风格奠定了基础。

图 7-27 | 金陵大学北大楼

相较于教会学校建筑而言，体育馆的建造在细节和选材上都较为简单，出现这种差别的原因之一在于定位不同，原金陵大学的北大楼和原金陵女子大学的 100 号楼（图 7-28）在各自的校园里均为标志性建筑，远胜于体育馆功能性定位，故在选材与形式上都较体育馆更为完整，细节更为丰富，呈现出的效果自然不可相提并论。

图 7-28 | 金陵女子大学 100 号楼

另外，对比同一时间在国立东南大学立础的图书馆与体育馆，两者的风格也截然不同，前者在手法和选材用料上都更加偏向西方古典主义，比例匀称、构图稳重、风格隽雅，入口爱奥尼柱廊及墙面装饰细部极为精美，这是因为孟芳图书馆经费充足，且由时任江苏督军齐燮元全资捐建。相比较而言，体育馆建立之初通过发布募启的方式向社会各界筹资，经济条件制约成为最大的限制性因素，体育馆主体最终耗资仅 6 万银圆，与孟芳图书馆相比，在两者建筑面积相仿的前提下（未计入图书馆 1933 年加扩建部分），体育馆单位面积造价仅为图书馆的三分之一稍多，故体育馆采用与建设经费相称的实用性材料与简约形式也在情理之中。

二、结构形式

体育馆坐西朝东，单跨十五开间，屋架跨度为 19.7 m，底层层高 3.6 m，二层地板至屋架梁下 5.8 m，环形跑道距二层楼地面 3.2 m，周长 160 m。该楼的主体结构采用青砖砌筑，砖墙承重，一、二层墙厚 500 mm。在砌筑方法上，东西立面上自上而下皆采用十字砌法，而南北立面则在一层采用十字砌法、二层采用一顺一丁砌法（图 7-29）。

图 7-29 |
墙身砌法与窗下墙细节

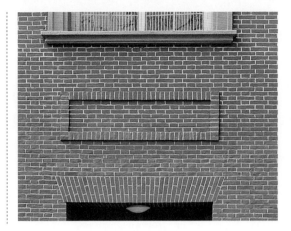

建筑主体东西立面窗间墙加厚，形成宽 1.2 m、凸出两侧墙面 120 mm 的类似扶壁柱做法，上方搁置屋架，起到承重与加强侧向抗剪力的效用。除结构作用，在立面上，凸出的砖柱强调了竖向线条，这与西方古典建筑中以柱式形成竖向风格是相似的。

体育馆的一层地面原以进口水泥铺设，做工精良，质量优秀，历久弥新。更可贵的是，由于水泥地面防潮效果欠佳，为防止建筑构造在梅雨季节时因返潮而遭到破坏，水泥地面在设计和施工时特意以 1 200 mm×3 600 mm 为单元块进行勾缝处理，缝宽及深度皆在 5 mm 左右，沿墙角预留宽度为 100 mm 的凹槽，以利于房间内返潮时及时排水 [1]，原先部分烧火的房间内用水磨石铺地 [2]。

二层楼板采用密肋式木梁结构，间距约为 300 mm，南北向两端伸入墙体或架于主梁之上，木梁断面呈矩形，尺寸约为 300 mm×30 mm。在密肋木梁下方，垂直于密肋做灰板条吊顶。除承重墙外，个别房间内部采用柱承重形式，直径 400 mm 的方柱下端立于高出室内地面 150 mm 的水泥方墩之上，上部通过一个高约 300 mm 的铁制构件与主梁搭接，主梁上再放置密肋木梁。密肋木梁之上即为二层楼板，楼板在 1946 年维修时采用芦席纹木地板，现改为直条实木地板，其层次关系如图 7-30 所示。木材皆选用美国花旗松 [3]，从木材的特性来看，是符合体育馆结构的实际需求的。例如楼板下木梁的截面尺寸为 500 mm×300 mm、屋盖桁架的下弦跨度 20 m 而用整根木材，都对原木材的尺寸和受力特性提出了很高的要求，花旗松应付无虞。

图 7-30 |
楼板结构分解示意图

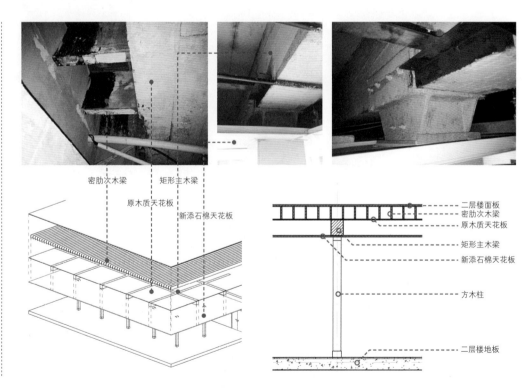

1　据东南大学体育馆工作人员洪有洲采访录音整理。

2　据东南大学体育系周晓民主任采访录音整理。

3　据东南大学体育馆工作人员洪有洲采访录音整理。

此种密肋木梁式楼层结构为近代时期砖（石）木混合结构最普遍的做法，并一直延续至二十世纪三四十年代，如建于 1922 年的天津魁华里住宅以及建于 1936 年的天津马场别墅，皆用此法[1]。体育馆一层墙体多为承重墙，故自建成之后，一层的空间布局变化不大。一层南侧现健身房是体育馆唯一采用柱承重形式的空间（图 7-31），现状中黄色方柱非本体，而是在原柱子表面包复合板刷漆，防止损害而做的保护措施[2]。

体育馆屋架采用钢木桁架结构（图 7-32），一共 14 榀，平均间距 3 350 mm 的豪式桁架构成屋架的主要受力结构体系。桁架的上下弦杆采用直径 300 mm 的方木，斜杆采用尺寸稍小、直径 260 mm 的方木，竖杆采用钢拉杆，通过螺栓螺帽固定、联系上下弦（图 7-33）。在部分桁架之间，由垂直于桁架方向、直径约为 200 mm 的木质水平系杆，借此拉结平行桁架，抵抗侧向剪力，提升结构稳定性。除此之外，在整个桁架架构的两端、靠近歇山屋顶山墙部分的桁架间，还使用 X 型钢拉索结构联系相邻桁架，大幅增强了结构强度与可靠性。

屋架下方沿墙身内侧设置了一圈环形廊道，廊道上可以作为楼座使用而安全无虞，这与其巧妙的悬吊结构设计密不可分，其结构连接处如图 7-34、图 7-35 所示。廊道楼板宽约 3.1 m。钢杆一端与屋架桁架以吊环式螺栓相连，此螺栓有助于施工时根据现场条件调整，保证廊道水平一致。下端贯穿廊道楼板及其下木梁。廊道下主木梁沿南北方向搭接至承重砖墙上，东西向次木梁与主木梁相交，接口处以角铁及螺栓固定。每一榀桁架两端皆由钢杆件与廊道连接，至南北最后一榀，有 5 根钢杆件联系木次梁与桁架。通过这种方式，体育馆二层形成了无柱空间，楼上、楼下皆可作为观众席，大幅增加了下部空间的利用率。

从 1866 年的金陵机器厂发展到 20 世纪初，西方建筑技术在南京的引进与发展已历经半个世纪，从体育馆内屋顶桁架体系与钢拉杆系统的使用，结合民国时期采用桁架体系屋架的建筑之间的对比（表

图 7-31 |
健身房内现状

图 7-32 |
体育馆屋架形式

图 7-34 |（右）钢制竖杆

图 7-33 |（左）钢杆件连接处

图 7-35 |
廊道与屋架桁架关系

1 李海清. 中国建筑现代转型［M］. 南京：东南大学出版社，2004：45.

2 据东南大学体育系周晓民主任采访录音整理。

7-4[1]），我们可以看出在 1920 年代初，体育馆跨度近 20 m 的结构体系已经引领时代，这体现出当时南京本地营造厂及工匠对于西方建筑及结构技术的掌握与领悟，也说明了体育馆结构设计之精良。

表 7-4 |
部分大跨度建筑调查表（截至 1940 年代）

建筑名称	年份	设计者	施工单位	屋架结构和跨度
东南大学体育馆	1922	—	—	钢木组合豪式屋架，跨度近 20 m
新都大戏院	1936	李锦沛　中都工程司（结构）	费新记营造厂	豪式钢屋架，跨度 23.8 m
上海清心女中礼堂	1933	李锦沛	仁昌营造厂	钢木组合豪式屋架，跨度 18.8 m
龙华飞机库	1936	奚福泉	沈生记营造厂	梯形钢桁架，跨度 32 m
上海市体育馆	1934—1935	董大西　俞楚白（结构）	成泰营造厂	三铰拱钢桁架，跨度 43.7 m
清华大学体育馆扩建工程	1931	沈理源（华信工程司）		钢桁架，跨度 27.4 m
武汉大学体育馆	1933	凯尔斯		钢拱，跨度 21.95 m
广州中山纪念堂	1926—1931	吕彦直　李铿　冯宝龄(结构)	馥记营造厂	芬式钢屋架，跨度 30 m

三、细部节点

1. 屋架间的结构联系

体育馆的屋架采用桁架体系，14 榀桁架依次平行排开。由于采用了西式的结构形式，中国传统屋架中的"枋"构件没有出现在整体结构体系中。为加强各榀桁架的结构联系与整体强度，主要采用三种办法：

第一种是在三角桁架上弦上放置整长的方木作为檩条（图 7-36），其作用除了在垂直于桁架方向上拉结每榀桁架外，还可以作为屋面板的承托。第二种方法是在桁架的下弦上每 3—4 榀桁架上放置一方木作为水平系杆加强结构联系。第三种方法是采用剪刀撑（图 7-37），在南北两侧最后一榀桁架与其相邻的桁架之间的中心线上，用长条方木以剪刀撑连接彼此，另外，在此相邻两榀桁架上弦之间，还有 4 对斜拉 X 型钢索，通过这两种连接措施，大大加强了屋架整体的结构强度。

2. 屋面结构

自落成至今，体育馆屋面材料一直以铁皮为主要选择，目前使用的泡沫夹芯板也是内外双侧铁皮包裹。由于没有使用传统屋面构造，就没有必要使用传统屋顶中的构造方式例如望板、灰泥等，大大减轻了屋面荷载。相比金陵女子大学 300 号楼的屋顶（图 7-38）采用了与传统做法一脉相承的屋面构造做法，体育馆的解决方案更为简洁，这与其瓦件材料与外观形象的选择不无关系。

图 7-36 |
体育馆桁架间的水平系杆

图 7-37 |
体育馆桁架南侧的剪刀撑

1　李海清 . 中国建筑现代转型［M］. 南京：东南大学出版社，2004：181.

就其细节而言，在桁架上弦的檩条下放置了三角形的垫木（图7-39），起到了稳定檩条的作用，使之不轻易滑动。根据现场调查，体育馆的檩条与上弦杆贴合紧密，基本没有发生扭动的迹象，与团队在负责金陵女子大学旧址文物建筑修缮时发现的檩条普遍存在扭动问题相比，体育馆明显较轻的屋面荷载无疑与屋架做法取得了非常好的协调，确保了屋架较为完整地保存至今。

3. 檐沟与木构的关系

体育馆结合金属屋面使用铁制檐沟排水（图7-40），其做法如图7-41所示，檐下在外墙内预埋木质挑枋，根据椽子末端与铁制檐沟交接界面，挑枋尽端预先处理成相应样式，而后放置檐沟，由此增强椽子、檐沟两者的稳定性。

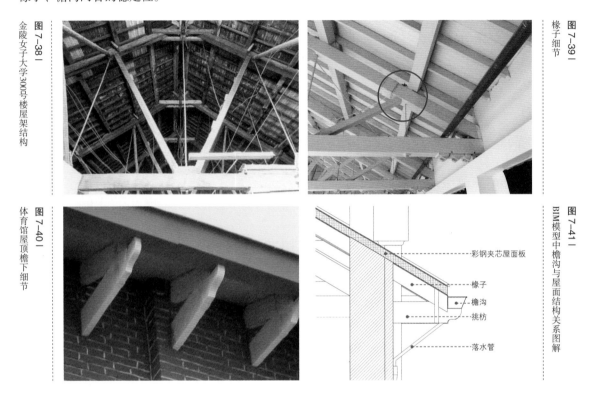

图7-38｜金陵女子大学300号楼屋架结构

图7-39｜椽子细节

图7-40｜体育馆屋顶檐下细节

图7-41｜BIM模型中檐沟与屋面结构关系图解

彩钢夹芯屋面板
椽子
檐沟
挑枋
落水管

基于 BIM 的体育馆信息模型

一、体育馆历史研究的技术呈现体系

体育馆现有的历史研究以文字和图片贯穿全过程，但文字、图片、图纸偏向于记录和反映二维信息，而现有模式下的二维图纸与三维模型相互独立，缺乏有效联系。BIM的介入使三维软件在全过程的参与度更高，与二维图纸的联系更加紧密，从而促进了历史研究与技术呈现之间的互动。

从现有的历史资料及档案中，可以整理出体育馆自1922年立础至今较为重大的三次变化：第一次为建馆之初，从无到有，但此次工程建设情况主要为文字类史料描述，无确切施工图纸作为参考，为数不多的几张前期历史照片只能为我们提供外在的初始模样，例如天窗的出现时间等，对于建筑内部的设施与构造情况尚无法明确；第二次为复员南京之初，于1946年对体育馆进行大幅度修缮，此外，还根据需要进行了局部功能的更改，例如西北角新增的木制楼梯、二层新增的木制看台等；第三次为迎接百年校庆之时，于 2001 年对校园内重点建筑和景观做了修缮调整，体育馆在此次修缮工程中的变动较大，基本奠定了今日体育馆的内外面貌，例如一层室内布局调整、屋面更新等。综上所述，以时间为轴线的线性陈述是在 BIM 模型中整合体育馆历史沿革的最直接方法。

基于既有史料及工程信息调研，大致确立以下三个时间作为体育馆历史研究技术呈现的节点，即 1923 年、1946 年及 2001 年。其原因有二：第一，既有档案资料、历史图片、工程信息图纸及相关人士的采访等直接资料信息主要聚合在此三个时间点周围，相较而言能更为翔实地还原这三个时间点前后的体育馆状况；第二，体育馆在这三个时间点上发生的系列变动在此后一个阶段内具有延续性和一定的代表性。经研究整理得出体育馆本体相关变迁情况如表 7-5 所示。

变动位置		1923 年	1946 年	1989 年（验证性）	2001 年
平面布局	平面房间划分		东北角小变动	无大变动	北侧较大变动
	东北部木质楼梯	无	新增	维持原状	移除
外观样式	屋面材质	铁皮	维持原状（铁皮）	维持原状（铁皮）	移除
	屋顶天窗	无	有	维持原状	移除
	一层地面铺装	水泥地面	水泥地面	水泥地面	瓷砖地面
	二层地板铺装	未知	芦席纹	芦席纹	直条
	入口楼梯平台下壁龛	双柱 + 通透	双柱 + 通透	柱后有墙	无柱 + 整面墙体
节点构造	屋架维修		初次加固维修	维持原状（1946）	维持原状（1946）
	木质看台	无	新增	维持原状（1946）	移除
	匾额	有	替换	有	替换

表 7-5 | 体育馆1923、1946、1989和2001年细节变动明细表

体育馆历史研究的技术呈现所采用的 BIM 软件选用 Autodesk 公司开发发行的 Revit Architecture 2014 软件，体育馆 BIM 模型建构过程遵循软件已有框架与操作，不采用任何第三方或二次开发插件。结合体育馆历史信息的特点，在 BIM 软件中对体育馆历史沿革及本体信息的重构将主要集中在以下两个方面（也是此次工具层面辅助历史研究的主要目的）：首先，以时间为轴线，在选取的时间节点上呈现体育馆不同年代的历史风貌及信息，在同一个 BIM 模型中既整合外部的风格样式变化，又包括内部的功能布局演变；其次，将体育馆本体中的结构构造通过软件予以体现，包含细部构造的呈现与整体结构形式的逻辑联系等。

因此，体育馆历史研究的技术呈现从历史风貌和本体建构两个层面展开，将所有信息集成在一个模型单体文件中，从而辅助研究和展示。不同于其他软件的多个文件或一个文件中的多个体量的处理方式，BIM 模型能够整合体育馆不同年代的历史与构造信息。

二、体育馆历史研究的技术呈现内容

1. 不同年代的历史风貌及信息呈现

在 Revit 软件中，通过设置"阶段"使 1923 年 /1946 年 /2001 年三个不同时间点的体育馆平面布局、风貌等历史信息于一个模型中整合与呈现。在结果中通过选取相应的时间，软件会自动呈现对应时间点建筑内外情况，直观而清晰地保存和传递体育馆历史变迁信息：

（1）1923 年 /1946 年 /2001 年平面布局变化对比及轴测图（图 7-42—图 7-53）；

（2）1923 年 /1946 年 /2001 年外部变化鸟瞰图（图 7-54—图 7-59）。

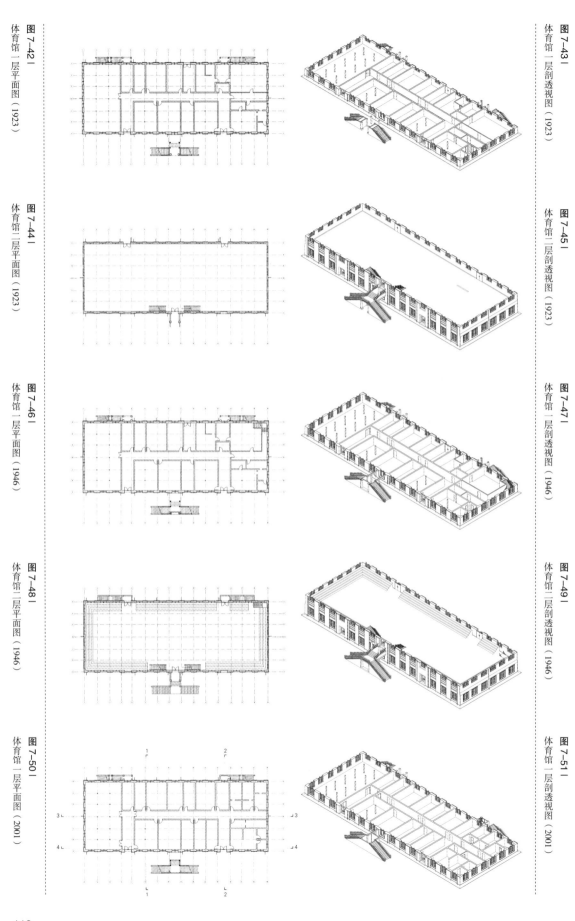

图 7-42 |
体育馆一层平面图（1923）

图 7-43 |
体育馆一层剖透视图（1923）

图 7-44 |
体育馆二层平面图（1923）

图 7-45 |
体育馆二层剖透视图（1923）

图 7-46 |
体育馆一层平面图（1946）

图 7-47 |
体育馆一层剖透视图（1946）

图 7-48 |
体育馆二层平面图（1946）

图 7-49 |
体育馆二层剖透视图（1946）

图 7-50 |
体育馆一层平面图（2001）

图 7-51 |
体育馆一层剖透视图（2001）

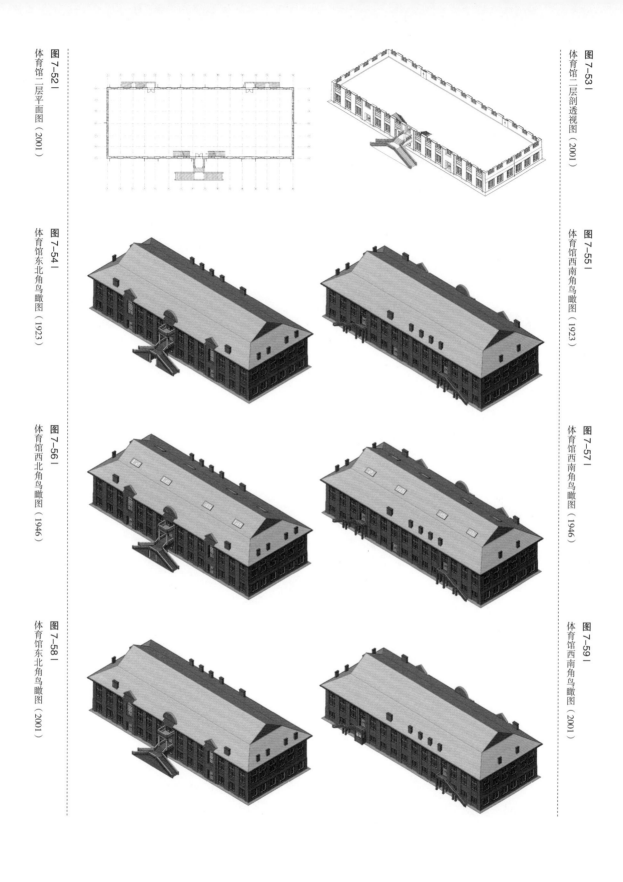

图 7-53 I
体育馆二层剖透视图（2001）

图 7-52 I
体育馆二层平面图（2001）

图 7-55 I
体育馆西南角鸟瞰图（1923）

图 7-54 I
体育馆东北角鸟瞰图（1923）

图 7-57 I
体育馆西南角鸟瞰图（1946）

图 7-56 I
体育馆西北角鸟瞰图（1946）

图 7-59 I
体育馆西南角鸟瞰图（2001）

图 7-58 I
体育馆东北角鸟瞰图（2001）

2. 体育馆重点部位构造及演变的对比呈现

BIM 建模过程不是简单机械的测绘或历史数据翻建，而是带有构造属性的模拟建造过程，因此需要对体育馆本体的建造信息和构造细节有充分的调研和认知，这不仅提高了前期数据收集和调研的深度与广度，也保证了最终成果在构造层面的呈现忠于历史与现状。

（1）二层楼板结构解析（图 7-60、图 7-61）

在既往历史研究及档案资料中，体育馆的楼板被技术化地处理成"板式"，也无相应详图说明其具体构造方式。此次在调研中明确了一层楼板的具体构造方式，其层次丰富、构造合理，具有当时西式建筑楼板的时代特征。过去往往以现场照片加文字描述的方式记录和展示此类构造关系，但相对来说欠缺清晰的结构连接关系表达。在 BIM 模型中，通过各构件的建模，可以翔实记录和反映现状构造，并结合软件相应功能生成结构关系分解图，能更清晰直接地帮助观者建立对该构造的三维关系认知。

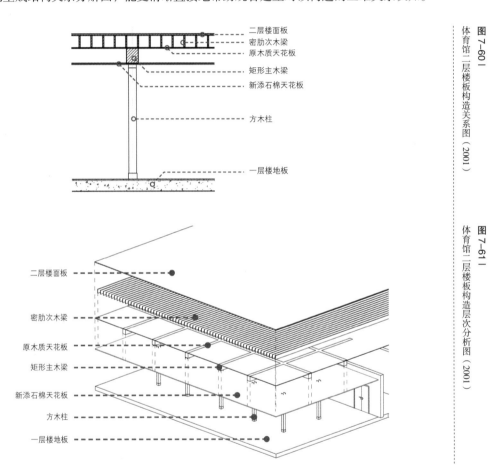

图 7-60 | 体育馆二层楼板构造关系图（2001）

图 7-61 | 体育馆二层楼板构造层次分析图（2001）

（2）屋顶结构解析（图 7-62、图 7-63）

体育馆的屋顶结构体系使用当时较为先进的西式桁架结构，通过钢杆件下吊环形廊道。在功能上最大化利用歇山屋顶上部空间，在结构上将廊道承重通过钢杆件转移至屋架桁架体系，为二层创造无柱空间，无论在空间还是结构强度上都巧妙利用余量。在 Revit 模型中记录和还原这一结构体系，并通过软件相应功能做技术分解图示，将看似复杂的结构条理清晰地展示在观者眼前，提升了对体育馆屋顶结构体系的价值评估。

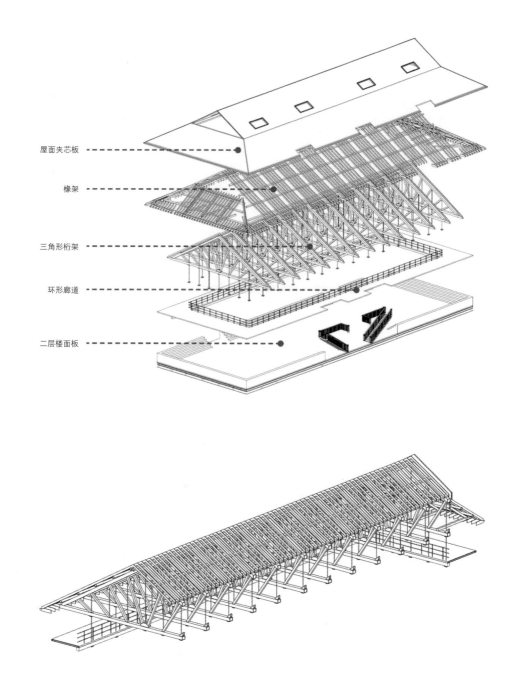

图 7-62 |

体育馆屋顶构造层次分析图（1946）

屋面夹芯板

橡架

三角形桁架

环形廊道

二层楼面板

图 7-63 |

体育馆屋架剖轴测图（1946）

（3）部分节点历史演变及信息记录示例

在体育馆 BIM 模型中将前文历史研究中已明确的体育馆内部变动予以直观的记录和呈现。除此之外，在一些细节部分，如修缮信息、材料特性等方面，Revit 也可以做相应的记录和标识，将信息内化至模型中，联系文字记录与模型信息。

①东北角木质楼梯存废对比呈现（图 7-64—图 7-69）；

②入口大楼梯平台下壁龛历史演变（图 7-70—图 7-75）；

③屋架 1946 年修缮信息（图 7-76—图 7-81）。

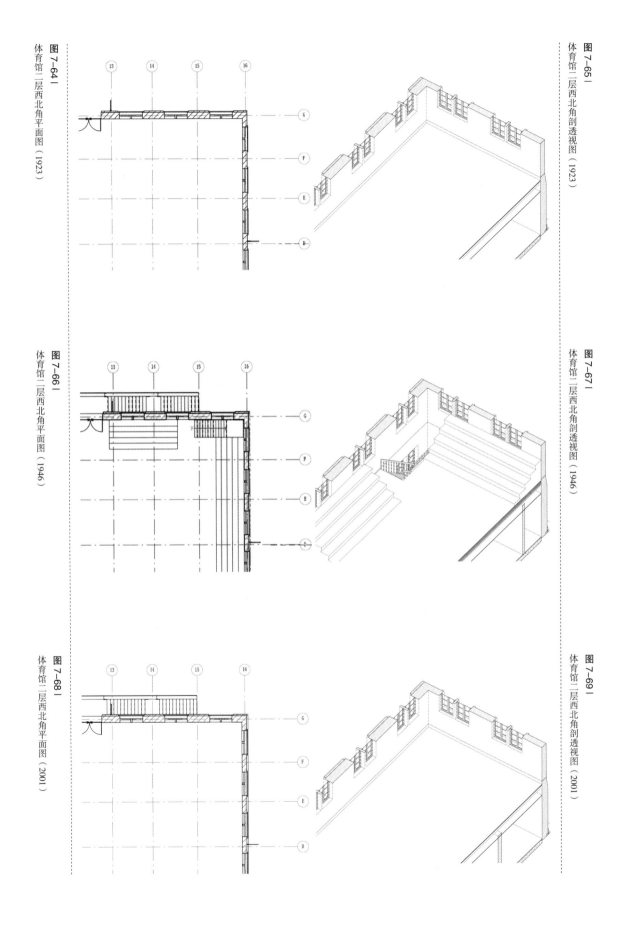

图 7-65 |
体育馆二层西北角剖透视图（1923）

图 7-67 |
体育馆二层西北角剖透视图（1946）

图 7-69 |
体育馆二层西北角剖透视图（2001）

图 7-64 |
体育馆二层西北角平面图（1923）

图 7-66 |
体育馆二层西北角平面图（1946）

图 7-68 |
体育馆二层西北角平面图（2001）

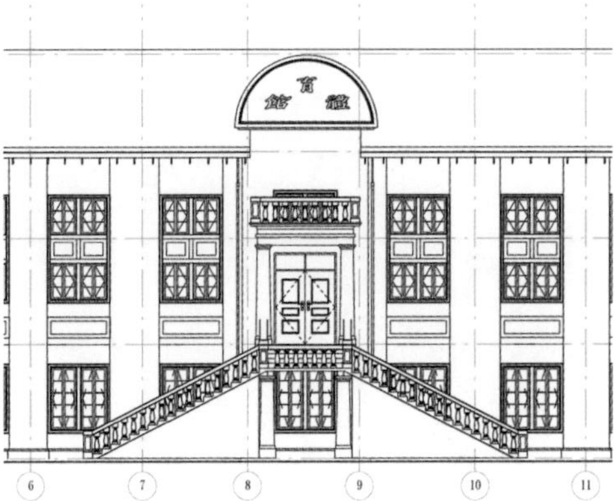

图 7-71丨
体育馆入口楼梯平台壁龛鸟瞰图（1923）

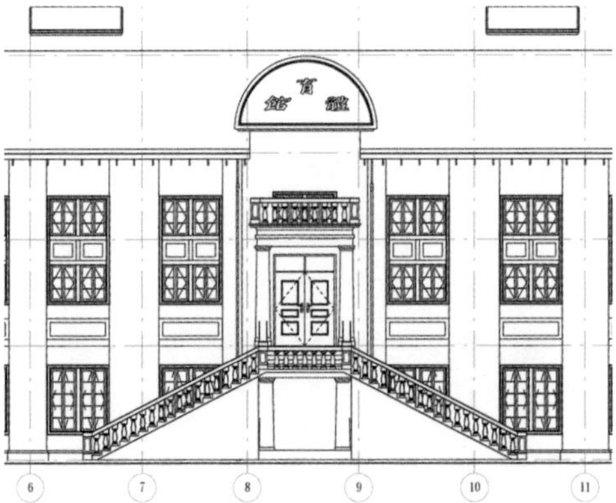

图 7-70丨
体育馆入口楼梯平台壁龛（1923）

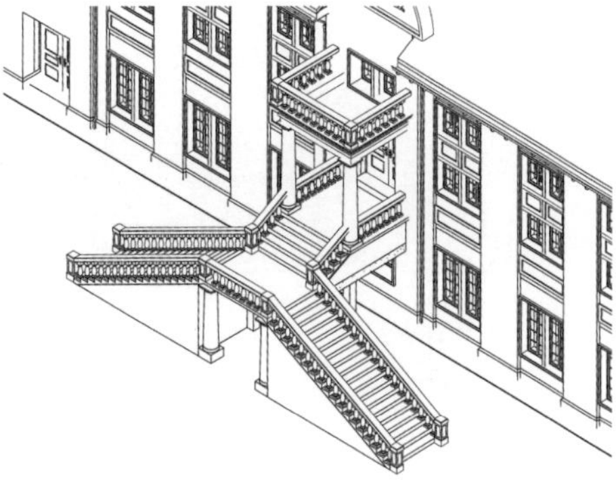

图 7-73丨
体育馆入口楼梯平台壁龛鸟瞰图（1946）

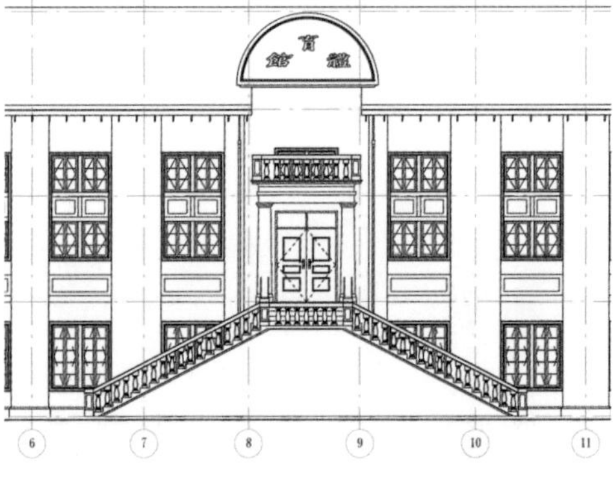

图 7-72丨
体育馆入口楼梯平台壁龛（1946）

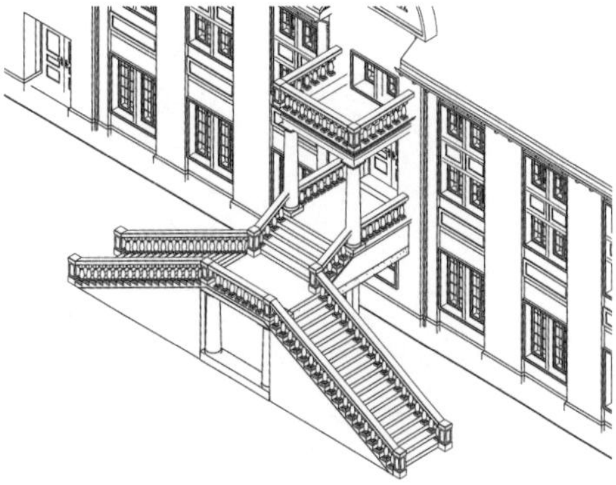

图 7-75丨
体育馆入口楼梯平台壁龛鸟瞰图（2001）

图 7-74丨
体育馆入口楼梯平台壁龛（2001）

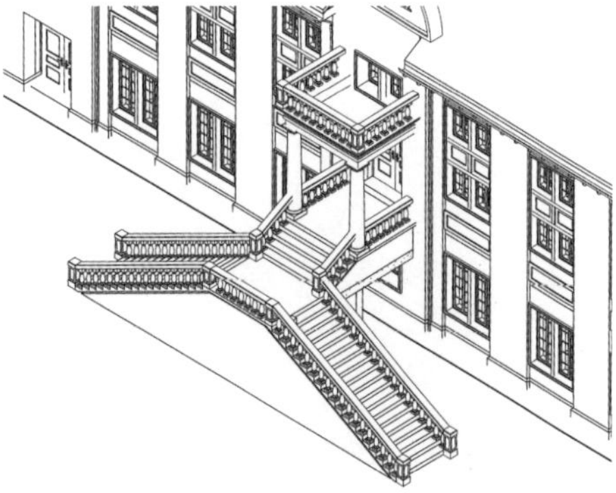

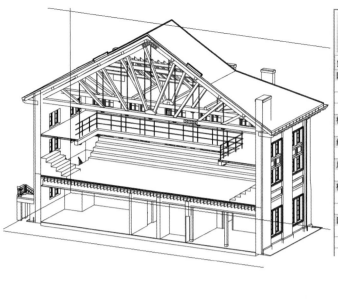

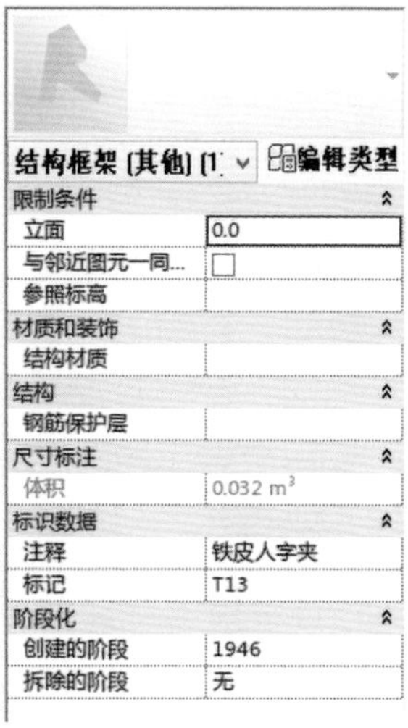

图 7-79 |
屋顶桁架修缮（铁皮人字夹）在BIM模型中的构造属性（1946）

图 7-76 |
屋顶桁架修缮（铁皮人字夹）在BIM模型中的呈现（1946）

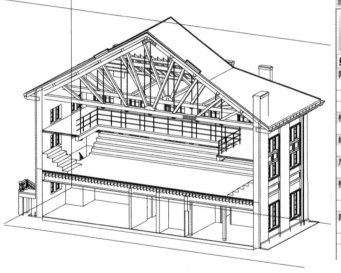

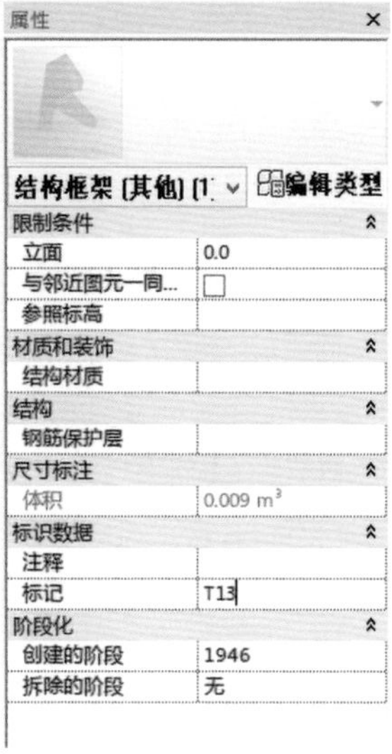

图 7-80 |
屋顶桁架（铁皮夹）在BIM模型中的构造属性（1946）

图 7-77 |
屋顶桁架（铁皮夹）在BIM模型中的呈现（1946）

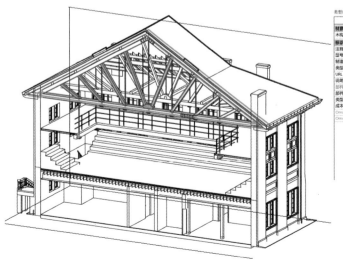

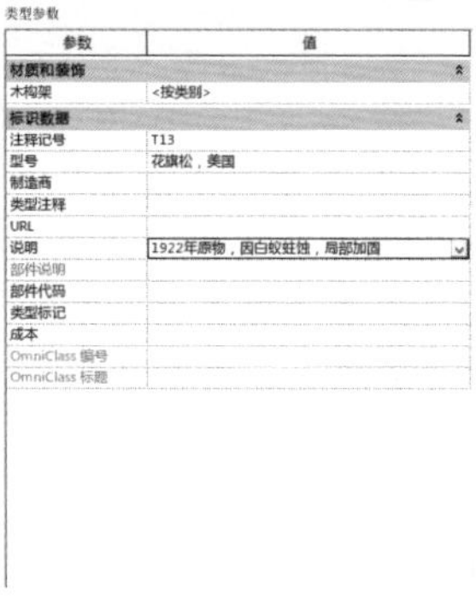

图 7-81 |
单榀屋顶桁架在BIM模型中的构造属性（1946）

图 7-78 |
单榀屋顶桁架在BIM模型中的呈现（1946）

3. 直接导出工程技术图纸（图 7-82—图 7-85）

　　BIM 软件的一大特色是整合软件与技术图纸，即通过软件能够直接导出相应技术图纸，包括平、立、剖及节点大样等，这与 BIM 建模过程中模拟建造的属性有密切关系。技术图纸是研究成果重要的展示途径，BIM 能够高度集成模型与图纸管理的这一特性，提高历史研究成果呈现的效率与深度。下文以 2001 年技术图纸为例呈现单个 BIM 模型所能便捷导出的技术图纸内容。鉴于 BIM 模型在建立之后添加图纸目录的便利性，以下图纸仅仅是其中一部分，完整 BIM 模型基本可以满足针对体育馆任何一处的直接导图需求。

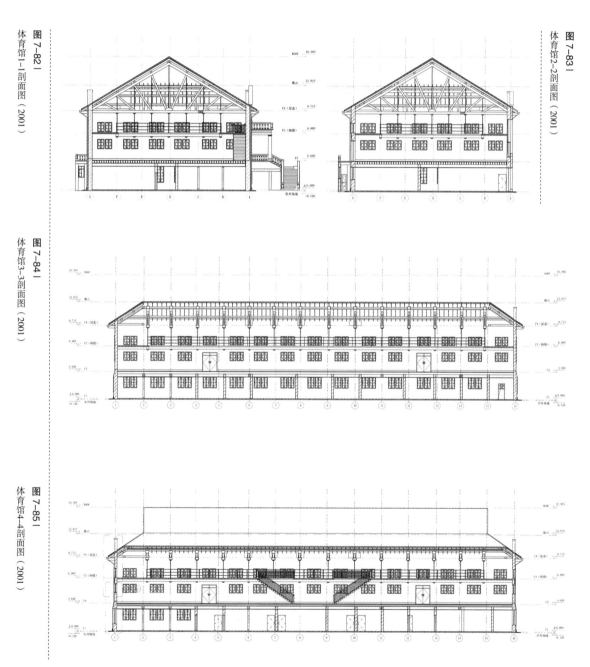

图 7-82 ｜ 体育馆 1-1 剖面图（2001）

图 7-83 ｜ 体育馆 2-2 剖面图（2001）

图 7-84 ｜ 体育馆 3-3 剖面图（2001）

图 7-85 ｜ 体育馆 4-4 剖面图（2001）

第八章　重要教育建筑遗产

工艺实习场

表 8-1

工艺实习场信息表

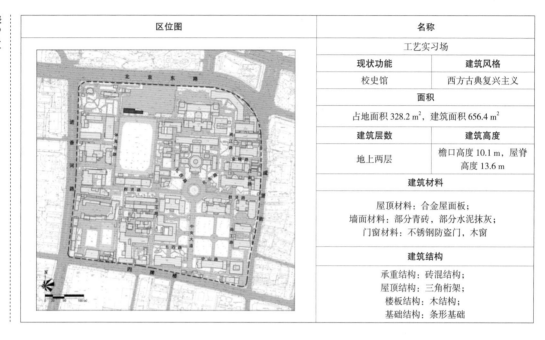

区位图	名称	
	工艺实习场	
	现状功能	建筑风格
	校史馆	西方古典复兴主义
	面积	
	占地面积 328.2 m²，建筑面积 656.4 m²	
	建筑层数	建筑高度
	地上两层	檐口高度 10.1 m，屋脊高度 13.6 m
	建筑材料	
	屋顶材料：合金屋面板； 墙面材料：部分青砖，部分水泥抹灰； 门窗材料：不锈钢防盗门，木窗	
	建筑结构	
	承重结构：砖混结构； 屋顶结构：三角桁架； 楼板结构：木结构； 基础结构：条形基础	

一、历史沿革——中国近代实业发展的见证

　　三江师范学堂时期的实习工场位于校园轴线北端，是一座简单的西式二层小楼，在校园建筑中相对低调（图 8-1、图 8-2）。但因 1912 年学校停办，校园被军队占用，校内建筑多被破坏。负责保管学堂校产的李承颐具报："本堂地址适当城南北之要冲，军队屯集，炮弹纷飞，校具之移置，校舍之破坏，一日数起"，"兵士日日往来，络绎不绝，乱兵土匪混杂其间，无由辨识，所有全堂校具顿成瓦砾，见封锁之室，即横加捣撬，

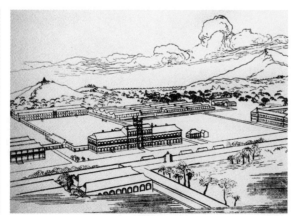

图 8-1

三江师范学堂时期实习工场

图 8-2

三江师范学堂时期校园总平面图

125

户限几穿，未及三朝，抢毁殆尽"[1]。
实习工场亦遭严重破坏，至南高时期，
学校决定予以重建。

工艺实习场于 1918 年立础，翌
年建成，是当时的南京高等师范学
校为设立"工艺专修科"而建设，
是机械工程学院的前身。当时的南
高校长江谦认为国家的富强有赖于
科学、实业的发达，有赖于教育做
基础，遂于 1916 年开设工艺专修科，
供学生实习。它是中国近代史上最
早的工艺实习场所。

重建后的工艺实习场是一座西
方古典样式的二层平顶建筑，位于
校园西北侧，正对操场，与当时的
一字房遥相呼应，工艺实习场坐北
朝南，占地面积为 328.2 m²，建筑
面积为 656.4 m²，高二层，檐口高度
10.1 m，屋脊高度 13.6 m，面阔七开
间，进深三间，砖混结构，平屋顶，
外墙用明城墙砖砌造。主入口位于
南侧中央，门额上有"工艺实习场"
字样，屋顶为平瓦屋面，外墙用壁
柱和线脚装饰，形式简洁素雅。北
侧西端有一次入口方便到达北部建
筑，二层北部中央有一入口设室外
楼梯，可直接通往北侧场地。建筑
内部房间划分为内走廊式+大空间，
屋顶为三角桁架，木结构楼板。这
是一种完全出自实用性的考量，可
以满足各种实习工作的空间需求。
与一字房、口字房的外走廊、单侧
房间的平面相比，其面积的实际利
用率更高，主要用于机械工程专业
技术培训（图 8-3、图 8-4）。

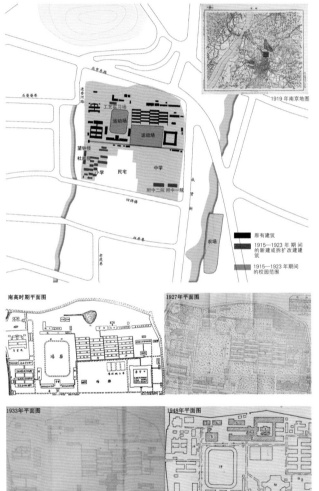

图 8-3 南高时期工艺实习场

图 8-4 南高时期校园总平面图

图 8-5 各时期校园北部平面图

三江师范学堂时期实习场仅供木工、竹工实习。随着学校工科教育的不断发展，至南高时期，已有
各类金工、木工实习课程，且其规模不断向北部扩张，形成了大型的工业实习生产基地。在办学经费紧
张时改制为生利工场，以弥补学校经费不足的问题，集教育与生产功能于一体，为学校的发展起到了重
要作用。国立中央大学时期，北部工厂规模发展至顶峰，占操场以北二分之一的校园面积，实习工场规
模的不断扩大清晰地反映出工科在近代学校教育中的地位（图 8-5）。

1 《南大百年实录》编辑组.南大百年实录：上卷 中央大学史料选［M］.南京：南京大学出版社，2002：37.

工艺实习场后于1948年向北、向东扩建，原1918年建筑部分同时进行了修缮，同年施工完成。扩建后面阔达到十二开间，新扩建部分使用红色黏土砖砌筑，使用黄沙及石灰对原外立面进行粉刷，并上色粉，以统一两部分不同规格、不同色质的墙面。1949年后工艺实习场逐渐发展成为现代化的机电综合工程训练中心，并继续为学生提供工程实践教学场所。

1965年，学校再次对工艺实习场进行修缮，对屋顶等部件进行了替换和整修。

1992年，根据学校决定，原隶属于土木工程学院的建筑材料与制品教研组并入材料科学与工程学院，原隶属于土木工程学院的本科"建筑工程材料"专业、"无机非金属材料"专业硕士点也随之并入，部分办公室迁入了该建筑，因此对其进行了一定程度的内部建筑维修，同时在建筑西侧加建室外楼梯一座。

2002年，为迎接东南大学百年校庆，校基建处对工艺实习场外墙进行了保护性粉刷。

2004年，为建设周边李文正楼等建筑，对工艺实习场的北部扩建用房实施了第一次拆除，后因建设地面停车场对剩余北部扩建部分进行了第二次拆除。此后，工艺实习场建筑仅保留1918年建设的建筑主体及1948年东翼扩建部分。

工艺实习场保存的1918年建设部分被列入全国重点文物保护单位中央大学旧址的文物本体之一，是旧址上现存建设年代最早的建筑，建筑南立面西南角嵌入墙中的石础镌刻着"南京高等师范学校工场立础纪念 民国七年十月建"的字样，和建筑一起见证了学校一百多年的发展历程。2017年工艺实习场被修缮改造为东南大学校史馆，其室内空间重新焕发活力，继续在新时代发挥其独特作用（图8-6、图8-7）。

图 8-6 |
工艺实习场现状照片

图 8-7 |
工艺实习场石础

二、建筑价值——东大机械工程系之缘起

机械工程系是东南大学最早建立的工程类型系科，它起源于1916年兴办的南京高等师范学校工艺专修科。南京高等师范学校建校初期仅设文史地和数理化两部，并无工科。当时教育界提倡发展职业教育，而发展职业教育必先造就中等实业学校的师资，于是南高在1916年设立工艺专修科，根据教学实习要求，在校内先后建立锻工厂、木工厂、金工厂和铸工厂，并"购办仪器、添聘欧美工学专家为高深工学之训练及研究，故本科在高师虽以工艺专修科名，实际则为修业三年之机械工程科"[1]。工艺专修科招生四届，共毕业54人，均为我国机械工业早期的高级人才。国立东南大学成立后，即以南高的工艺专修科为基础成立东南大学工科，聘请美国卡乃奇大学（现卡内基梅隆大学）工学博士、前唐山交通大学教务长茅以升为工科主任，起初工科只有机械工程系一个系，后经茅以升多方筹划，于1923年增设土木工程系

1 孟克，常文磊. 科学名世，鸿声东南：东南大学工科教育研究 [J]. 价值工程，2014，33（34）：273-275.

和电机工程系，东大工科初具规模。

图 8-8｜杨杏佛

东大机械工程系是我国第一批建立的机械工程本科，师资阵容强大，有系主任李世琼和涂羽卿、刘承芳、陈荣贵、刘润生、杨杏佛（图 8-8）等一大批著名教授。其中兼任实习工场主任的杨杏佛教授还是我国著名的政治活动家，1933 年与宋庆龄、蔡元培等组织中国民权保障同盟时，在上海遭特务暗杀。杨杏佛在东大机械系执教期间，曾多次在南京马克思学说研究会和南京学联组织的集会上宣讲马克思主义，对马克思主义在东大的启蒙起到了很大作用。

1924 年在长期军阀混战环境中，东大工科停办，并与河海工程专门学校合并，改组为河海工科大学，但河海工大不设机械系，致使东大机械工程本科首届学生推迟了四年毕业。所幸工科师资并未流失，实习工场也完整地保留在东南大学内，这为日后机械工程系的重新组建奠定了基础。

1927 年第四中山大学成立，工学院由河海工科大学、南京工业专门学校、苏州工业专门学校和东南大学实习工场合并改组而成，重新建设机械科，聘请原河海工科大学校长杨孝述为机械工程科主任，实习工场包括金工厂、木工厂、锻工厂、铸工厂。

抗战期间，重庆中大以优良的办学条件吸引了各方学子，学校规模迅速扩大，机械系成为全校人数最多的系。到 1948 年，机械系已经形成一支庞大的队伍，实习工场和实验室在这一时期也有了较大发展，由实习工场生产的锅炉、台钻、球磨机、切片机等颇受市场欢迎。实习工场的规模扩大了，机械系的发展日趋成熟。

三、保护利用——东南大学校史馆

工艺实习场历经百年沧桑，虽然基本保留了初建时的风采，但却无法掩饰岁月留下的印记，屋顶漏雨、结构老化、立面破损、设施陈旧等一系列问题使建筑丧失了原有风貌和活力。鉴于工艺实习场的重要价值，考虑到其原有功能已基本闲置，东南大学于 2013 年前后决定将其作为东大校史馆，以保留百年东大的风物，展示学校的人文积淀与科学成果，提升东大文化软实力。经过多年努力，于 2017 年 6 月 3 日东南大学 115 周年校庆之

图 8-9｜东南大学校史馆

际，东南大学校史馆在工艺实习场正式开馆（图 8-9）。

此次校史馆的设计分为两个阶段：第一阶段加固修缮设计工作由东大设计院团队完成；第二阶段展陈设计由以建筑学院、艺术学院、东大设计院专家组成的顾问团队与上海海释建筑装饰设计工程有限公司设计团队共同合作完成。下文结合修缮加固设计方案及工程实施情况，就此次修缮加固的主要内容进行总结回顾。

根据设计团队的现场勘测，工艺实习场在修缮之前主要存在以下多项问题：（1）屋面风貌改变问题，根据历史资料，屋面 1918 年始建时为白铁皮金属屋面，1948 年扩建东翼时换用平瓦屋面，1965年维修时采用石棉瓦修补，造成屋面多种材质混杂，风貌较差；（2）屋面局部渗漏，造成望板槽朽；（3）落水管锈蚀，檐口漏水严重；（4）外墙脏污，正立面窗户下半部分原来为悬窗，后被改为平开

窗，与原状不符；（5）电线电缆及各种管线随意拉接，存在安全隐患；（6）门外路面抬升，排水不畅；（7）局部有加建用房和临时搭建隔墙；（8）结构安全问题，根据鉴定报告，工艺实习场结构安全性评级为 Csu 级，存在抗震承载能力不足、木屋架杆件开裂、二层楼枕糟朽、个别墙体受压承载力不足、砂浆砌筑强度低等多个问题。

　　针对这些问题，修缮时采取了针对性的措施，考虑到工艺实习场 1919 年建成部分为全国重点文物保护单位文物本体，因此采取了更为严格和谨慎的保护措施，详见表 8-2。

表 8-2：工艺实习场修缮内容

编号	项目	形制	现状问题	处置措施
1	地面	室内水磨石地面	水泥坡道在暴雨时无法顺畅阻水，室内水磨石地面局部遭机器磨损	修补室内水磨石铺地，室外做好场地排水处理，加设截水沟
2	楼面	由木格栅和木地板组成，地板厚约 20 mm	地板局部糟朽严重，保护油漆基本已无	更换朽烂的木地板，做好防腐防虫措施，重新做漆保护
3	吊顶	走道上方木片板吊顶，做漆保护	一层吊顶抹灰剥落严重，二层走道吊顶条板抹灰因漏雨受潮严重，房间内近代维修时改为 PVC 扣板吊顶	一层木质吊顶去除，检修木质主梁和肋梁，糟朽严重者予以更换，做好防腐防虫措施，重新做漆；二层木质吊顶和 PVC 扣板吊顶去除，屋架露明，展示民国建筑木屋架特征
4	外墙	明代城砖砌筑	南立面水泥重新粉刷，并重新刻画墙砖分割线，使建筑外墙原貌改变；南立面外多处架设落水管、电线等，交错杂乱；北立面全部水泥平面粉刷	清洗水泥粉刷抹面，修补破损砖面及灰缝，修补工作结束后依据 1948 年历史施工记录，使用避水砂浆粉面，上色粉；更换锈蚀落水管，电线重新排布，套管走线
5	门窗	南立面 13 扇窗户，为木质上悬外开启窗扇，门扇为木质实木门，推断为赭色油漆	木质悬窗大部分改为平开窗，窗扇歪闪，油漆剥落，现门扇为蓝色实板铁门，与建筑整体风格不符	更换被替换的窗扇，按原样重新定制；修理破旧的木质天窗，补齐缺失窗扇，木料重新上漆，门扇恢复为与窗框同色的木门
6	屋架	结构原屋架采用三角形木屋架，跨度约为 10.5 m。屋架上、下弦杆及腹杆主要采用方木材料，其中下弦采用两根方木在跨中通过螺栓与金属夹板进行连接	木屋架存在较宽干缩裂缝，屋架杆件与杆件的连接处的金属连接件存在锈蚀现象	检查木桁架、望板，更换糟朽腐烂构件，做好木材防腐防虫措施
7	屋面	石棉瓦不上人屋面、洋瓦屋面	多处有破损修补痕迹，材料混杂	重铺屋面，采用银色铝镁锰直立锁边保温屋面，定期清理屋面落叶，疏通排水槽。说明：工艺实习场屋面经过几次变更，原为白铁皮屋面，修建东翼时改为洋瓦屋面，后期学校维修时改为石棉瓦屋面，但石棉瓦并不环保，且风貌较差，与附近体育馆、大礼堂金属屋面并不协调，因此本次修缮改用银色铝镁锰板保温屋面，外观色彩和风貌与相邻文物建筑相协调，且能取得较好的保温隔热效果
8	西面加建楼梯（改扩建）	水泥扶手楼梯，样式沿袭民国建筑风格，宝瓶状扶手栅栏	现状保存状况较好	定期清洗修整护栏表面，楼梯间门扇与之相同

129

1948 年扩建的东翼虽未被列入全国重点文物保护单位文物本体，但由于其建成已有近 70 年，且建筑风格、外观风貌与西侧文物本体完全一致，已成为工艺实习场外立面的组成部分，具有一定的保护价值，因此参考西侧文物本体修缮措施进行了维修，包括楼地面维修、外墙及门窗整修、吊顶维修、屋架和屋面维修等，并拆除了后侧加建的工棚，改善了建筑外部风貌。

在实施建筑修缮的同时，对工艺实习场也进行了系统的结构加固，不仅解决了建筑存在的结构安全性和抗震性能不足的问题，也充分考虑了建筑改造后的使用功能要求。

首先，对承重墙体采用了钢筋网砂浆面层法进行加固，对外墙仅做内侧加固，内墙则采用双面加固，单面加固厚度约 40 mm，同时，考虑到结构横墙间距过大、北侧墙体由于建筑拆除被削弱等问题，对部分墙体设置配筋加强带和型钢，以代替构造柱及圈梁。

其次，考虑到原木楼盖存在糟朽问题且不满足展馆承载力要求，为尽量减少对原楼盖的干预，保存历史状态，此次加固引入了新的楼面承重体系，在扶壁柱上包钢加固并架设新增钢梁，用以承托新的楼板，新增钢梁和楼板位于原木楼板上方，完全脱开，且新楼板中央部位采用钢化玻璃，能够在确保文物和人员安全的同时，使参观者能够直观感知建筑历史信息。同样，为了原状保护室内木楼梯，同时满足垂直交通和人员疏散要求，在东翼北侧增加了楼梯间，采用钢结构和玻璃幕墙、玻璃顶棚的形式，避免对原建筑外墙及结构产生干扰，通透的墙面、顶棚也增添了室内公共空间的趣味性。

此外，此次加固还对木屋架开裂部位进行了嵌缝和包箍，并对糟朽严重的杆件进行了更换，同时考虑到抗震横墙间距过大，结合功能要求在局部增设了横墙。

综上，此次修缮加固坚持了最小干预、可识别、可逆性的原则，真实和完整地保护了建筑的历史信息，做到了新旧有别，不仅使建筑延年益寿，而且合理满足了新的功能需求，实现了较好的保护效果。

工艺实习场经修缮加固和室内改造后，用于校史陈列，建筑既是展馆，也是最大的展品，与展陈内容相得益彰。校史馆系统展示了东南大学从三江师范学堂至今的发展历程，一楼西侧为三江师范学堂到国立中央大学时期展馆，二楼东侧为南京工学院时期展馆，二楼西侧为现东南大学时期展馆。其中有不少珍贵展品，包括国立中央大学关防（复制件）（图 8-10）、国立中央大学首任校长张乃燕实物（毛笔、望远镜、书籍）、"国立东南大学之父"郭秉文伍斯特学院褒奖状（复制件）等，此外还有国立东南大学和国立中央大学的两块地界石，皆出土于东南大学四牌楼校区，见证了东大辉煌灿烂的百年办学历程（图 8-11）。作为中国近代实业发展的见证和我国最早的工程实践教育基地，修缮改造后的工艺实习场被赋予了新的活力，一改过去破败沉寂的面貌，成为师生、校友和来访者参观校园的重要"打卡地"，为校内其他建筑遗产的保护利用树立了典范。

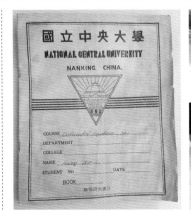

图 8-10 | 国立中央大学关防（复制件）

图 8-11 | 国立东南大学地界石

梅庵

表 8-3 |

梅庵信息表

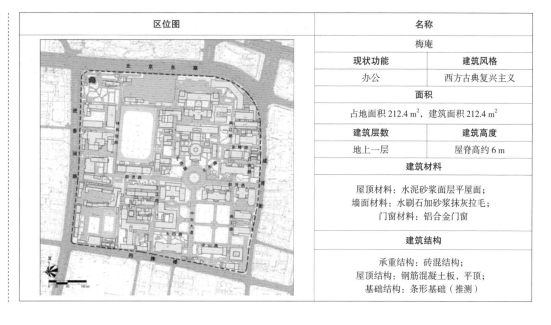

区位图	名称
	梅庵
	现状功能 / **建筑风格**
	办公 / 西方古典复兴主义
	面积
	占地面积 212.4 m², 建筑面积 212.4 m²
	建筑层数 / **建筑高度**
	地上一层 / 屋脊高约 6 m
	建筑材料
	屋顶材料：水泥砂浆面层平屋面； 墙面材料：水刷石加砂浆抹灰拉毛； 门窗材料：铝合金门窗
	建筑结构
	承重结构：砖混结构； 屋顶结构：钢筋混凝土板，平顶； 基础结构：条形基础（推测）

一、历史沿革——中国近现代艺术教育的传承

东大艺术教育史上，正是以纪念李瑞清的梅庵为文化标记，形成了悠久的艺术教育传统。

李瑞清字仲麟，号梅庵，又号梅痴，辛亥革命后自号清道人，是中国近现代教育的重要奠基人和改革者、中国现代美术教育的先驱。他于 1906 年任两江师范学堂监督（即校长），立志以教育救国，开发民智，并大力推进改革。他提倡科学、国学、艺术，不仅延聘中外著名教师来校任课，还重视校舍建设，增加设备、广设科目，并十分重视劳动教育和生产教育。在李瑞清的悉心主持下，两江师范蒸蒸日上，规模也日渐宏大。他还亲自主授国画课，设手工图画科，为我国培养了第一代美术师资，开我国现代艺术教育之先河。

图 8-12 |

梅庵（茅屋）

图 8-13 |

梅庵（拆建后）

1916 年，南高校长江谦为了纪念李瑞清主持学校的功绩，将校园西北角的三间茅屋命名为"梅庵"，梅庵以带皮松木为梁架，周围植有梅树，前有草亭，门前挂有李瑞清手书的校训木匾，上书"嚼得菜根，做得大事"（图 8-12）。

1932 年梅庵茅屋被拆除，又在原址上建造了一座砖混平房（图 8-13），由朱葆初设计，建筑中西结合，既有西式风格，又有中式风采，在中央大学的建设发展史上有着重要的纪念意义。建筑面积为212.4 m²，檐口高度约为6 m，砖混结构，墙面下部为水刷石面层，上部为砂浆抹灰拉毛，另有地下架空层，房屋为南北向，平面布局采用内廊式。当时设有办公室1间、

图 8-14 | 梅庵现状照片

图书馆1间、大教室1间、小教室兼琴房4间，供音乐系使用。在六朝松和梅庵下，先后云集了许多艺术大师执教于此，如音乐教育家李叔同，戏曲研究和教育家吴梅，美学大师宗白华，绘画大师张大千、徐悲鸿、吕凤子、陈之佛、傅抱石、吴作人、黄君璧等，为国家培养了大批优秀人才。同时在艺术派别上，传承了李瑞清创始的民国李派书法，诞生了以王燕卿为代表的梅庵琴派、以徐悲鸿为代表的美术教育学派、傅抱石开创的新金陵山水画派、陈之佛开创的新院体画派以及李剑晨、杨廷宝、童寯等开创的建筑水彩教育体系。1947年6月9日，著名文史学家柳诒徵将题写的"梅庵"二字匾额挂于梅庵正面入口上方，宽约2 m，高约0.65 m，字体遒劲有力、洒脱俊逸。梅庵后于1980年代大修；1992年，梅庵被列为南京市文物建筑；2002年又经翻修；2006年，梅庵作为国立中央大学旧址的一部分，成为全国重点文物保护单位文物本体之一；2010年再经修缮、2021年，梅庵被修缮改造为中国社会主义青年团第二次全国代表大会展馆（图8-14）。

李瑞清开设手工图画科之后，1916年江谦恢复手工图画科。1918年改称工艺专修科，1931年国立中央大学时期，由工艺专修科改为艺术科，1938年改为艺术专修科，1941年改为艺术学系。1952年院系调整后，原国立中央大学艺术教育资源被划分到诸多高校，南京工学院经过一段时期后逐渐恢复艺术教育，梅庵也因新时期的艺术教育得以延续文脉。1994年，东南大学成立艺术学系；1998年，东南大学建立了我国首个艺术学博士点，全面恢复艺术学科；2006年，东南大学在原艺术学系、艺术传播系的基础上组建艺术学院；2007年，东南大学的艺术学被教育部增列为国家重点学科，这是当时全国唯一的属于艺术学理论的国家重点学科。梅庵作为东南大学乃至中国近现代艺术教育的传承之所，见证了发端于李瑞清的长达110多年的艺术教育历史。

二、建筑价值——红色教育基地

国立东南大学至中央大学时期，学校深处国民党统治心脏地区的梅庵，既是进步知识分子的聚集之处，又有高等学府的"掩护"，迅速成为爱国青年心中的红色灯塔。1921年7月，少年中国学会的第二届年会在梅庵召开，包括杨贤江、刘仁静、恽代英、蒋锡昌在内的早期共产主义者悉数参会。1922年5月5日，吴肃、侯曜等24名团员在梅庵开会，宣布南京社会主义青年团成立，这也是全国最早的15个地方团组织之一。南京社会主义青年团成立后，立即组织领导青年学生开展反帝反封建斗争，从1922年秋发起成立民权运动大同盟到万名学生示威大游行，从1923年要求取消"二十一条"的国民外交大会到高呼"卧薪尝胆""毋忘此日"的"国耻游行"，爱国青年们一次次走上街头，为民族独立奔走疾呼，为救国图强奋力抗争。

1923年8月20日至25日，梅庵再次迎来重要的历史时刻。中国社会主义青年团第二次全国代表大会（简称"团二大"）在这里召开，毛泽东以中共中央代表的身份全程参加会议，并在第一次会议上致祝辞，在第四次会议上做报告，在闭会式上发表演说（图8-15），这也是毛泽东唯一一次全程参与团的

图 8-15 |

中共中央代表毛润之发言的会议记录手稿

全国代表大会。瞿秋白、邓中夏、林育南、恽代英等30余人代表全国16个省30多个地方团组织的2000多名团员出席了大会。根据中共三大会议精神，大会通过了关于青年工人运动等工作的决议，通过了《本团与中国共产党之关系的决议案》《中国社会主义青年团第一次修正章程》等重要文件。大会统一了全团思想，明确了党团关系，规定青年团在政治上要完全服从共产党的主张，进一步明晰了团坚定不移跟党走的初心。这次大会是共青团历史上唯一一次在高校召开的全国代表大会，也是决定共青团发展方向的一次极其重要的会议，其实践及成果，是党领导下的中国青年运动发展的重要组成部分，对当代青年坚定理想、明确方向、健康成长具有重要启示，在毛泽东同志的亲临指导下影响深远。大会闭幕后不到2个月，南京城区第一个党小组也在梅庵成立，时任南京社会主义青年团地委书记的谢定远被任命为小组长。

2019年4月19日，习近平总书记在中央政治局第十四次集体学习时发表的重要讲话中指出，"要加强对五四运动以来中国青年运动的研究，深刻把握当代中国青年运动的发展规律"。团二大在中国共产党领导的青年运动史及中国共青团团史上具有重要地位，而梅庵作为团二大的会址，是中国青年运动的重要历史遗迹，是极其宝贵的红色文化遗产。为加强对团二大历史研究和历史宣传，中共东南大学委员会、共青团江苏省委计划筹建团二大会址暨"永远跟党走"青年运动史纪念馆项目。2021年，学校结合艺术学院的搬迁，相继实施了梅庵日常保养和室内展陈改造提升项目、梅庵周边景观环境提升项目，不仅使文物本体和周围环境得到全面改善，而且充分彰显了梅庵的红色文化价值，使其成为中国青年运动史展示基地和一处独特的青年党员、团员教育培训实践基地（图8-16、图8-17）。

图 8-16 |

梅庵现状外观

图 8-17 |

梅庵室内展陈

老图书馆（孟芳图书馆）

表 8-41　老图书馆信息表

区位图	名称	
	老图书馆	
	现状功能	建筑风格
	行政办公	西方古典复兴主义
	面积	
	占地面积 1 934.3 m²，建筑面积 3 812.9 m²	
	建筑层数	建筑高度
	地上两层	檐口高度 12 m，屋脊高度 15.1 m
	建筑材料	
	屋顶材料：金属屋面； 墙面材料：水刷石； 门窗材料：木门、铝合金窗户	
	建筑结构	
	承重结构：钢筋混凝土； 屋顶结构：坡顶，木桁架； 楼板结构：钢筋混凝土； 基础结构：条形基础（推测）	

一、历史沿革——20 世纪高等学校图书馆发展的缩影

中央大学图书馆可以追溯到两江优级师范学堂时期，两江总督刘坤一在奏折中提出应于省学堂设藏书楼，荟萃中外书籍以供师生浏览，当时学校的图书室设置在口字房；南京高等师范学校时期，学校合图书、仪器为一部，部长由校教务主任郭秉文兼任，图书仪器部用房仍设置在口字房；定名国立东南大学后，学校行政建置设有教务、事务等 11 个部，图书部是其中之一，在校长郭秉文的支持下，首开东大图书馆的第一个大发展时期，原设在口字房的图书部规模已经无法满足逐年增多的学校师生的需求，因此建造图书馆馆舍成为当务之急。

图书馆的建设是郭秉文强大的社会活动能力的体现，也是他受哥大影响颇深的现实证明。在威尔逊的规划中，大礼堂才是校园中心、具有深刻象征意义的所在，但是图书馆却是新规划中第一个被建成的，这种富有深意的矛盾背后，起关键作用的人正是郭秉文。

东南大学 1921 年所发布的《东南大学图书馆募捐缘起》[1]中提道："所谓最大之功德者何，莫如树人。树人之所厥，惟学校。然有学校而无图书馆，则教育之发达不能完全，诚以图书馆，关系教育之事业，至为密切，因其可以增广研究之资料，辅进高深之学理，既节省士子之购书费，而合群籍兹以研究，则力省而益广……论美为后起之国，然图书馆之繁多，可称为先进。然其所以设备完全，组织良好者，由人民好义乐捐助而然。……又哈佛大学之图书馆[2]，为卫德尼氏独出资所建，馆成即以其人名之，以志不朽。……今国立东南大学筹备成立，现已招生，社会之观瞻，国家之属望，均以为东南各省学术中心点。使无图书馆之辅，则亦美犹有憾耳。"东大开办之初，郭秉文及校董会成员即深感作为一所大学，"本

1　东南大学图书馆募捐缘起［Z］// 南京大学校庆办公室校史资料编辑组，南京大学学报编辑部 . 南京大学校史资料选辑 . 南京，1982：144.
2　哈佛大学威德纳图书馆（Widener Library），建于 1920 年代，以哈佛毕业生、收藏家威德纳命名。

校之急务，莫切于图书馆"[1]，在校园规划中，其他重要建筑如大礼堂、生物馆的功能都可以由现有建筑暂且替代，唯"其皮藏之室，陈列之所，阅览之地，又非恢宏其基、精严其制、期适万众而垂百禩不可，因陋就简则非体"，表明图书馆之不可替代。至于学校资金不足的问题，留美学者皆知欧美大学一向有接收社会捐助教育或建设资金的传统。东大建立时，国库枯竭，本就为数不多的筹备资金在中央财政部的限制下削减至仅81 000元，除用于学校筹建工作和教学经费外，无力担负校园建设。郭秉文及众校董只得设法另寻资金，拟定依靠募集钱款来解决资金问题，为此出具了一份具体募款简章：

一、本馆建筑设备等费，经专家计算约需10万余元。

二、国内博施人士，有愿捐资独建者，同人拟仿美国哈佛大学卫谛氏图书馆办法，馆成用捐资人别号为名，并为其人铸像以不朽。

三、本馆如用集资建筑办法，同人拟铸铜牌，上镌捐款人姓字，装置正厅壁间，以志盛德。

本馆建筑计划，出入账目及其经过情形，同人当随时具报请教。[2]

并由张謇领衔向社会发出募集呼吁："凡独资捐助者，馆舍落成后即以其姓名命名图书馆……"听闻时任江苏总督的齐燮元之父有遗愿将为南开大学捐建一座校园建筑，郭秉文亲函齐燮元，竭力说服其将此款用作捐建东大图书馆，以铸像命名的方式成功说服齐燮元捐助东大，这展现了郭秉文过人的社交与演说能力。

最终建成的图书馆情况据《东南大学图书馆建造计划书》[3]：

地点：本大学大门内西首。

建筑：全馆面积占地七千三百六十五方尺。

藏书楼一，占地一百六十方尺，计四层，可置书架六十四个，书十万本。

第一层设阅书室二，以为阅览书籍之所，呈容人二百四十；布告处一，专为揭示有关图书之广告及规划等。第二层设陈列室一，为陈列有关图书之古物如名人手迹等，以供参考；图书收发处一，以为阅书人借还图书之所；阅报室、杂志室各一，足容人百；另主任室、事务室、编制目录室、购办图书室、地图室、研究室一。各楼四周设图书目录柜，以备借书人检阅欲借图书之用。最下层为安置冬日发热机及大小便所。

设备：本馆捐款人铜像，一为齐太翁孟芳先生，一为齐抚万先生，置于馆中，以表纪念。

升降机二，为传送图书之用。

电灯装最新式反光者，以保护阅览图书者之目力。

书架用美国铜铁制者，此架可上下移动，既便利且耐久，桌椅每桌容人六人，并可安置电灯。冬日温暖法用发热机蒸发热水汽，由汽管散布热汽于各处。

门面概用花岗石，地板用软木，俾行动无声，不致妨碍他人攻业，且坚固耐久。

1922年1月4日，东南大学为图书馆立础，1923年由美国建筑师朱塞姆·帕斯卡尔（Jousseume Pascal）主持设计完成，建成后以齐燮元之父齐孟芳的名字命名为"孟芳图书馆"（图8-18）。1920年

1 东南大学图书馆募捐启［Z］//南京大学校庆办公室校史资料编辑组，南京大学学报编辑部.南京大学校史资料选辑.南京，1982：146.
2 东南大学图书馆募捐简章［Z］//南京大学校庆办公室校史资料编辑组，南京大学学报编辑部.南京大学校史资料选辑.南京，1982：146.
3 东南大学图书馆建造计划书［A］.南京：东南大学档案馆.

代，我国图书馆人才十分缺乏，东大于1923年夏开办暑期"图书馆学"讲习科以培养专业人才。

国立中央大学时期，孟芳图书馆改名为中央大学图书馆，学校规模的扩大也促进了图书馆规模的扩展，1933年完成了图书馆扩建工程，在原馆舍东、西两侧加建了阅览用房，背后增建了书库（图8-19）。抗战期间，中大图书馆和中大附属实验学校大门被日军飞机弹片击中，馆藏也在西迁途中屡屡遭劫，复员后，经统计，中大图书馆所藏书刊损失20余万册。1949年以后进行了院系调整，随着高等工程教育的蓬勃发展，南京工学院图书馆也得到了迅速发展，初步成为具有工科特色的文献收藏与提供的基地。

图 8—18｜扩建两翼前的图书馆

图 8—19｜扩建两翼后的图书馆

1957—1976年的政治运动和"文革"使图书馆深受摧残，许多珍贵的书刊资料被焚毁，图书经费也遭到大幅削减。动乱结束后，图书馆又重新走上了为教学、科研服务，为培养人才服务的正确轨道。1988年，学校更名为东南大学，原3 800 m² 的图书馆早已不敷使用。1983年，在老图书馆南部开始修建新图书馆，东南大学图书馆进入新的发展时期。

二、建筑价值——校园核心轴线的重要组成部分

生物馆和孟芳图书馆两楼在校园中轴线的两侧，东西呼应，是校园核心轴线的重要组成部分。图书馆设计者为美籍建筑师帕斯卡尔，但在东大历史档案中并未发现相关文字。图书馆位于校园主入口内西北侧100 m处的显要位置上，建筑坐北朝南，占地710 m²，檐口高度12 m，屋脊高度为15.1 m，地上两层，局部设地下一层，总平面呈倒"T"字形。阅览室在前，书库在后，借书处在中央。图书馆采用了西方古典复兴主义的建筑风格，主入口采用爱奥尼柱式山花门廊，门额上金书的"图书馆"三字为南通清末状元、近代著名实业家张謇亲笔题写。图书馆的造型对称严谨，整体构图典雅端庄，线脚考究，尤其是入口处的爱奥尼柱廊及屋檐、女儿墙、窗下墙处的装饰细节异常精美。

如前文所说，东大的校园规划与建筑风格多受美国哥伦比亚大学校园的影响，第一座建成的图书馆很好地体现了这一点，其使用的爱奥尼柱式的门廊同哥伦比亚大学洛氏纪念图书馆的爱奥尼门廊极为相似，主入口上部的三角形山花也在哥大校园中普遍使用。

1933年，学校对图书馆进行扩建，此次工程由杨廷宝所在的基泰工程司负责。该工程是杨廷宝先生的又一古典主义建筑项目，虽然是修缮扩建工程，也显示出了他在古典主义设计手法和经验上的娴熟。图书馆扩建方案向东西两翼及北侧扩建，两侧加阅览教室，中部设置中庭以利采光，北部全部作为闭架书库，使原来的"品"字形平面变成"凸"字形平面，扩建之后图书馆内部形成了两个小院，有利于通风采光，建筑面积达到3 812.9 m²，较之初建时，增加了至少4倍的藏书面积。平面上维持中轴对称，与古典主义的规划形成呼应。在建筑风格上，保持与已有建筑的统一，立面由原有横向三段式立面向两

端扩为五段式，扩建部分在立面尺度、开窗比例及线脚装饰等方面均与原图书馆保持一致。原图书馆东西两侧原各有4根爱奥尼柱式装饰，在此次扩建中，两侧柱子被包入墙内，新的东西立面并未再添设爱奥尼柱式，因此东西立面较原有建筑变得相对简洁。结构上新扩建部分与原有结构完全脱离，采用钢筋混凝土搭建。值得一提的是，此次图书馆内的铁质书架全部采用进口钢管、扁钢等（图8-20），大大增加了建设成本，但是由于之后就举校西迁，校园被日军占据，钢架全部丢失。

2008年，学校对老图书馆进行全面维修，并对室内空间进行加固改造，由东南大学建筑设计研究院承担了此次设计工作。加固改造后作为学校行政办公楼使用至今（图8-21）。

图 8-20 |
中央大学钢材运送单

图 8-21 |
老图书馆现状

中大院（生物馆）

表 8-5 | 中大院信息表

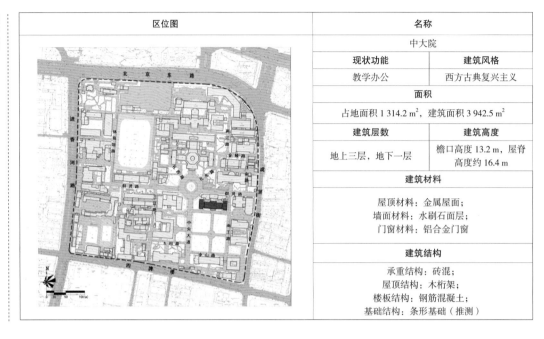

区位图	名称
	中大院
	现状功能 / **建筑风格**
	教学办公 / 西方古典复兴主义
	面积
	占地面积 1 314.2 m²，建筑面积 3 942.5 m²
	建筑层数 / **建筑高度**
	地上三层，地下一层 / 檐口高度 13.2 m，屋脊高度约 16.4 m
	建筑材料
	屋顶材料：金属屋面；墙面材料：水刷石面层；门窗材料：铝合金门窗
	建筑结构
	承重结构：砖混；屋顶结构：木桁架；楼板结构：钢筋混凝土；基础结构：条形基础（推测）

一、历史沿革——从生物馆到建筑系馆

早在国立东南大学筹划科学馆时，即拟同时建设生物馆，其建设经费也有赖于郭秉文与经济校董、美国洛克菲勒基金会的良好关系，共筹资 10 余万元．美国洛氏基金会 1928 年 7 月 13 日致中大的信件所言："That the balance of appropriated CM2587 to Southeast University be, and it is hereby, made available for payment to the University of Kiangsu for the erection of a second building to house the Department of Biology, with the understanding that an equal sum shall be provided by the University of Kiangsu for the same purpose."洛氏基金会明确规定了款项的用途，并且将款项分四年支付：

1927	Mex. 6 000 USD$
1928	Mex. 4 800 USD$
1929	Mex. 2 400 USD$
1930	Mex. 1 200 USD$

The following are the balance available:

CM2587 Balance for biology　　　Mex. 25 000 USD$

CM2788 Scientific equipment　　　Mex. 25 000 USD$

CM2762 Aid to department of biology， Chemistry， and physics Mex. 18 000 USD$[1]

与科学馆比较，生物馆造价相对较低，总金额在 15 万元左右。

当时的郭秉文雄心大志，一心想把东大建成东方的"剑桥"，拟依次建设文哲院、工艺院、农艺院，后因郭秉文被免职，最后除了生物馆按照原计划进行外，其他都化为泡影。

---

1 美国洛氏基金会致国立东南大学校长函［Z］．南京：东南大学档案馆．

相较于科学馆，同样由中国建筑师设计的生物馆情况有所不同。生物馆的设计者是留美建筑师李宗侃（图8-22），他毕业于法国巴黎建筑专门学校，在近代建筑师中建筑实践不算多。东大与李宗侃的渊源应与上海建筑师学会有关，在科学馆建设中与东大合作良好的吕彦直、东大建筑系教授卢树森与李宗侃均为学会成员，且此时吕彦直正忙于南京中山陵的设计工作，那么其举荐同样有留学背景、活跃于上海建筑界的李宗侃也在情理之中。

生物馆于1929年建成，与图书馆隔中央大道相对而立（图8-23）。在威尔逊的规划中，生物馆与大礼堂、图书馆形成校园重要的古典界面。建筑高三层，砖混结构，占地面积为 1 314.2 m²，建筑面积为 3 942.5 m²，檐口高度为 13.2 m，屋脊高度约为 16.4 m，正立面入口处使用爱奥尼柱式，强调古典主义氛围，简洁的立面、平缓的屋顶与装饰丰富、内凹的门廊形成鲜明对比。平面为内走廊式，北侧加入一大讲堂，但与科学馆处理略有不同，内部不做阶梯式升起，而是采用与其他房间同样的空间及交通组织方式。

同为中国建筑师的设计成果，李宗侃设计的生物馆似乎不被校方认可，在学校相关档案中有"因原来建筑太坏，地下积水恒二三尺，二十二年彻底重修"的记录。生物馆1929年方落成，1933年即需要重修，可以看出李宗侃的设计并不成功。大礼堂替换建筑师事件中，校方也曾对李宗侃之前在东大的设计（即生物馆）做出"过去建筑似觉有不甚妥当之处"的评价。

生物馆改造工程的建筑师是刘福泰（1893—1952）。刘福泰于1913年只身前往美国芝加哥依速诺工业学校半工半读，毕业后入俄勒冈大学建筑系深造，1925年获硕士学位后回到中国，归国后即参加中山陵设计竞赛，并取得了名誉第一奖，这对于刚学成回国的建筑师来说，已经是极了不起的成绩。1933年参与生物馆改造时，刘福泰正担任中央大学建筑系教授。

重修后的生物馆为古典复兴风格，将原有建筑增高至三层，立面窗户仍采用李宗侃设计的比例语言，门前平台拓宽，正立面入口的爱奥尼柱子增高至三层，柱廊上增加三角形山花，入口内凹门廊凸出与柱齐，入口台阶改为与柱廊齐平的大台阶，立面上增加了与图书馆相似的线脚装饰，在风格上与大礼堂、图书馆更加协调（图8-24）。

1952年院系调整成立南京工学院时，生物馆成为院办公楼。1957年由杨廷宝设计扩建两翼绘图教室，以学校历史上曾为中央大学，遂又更名为中大院（图8-25），自1958年改作建筑系系馆并使用至今。1988年扩建后楼 1 226 m²，1996年后楼再次扩建 604 m²。2001年学校对该楼进行加固，加固改造内容主要包括加固梁、柱、墙体，翻修屋面，增容室内供电线路，增设室内消防栓，增设弱电系统，更换门窗，室内重新粉刷，室外工程和环境恢复等等，共计投资348万元（图8-26、图8-27）。至此，中大院总建筑面积达 6 827 m²。

图 8-22 |
李宗侃与妻子周叔蘋

图 8-23 |
初建时期的生物馆

图 8-24 │
1933 年重修后的生物馆

图 8-25 │
南工时期扩建两翼后的中大院

图 8-26 │
中大院现状照片一

图 8-27 │
中大院现状照片二

二、建筑价值——中国建筑学与现代生物学的摇篮

1. 中国现代生物系的诞生地

生物馆初建时为生物系所使用，生物系在这里开创了我国的生物学科。20 世纪初，中国早期的高等学校没有专门培养生物学人才的生物科（系），仅在博物科（部）或农、林科里开设若干生物学课程，如植物学、动物学等，这些课程多数是由外国人讲授的。有的大学把博物科改为生物科，但科主任和教授仍然由外国人担任。由中国学者自己创办的第一个生物学系就是近代中国动物学先驱秉志（图 8-28）在 1921 年建立的南京高等师范学校生物学系，中国

图 8-28 │
秉志

图 8–29 | 刘敦桢

植物学先驱胡先骕，中国遗传学先驱陈桢，中国生物化学先驱郑集、王应睐等均曾在此任职。生物馆作为之后生物系的系址，无疑是中国现代生物学科的摇篮。

2. 中国建筑学人才的大本营

学校建筑系的历史可以追溯到创设于 1923 年的苏州工业专门学校建筑科，1927 年第四中山大学接收苏州工业专门学校，创办建筑系，这是我国大学中最早设立的建筑系。建筑系初创时，聘请刘福泰为主任教授，刘敦桢、卢树森等为专任教授，主要仿美国伊利诺伊大学建筑系。当时建筑系的教室安置在工学院新教室二楼（今前工院前身）。

抗战时期，建筑系西迁至重庆沙坪坝，一些著名建筑事务所的建筑师，如基泰工程司的杨廷宝、华盖事务所的童寯和兴伯建筑事务所的李惠伯等诸位先生，也在此期间相继来系任职。中央大学建筑系师资队伍一时称盛，有"兴旺繁荣的沙坪坝时代"之称。

图 8–30 | 杨廷宝

抗战胜利后，中央大学迁回南京，建筑系系址仍在工学部新教室二楼，这一时期先后拥有以刘敦桢（系主任，图 8-29）、杨廷宝（图 8-30）、童寯（图 8-31）、张镛森、刘光华、李剑晨、徐中、谭垣、黄家骅等教授为主体的师资队伍，教学体制渐趋于完善。杨廷宝、刘敦桢、童寯、李剑晨四位教授是我国建筑、美术界的前辈，培养出了许多中青年骨干教师，形成之后建筑学师资队伍的一代中坚力量。

图 8–31 | 童寯

1958 年建筑系搬至中大院，直至现在，中大院一直是学校培养建筑学人才的大本营。如今东南大学在建筑学科上有着雄厚的实力，在国内享有较高的声誉，已经为国家培养了众多建筑人才，戴念慈、齐康、吴良镛、钟训正、戴复东、程泰宁、王建国、孟建民、段进等杰出人才相继被评为两院院士。中大院作为学校建筑学人才的培养基地，见证了建筑学科近百年来的兴起、发展和辉煌，具有重要的历史和社会文化价值。

健雄院（科学馆）

表 8-6⸺ 健雄院信息表

区位图	名称
	健雄院
	现状功能 / 建筑风格
	教学办公 / 西方古典复兴主义
	面积
	占地面积 1 846.7 m²，建筑面积 5 086.5 m²
	建筑层数 / 建筑高度
	地上三层，地下一层 / 檐口高度 12.5 m，屋脊高度 18.2 m
	建筑材料
	屋顶材料：平瓦屋面； 墙面材料：下部水刷石面层，上部清水砖墙； 门窗材料：木门、铝合金窗（原为钢窗）
	建筑结构
	承重结构：砖墙承重加局部内框架； 屋顶结构：坡屋顶（三角桁架），局部平顶； 楼板结构：钢筋混凝土； 基础结构：条形基础（推测）

一、建设背景——东大科学研究实力的彰显

1922 年美国的洛克菲勒基金会中国医药部想要在中国科学力量最强的大学建造一所科学馆，请孟禄博士为代表到有关学校调查。当时国立东南大学是继北京大学之后我国第二所国立综合大学，完备的学科设置居全国高校之冠，与北大南北并峙，同为中国高等教育的两大支柱，且 1918 年由美国迁至南高的"中国科学社"成为中国现代科学的发祥地和大本营。国立东南大学雄厚的科研实力获得了孟禄博士的高度认可，他本人对东大及郭秉文校长也甚为熟悉，学校因此得到了洛克菲勒基金会的经费资助。

科学馆落成后，洛氏基金会又向学校捐助仪器设备费 5 万元。建成后的科学馆成为理学院的教学办公场所。

二、营建过程——郭秉文"自治"治校理念的体现

郭秉文治校理念中重要的一条就是自治，通过组建校委会，让教授担任校园事务的管理人，这既体现了现代大学精神中的自治精神，亦使得东大的教职员工对东大有着非同一般的归属感，在口字房失火重建的过程中体现得极为强烈。1923 年，东大主楼口字房遭遇火灾，急需资金重建，校教职员工不仅自发捐出一个月薪俸作为重建资金，各地毕业生还自发向社会筹集资金，最终在政府补助、教职员捐款、社会捐助，加上洛克菲勒基金会的资助之下，历经三年多时间，科学馆得以建成。据不完全统计，财政拨款、保险赔付、社会捐助总金额在 30 万元左右，资金相对充足（表 8-7[1]）。

1　东南大学档案馆。

表 8-7 | 口字房失火重建捐款记录

来源	金额	来源	金额	来源	金额
所有教职员工薪俸	估约 20 000 元	保险公司赔付	147 000 元	各地银行	10 830 元
政府财政	100 000 元	（赵）紫辰先生	10 000 元	毕业同学会	每人 40 元
募捐委员会	6 583 元（不完全统计）	韩国钧先生赠寿礼	10 000 元	江西省正厅同军界	10 000 元
郭履安先生	10 000 元				

图 8-32 | 科学馆历史照片

图 8-33 | 口字房、科学馆立面对比图

三、建筑价值——西方古典主义作品

科学馆又名江南院，即今健雄院，是威尔逊规划中第二座建成的建筑，由上海东南建筑公司设计、三合兴营造厂承建。上海东南建筑公司于 1921 年由中国近代著名建筑师吕彦直与过养默、黄锡霖共同组建。此时的吕彦直还未因中山陵设计方案名声大噪，其毕业于美国康奈尔大学的教育背景和长期协助墨菲落实设计方案的经历，以及年轻团队的积极进取，使其成为预算有限的东大最好的选择。

经过各方会商，决定在口字房原址上建造科学馆，1927 年建成。最终建成的科学馆位于校园东北部，靠近成贤街，坐北朝南（图 8-32），为砖墙加局部内框架混合承重结构，地上三层，下设架空层，局部有地下室，平面呈工字形，占地面积为 1 846.7 m²，建筑面积为 5 086.5 m²，檐口高度为 12.5 m，屋脊高度为 18.2 m，三角桁架坡屋顶。建筑风格为西方古典复兴主义风格，南侧中央伸出爱奥尼柱式门廊，以加强与前期建成的图书馆门廊柱式的呼应，内有拱门三个，二、三楼檐下有着精致的浮雕纹样装饰，外立面采用木门、钢窗。健雄院外观形式既与威尔逊的校园规划及图书馆的古典主义风格相适应，也在立面构图、屋顶、通气孔、入口门廊的处理上呼应原本的口字房（立面横向五段式的划分与口字房的比例基本一致，图 8-33）。外立面开窗较多，窗墙比很高，为室内教学、办公和科研提供了充足的自然光。平面采用内走廊的形式，北部加入一扇形阶梯讲堂，在空间与交通组

143

织上较其他房间相对独立，巧妙而合理地处理大空间在建筑整体中的关系。

　　建筑师采用了最朴实和简单的态度来建造建筑，使得科学馆呈现出大方简朴的西方古典式建筑风格。科学馆的建立使得东大拥有了全国一流的科学馆，也开启了国立大学接受外国基金会资助的先例。健雄院（科学馆）现为全国重点文物保护单位（图8-34、图8-35）。

图 8-34 |
健雄院现状照片一

图 8-35 |
健雄院现状照片二

金陵院（牙科大楼）

表 8-8
金陵院信息表

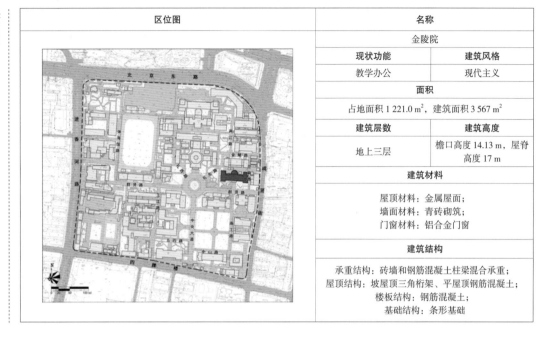

区位图	名称	
	金陵院	
	现状功能	建筑风格
	教学办公	现代主义
	面积	
	占地面积 1 221.0 m²，建筑面积 3 567 m²	
	建筑层数	建筑高度
	地上三层	檐口高度 14.13 m，屋脊高度 17 m
	建筑材料	
	屋顶材料：金属屋面； 墙面材料：青砖砌筑； 门窗材料：铝合金门窗	
	建筑结构	
	承重结构：砖墙和钢筋混凝土柱梁混合承重； 屋顶结构：坡屋顶三角桁架、平屋顶钢筋混凝土； 楼板结构：钢筋混凝土； 基础结构：条形基础	

一、历史沿革——中央大学医学学科建设的见证

中央大学医学院的前身是位于上海的江苏医科大学，1927 年，江苏医科大学改组为第四中山大学医学院，同时，国民政府指定江苏法政大学校址为第四中山大学医学院院址。1932 年，上海的第四中山大学医学院和商学院独立，至此中央大学医学院中断了一段时期。1935 年，当时的中大校长罗家伦考虑到中国急需医务人才，同时又为了充实中央大学的学科建设，于当年 5 月再度创办医学院，聘请中央医院内科主任戚寿南担任院长，同年 6 月，中央大学又奉令开办了国立牙医专科学校，并附设于中大医学院[1]，同时计划筹建牙科大楼，由基泰工程司杨廷宝先生设计，三合兴营造厂承建，于 1937 年建成。中大医学院学制为 6 年，连同牙医专科学校共开课 14 门，聘请知名学者蔡翘、郑集、易见龙、童第周等前来任教，此外还为医学院配备了高水准的基础学科师资。

1937 年中央大学西迁四川，1946 年复员后，医学院移至丁家桥二部，此后直至南京解放，医学院校址一直位于丁家桥。牙科大楼在战后改为大学医院，附属于中大医学院，随后因为医学院和医院迁到了丁家桥二部，牙科大楼改为附属于医学院的口腔医院。1952 年经过院系调整成立南京工学院之后，口腔医院就此迁出。为了纪念院系调整时并入部分系科的金陵大学，该楼被命名为金陵院，后为电子工程系所在地。

二、建筑价值——杨廷宝现代主义作品

牙科大楼的设计也经历了两任设计师。原本校方希望将此项工程交给校建筑系教授、此前曾负责生

1　王德滋 . 南京大学百年史［M］. 南京：南京大学出版社，2002：157-160.

物馆改造的建筑师刘福泰。中央大学档案记载："于校内西首建筑医学院及牙医专科学校教室已由教授刘福泰设计绘图。"但不知何故，最终采用了杨廷宝先生的设计方案。并且在后来成立的牙科大楼建筑委员会中，也出现了刘福泰的名字（图 8-36），那么此时刘福泰应当已经不在牙科大楼的建筑师名单之中。

牙科大楼位于校园东北角，在科学馆北面，坐西朝东，建筑面积为 2 622.3 m²，檐口高度为 14.13 m，屋脊高度为 17 m，是继南大门及图书馆扩建工程后中央大学内杨廷宝先生的第三座建筑作品（图 8-37）。牙科大楼整体地上三层，地下一层，建筑轮廓呈指向西侧的"T"字形，采用东西向内走廊形式，北侧中部向外凸出做厕所。牙科大楼西侧被三江时期建设的宿舍占据，受地形限制呈不对称形，这是校园建成后第一座平面不呈中轴对称的建筑（图 8-38）。然而杨廷宝在设计时也留出后期扩建的方向：只需在西侧与东部对称布置南北向大教室即可（金陵院后于 1959 年经江苏省城市建设厅设计院设计向西侧扩建，从而使得左右对称，图 8-39）。此外建筑的入口也较校内其他建筑不同，主入口在东立面，用门套装饰。主入口开在东侧的理由应当是出于牙科大楼的功能布置考虑，当然也不排除有立面处理方面的考量，若将主入口开在南北立面，不对称的平面势必造成南北立面的失衡。

牙科大楼在风格上偏向现代主义，与中央大学同时期其他建筑相比，该建筑的立面相对简化，用宽大的门套代替了柱石门廊，窗间墙为青砖砌筑，清水勾勒，整体造型简洁大方，不采用过多装饰，仅根据实际需求开设门窗。但由于杨廷宝先生对比例尺度的精准把控，不对称的平面与形体仍然取得了古典主义般对称的优雅。建筑结构采用当时常用的外部砖墙加内框架的混合承重体系，坡屋顶用桁架形式，在建筑风格、结构、材料上均追求经济适用性。

校方对杨廷宝先生设计的三座建筑均较为满意，与其保持了良好的合作关系，这为之后学校聘请杨先生担任建筑系教授及设计更多校园建筑打下了基础。同时，杨先生在中央大学校园内所设计的几座风格、功能、体量大相径庭的建筑也体现了他对不同风格的建筑形式的掌控能力。牙科大楼作为杨廷宝在校内的第一座现代主义风格建筑，见证了他设计风格的转变和设计能力的提升，也为中大校园增添了更多人文色彩。

金陵院作为中央大学时期的建筑留存至今，是民国建筑的代表，同时见证了中央大学时期学校在医学方面的努力与建树，也体现了中央大学当时完备的学科建设，被列入全国重点文物保护单位中央大学旧址文物本体之一（图 8-40、图 8-41）。

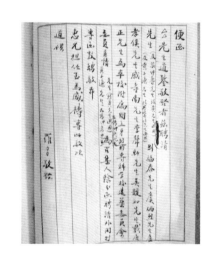

图 8-36 |
成立牙科大楼建筑委员会校长公函

图 8-37 |
建成后的牙科大楼

图 8-38 |
1937年建成后的牙科大楼 一层平面图

一层平面图

图 8-39 |
1959年扩建后的金陵院 一层平面图

图 8-41 |
金陵院现状照片二

图 8-40 |
金陵院现状照片一

第九章　代表性历史建筑的保护利用

原国立中央大学实验楼旧址

表 9-11

西平房信息表

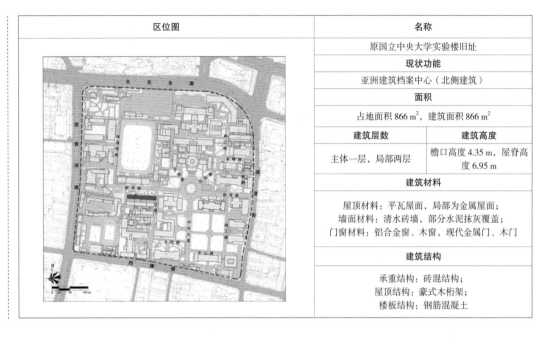

区位图	名称	
	原国立中央大学实验楼旧址	
	现状功能	
	亚洲建筑档案中心（北侧建筑）	
	面积	
	占地面积 866 m²，建筑面积 866 m²	
	建筑层数	**建筑高度**
	主体一层，局部两层	檐口高度 4.35 m，屋脊高度 6.95 m
	建筑材料	
	屋顶材料：平瓦屋面，局部为金属屋面；墙面材料：清水砖墙，部分水泥抹灰覆盖；门窗材料：铝合金窗、木窗，现代金属门、木门	
	建筑结构	
	承重结构：砖混结构；屋顶结构：豪式木桁架；楼板结构：钢筋混凝土	

一、历史沿革

　　原国立中央大学实验楼旧址（共三排）位于老图书馆西侧、南高院南侧，始建于1939年，由南北平行的三排建筑组成，1948年曾进行修复，其后经多次改造，大体保持原貌。抗战时期，中央大学被日本第二陆军医院占据使用，具体使用功能不详。1945年，中央大学复员南京，将该组建筑作为工学院的实验室和实习教室，具体功能包括航空工厂、风洞实验室、热工实验室、化工机械实验室和建筑系实习教室等。建筑系实习教室曾经位于南面第一排，被建筑系师生称为"大平房"（图9-1、图9-2）。

图 9-1

原中央大学建筑系"大平房"西南外观

图 9-2

建筑系1949级新生入学时于系馆入口处的合影

图 9-3|
西平房屋顶鸟瞰图

图 9-4|
西平房现状

图 9-5|
室内屋架

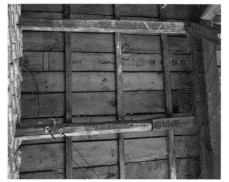

图 9-6|
屋架题记

1949 年以后经多次改造，现仅剩北侧两排平房保存基本完整，南侧平房仅剩东半部分尚存，且外观改动较大。2018 年，北侧两排平房作为原国立中央大学实验楼旧址被公布为南京市第二批历史建筑。2020 年，在南京市政府相关经费支持下，东南大学实施了北侧第一排建筑的修缮改造工程，计划将其作为亚洲建筑档案中心。由于北侧第二排建筑和南侧建筑现状仍在作为实验室使用，内部测绘和调查不便，因此本文主要结合近年实施的历史建筑修缮改造工程，对北侧第一排建筑进行详细论述。

北侧第一排建筑原为热工实验室（以下简称原热能所平房），东西长 81 m，南北进深 11 m，为一层双坡顶建筑，占地面积为 866 m^2，建筑面积为 866 m^2（图 9-3、图 9-4）。建筑为纵墙承重体系，以青砖墙体作为外维护结构，外墙上承南北向豪式木桁架（图 9-5），桁架上承托檩条、木椽、木望板，上施平瓦屋面，屋面设天窗。青砖墙厚 370 mm，高 4.35 m，墙上门窗洞口高度不一，应为不同时期改造的痕迹。木桁架直接承托在青砖墙顶部的长方体混凝土梁托上，桁架跨度约为 10.7 m，间距约为 2.5 m，桁架间设剪刀撑，屋脊高度 6.95 m，天窗处建筑最高点为 7.99 m，屋面出檐 0.2 m，檐口高度 4.35 m，山墙处屋面出檐约为 0.35 m。建筑内部空间因使用功能变化，历经多次调整，难以判断原有格局。修缮改造施工过程中发现了存在于望板、木椽、檩条及屋架杆件上的多处题记，其中望板题记保存最多，证实了其屋架原始木构件均由日本厂商制作，是日军侵华的重要物证（图 9-6）。

二、建筑价值

实验楼旧址建筑群虽然并非校园内的主要建筑，但其在建筑类型方面具有一定的代表性，也承载了较多的历史信息和历史记忆，具有一定的历史价值、科学价值和社会文化价值。

历史价值方面，实验楼建筑群始建于抗战时期，是日军侵华的重要物证，历经多次修缮改造，使用至今，是研究中央大学发展历史、东南大学校史和南京民国史的重要史料和实证；民国时期学校曾建有大量长条形平房，实验楼建筑群是这一类型建筑完整保存至今的少数案例中的典型代表。

科学价值方面，实验楼建筑群采用青砖墙上承木桁架的结构形式和多种形式的老虎窗组合，建筑功能与结构、外观相互协调，体现了近代校园实验类建筑的建筑技术水平和时代特征。

社会与文化价值方面，实验楼建筑群位于东南大学中轴线西侧、南高院南侧，紧邻校园文物建筑核心区，是校园建筑空间的组成部分，是中央大学和东南大学校友的共同记忆，建筑背后所折射的校史、教育史和情感记忆等均是其文化内涵和价值的重要反映。

三、保护利用——亚洲建筑档案中心

自 2019 年 12 月 5 日以来，东南大学多次组织关于原热能所平房修缮改造的校长会及工作组会议；2019 年 10 月 28 日，由南京市宣传部部长陈勇牵头组织召开了"亚洲建筑档案中心"建设专题研究会；2020 年 9 月 18 日南京市文旅局与南京市规划局协同举行会议，会议基本通过修缮改造方案。修缮改造方案由东大建筑学院和东大设计院负责，于 2020 年 11 月开始施工。

原热能所平房修缮改造工程以"最小干预、历史复原、活化再生"为原则，主要包括建筑修缮、结构加固、改造更新三部分。在保持现有风貌和体量的前提下，进行结构加固和建筑修缮；对室内进行适度改造和性能提升以适应后续使用功能的需要，同时更换门窗并局部调整位置以达到建筑节能、消防、疏散的技术要求。主要措施如下：

1. 建筑修缮

建筑修缮内容主要包括屋面维修、外立面修缮等方面。

由于屋顶漏雨、屋架年久失修，需要全面揭顶，完成屋架加固后重铺屋面，考虑到改造后的功能需求，此次维修在尽量保留原构件的同时，增加了屋面保温层，具体构造做法为：木椽（截面方 50 mm）、木望板（厚约 20 mm）、两层合成高分子防水卷材（新换，冷粘法施工）、岩棉保温层（50 mm 厚，用木条分隔）、阻燃基层板（18 mm 厚）、木顺水条、木挂瓦条、平瓦。

外立面是建筑修缮的另一项主要内容。首先是门窗的维修，包括对现状保存的部分木窗的维修，其中主要为天窗以及对现状金属门窗的全面更换，窗户参考原样式更新为兼具传统风貌和新的物理性能要求的铝合金仿钢窗，门扇全部更新为风貌协调的金属门。其次，对水泥砂浆墙裙及上部清水墙面进行了维修，墙裙为后期增加，风貌及保存状况较差，维修时参考校园文物建筑做法采用类似水刷石面层做法，改善了材料质感和外观风貌；对于上部清水砖墙，则主要对表面脏污进行清洗，并对局部废弃孔洞、取缔窗洞及破损部位进行了补砌和砖粉修补；此外，对于上部墙面局部存在的水泥砂浆面层以现状保留为主，不做过多干预。

除屋面和外立面之外，本次修缮还对室内屋架上的题记进行了全面保护，清除了部分屋架上的后刷白色防火漆，并对室外台阶、散水和排水沟做了全面维修。

2. 结构加固

结构加固内容分为基础加固、墙体加固和木屋架加固三个方面。该建筑基础原为外墙下的条形基础，此次加固采用内侧增设钢架混凝土基础的方法，以增大基础承载力、加强整体性。墙体主要采用内侧钢筋网砂浆面层法进行加固，并在屋架下口标高处设置暗圈梁。对于木屋架，一是对原有杆件进行检修和加固，现状普遍存在杆件开裂、糟朽、虫蛀等问题，结合揭顶后的详细排查情况，采用嵌补、剔补、包箍、夹板加固、必要时更换新料的方法进行维修加固；二是考虑屋面增加保温层带来的荷载增加问题，对屋架主要受力杆件采用加大截面的方法进行加强，为尽量减小对屋架的干预和风貌影响，此次加固主要对上弦杆和檩条进行截面加大，且加厚部分均位于原构件上皮，对屋架原构造及外观影响较小；此外，由于改造后室内空间需要，室内原有四堵承重隔墙被拆除，此次加固在对应位置按相邻屋架样式增加了木屋架，确保了室内风貌的一致性。

3. 改造更新

此次修缮改造后的室内功能包括档案库房、展厅、研究中心及相关配套管理、设备用房，其中档案库房面积最大，位于建筑中部靠西位置。根据使用要求，档案库房需满足恒温恒湿要求，该部分采用了

钢结构封闭箱体的建造方式，与历史建筑基础、外墙、屋架完全脱离。库房楼面板及墙身均采用 ALC 预制板，在方便施工的同时，降低结构自重，从而减小了钢构件截面，争取到最大的室内净高（图 9-7），地面采用水泥基自流平面层。展厅等其他部分则主要满足人体舒适度及室内风貌要求，采用架空木地板和墙面内保温的做法，不破坏原始墙体和地面（图 9-8）。

　　此次改造在许多细节做法上也兼顾了历史风貌保护、历史信息展示和新的使用功能需求。一方面，为展示历史建筑的原始墙体及改造后的结构构造，在展厅内设置两处橱窗，对建筑的墙体、地面原状及此次修缮改造构造层做法进行现场展示；另一方面，根据改造后功能和形象需要，新增了主入口门斗，采用铜饰面板包裹，端庄大气，与历史建筑风貌融为一体；此外，对室内设备管线也做了统一设计和处理，如暖通方面，考虑到屋面及屋架的保护，设计考虑不在屋顶吊装任何暖通设备，而是采用内藏落地式中央空调，将储藏柜和空调柜结合起来，达到美观、实用且不影响历史建筑的效果。

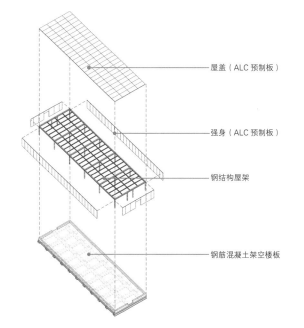

图 9-7 | 档案库房拆分轴测示意图

屋盖（ALC 预制板）

墙身（ALC 预制板）

钢结构屋架

钢筋混凝土架空楼板

图 9-8 | 展厅效果图

　　根据学校计划，改造完成后的亚洲建筑档案中心将为重要建筑文献和遗产资料提供完备的档案储藏、管理场所，为国内外研究者提供必要的查阅、研究和交流服务，同时容纳亚洲遗产管理学会秘书处等学术机构的部分运行功能。一期拟收录的档案资料包括：建筑学院杰出校友资料档案（图纸、照片、模型、信件）、中国建筑教育史料、宾夕法尼亚大学与中国建筑教育相关历史资料、约瑟夫·里克沃特图书馆首批文献资料、亚洲遗产管理学会文件资料以及建筑学院在尼泊尔、印度和非洲等地开展研究收集整理的档案资料。

　　此次修缮改造工程已于 2021 年底竣工，成为近年校园内继工艺实习场（修缮改造后用作东南大学校史馆）之后又一个实施完成的建筑遗产活化利用项目，为中央大学旧址内众多文物建筑、历史建筑的保护利用提供了新的思路。

沙塘园学生食堂

区位图	名称	
	沙塘园食堂	
	现状功能	建筑风格
	学生食堂	折中主义
	面积	
	占地面积 2 515 m²，建筑面积 3 540 m²	
	建筑层数	建筑高度
	地上局部两层	屋脊高度 13.75 m
	建筑材料	
	屋顶材料：平瓦； 墙面材料：清水砖墙，部分水泥抹灰覆盖； 门窗材料：铝合金仿木门窗	
	建筑结构	
	承重结构：砖混结构； 屋顶结构：三角木屋架； 楼板结构：混凝土现浇板	

一、历史沿革

沙塘园学生食堂建于 1958 年，由著名建筑学家和建筑教育家、"近现代中国建筑第一人"杨廷宝先生设计。食堂位于校南沙塘园宿舍区沙塘园 2 号，离核心区及南大门一路之隔，是旧址中轴线向南的延伸。校南沙塘园宿舍区内还有国资办、沙塘园宿舍等历史遗存，均为杨廷宝先生的设计作品，且与沙塘园学生食堂同期落成，是历史风貌保存较好、对中央大学旧址文物本体影响较大的区域，与周边历史文化资源点共同形成了较为完整的历史风貌建筑群落，具有重要的意义。

沙塘园学生食堂和校园里其他同期杨廷宝先生作品，都是在"精简节约，合理建筑，经济适用"的原则下指导完成的（图 9-9）。在这个原则的指导下，沙塘园学生食堂风格为简约的社会主义内容加民族形式，无过多装饰，采用清水砖墙承重结构、无框门窗、混凝土梁板的建造方法和仿歇山式屋顶，既经济适用也与周围环境完美融合，既呼应了上阶段的历史建筑群，又不失其时代特点，为后期校园内的新兴建筑树立了榜样。

沙塘园学生食堂建成之后经过了多次加建与修缮，现状总高两层，主体高 13.75 m（建筑室外地面至主体部分屋脊），东西长约 58.8 m，南北长约 50.2 m，占地面积 2 515 m²，建筑面积 3 540 m²。食堂区域主入口位于西北侧，东北侧和南侧均有一个次入口，西北侧和南侧各有一处楼梯，中部回廊有一部自动扶梯。现状与原状相比在整体上没有大的改变，但在细部仍发生了变化：

图 9-10 |

沙塘园学生食堂原始平面图

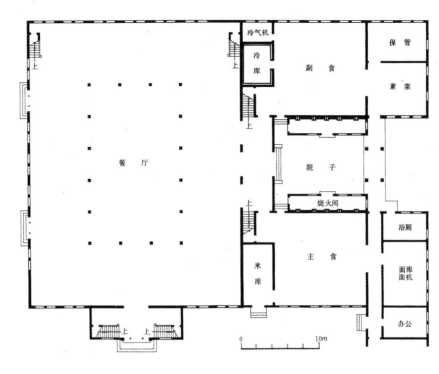

保管

素菜

冷气机

冷库

副食

院 子

烧火间

主食

浴厕

面库
面机

办公

米库

餐 厅

0　　　　　　　　10m

一层平面图

图 9-11 |

沙塘园学生食堂现状平面图

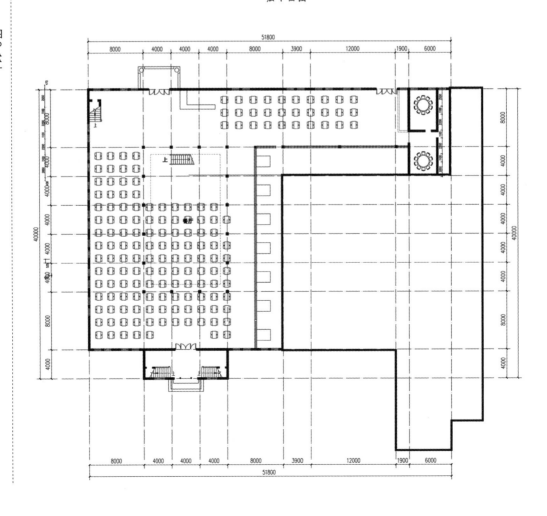

1. 建筑功能

沙塘园学生食堂建成起即作为学生食堂使用，其功能保存至今。

2. 平面格局

内部平面格局基本延续原状，如主要公共空间、楼梯布局形式等均得到延续。但也存在一些明显改变：一是使用功能的调整带来的内部功能改变，此为首要原因；二是由于内部功能改变而增加或拆除隔墙；三是由于使用功能需要后期进行了加建（图 9-10、图 9-11）。后两种改变如下：

（1）东北侧厨房后勤区拆除部分隔墙，更改为就餐区，并在东北角增加了一处后勤用房；

（2）后勤区院子增加屋顶，改为厨房后勤区；

（3）东南侧加建了教工就餐区和设备用房，东侧加建了后勤人员更衣区；

（4）北侧新增了两处入口，西侧原有两处入口被封堵，改为窗扇；

（5）拆除东北角楼梯，在中庭增加了一部自动扶梯。

3. 建筑结构

沙塘园学生食堂的建筑结构自建成至今，基本无改变，主要采用清水砖墙、混凝土梁、木梁、三角形木屋架共同承重，楼面采用现浇板。

4. 建筑外观

沙塘园学生食堂现状外立面和原状基本一致，在局部位置有稍许改动。一是北立面重新粉刷，掩盖了原来的清水砖墙的肌理和线脚；二是封堵了西侧两处入口，在北侧新增了两处入口；三是东侧和南侧多处加建；四是所有门窗改为铝合金门窗并增加了防盗窗；五是楼体外侧多处挂设空调外机，影响外观风貌，且造成外墙面破损。

5. 室内装修

室内装修改动较大。室内地面面层、吊顶均为后换，风貌一般；中庭围栏扶手和南部楼梯扶手更换为现代铝合金扶手（图 9-12、图 9-13）。

图 9-12 | 沙塘园学生食堂室内装修历史照片

图 9-13 | 沙塘园学生食堂室内装修现状

二、建筑价值

沙塘园学生食堂是中央大学旧址的重要组成部分，是旧址中轴线向南的延伸，与周边历史文化资源点共同形成了较为完整的历史风貌建筑群落，具有重要的意义。

沙塘园学生食堂在内部格局和立面细部等方面体现了杨廷宝先生"精简节约，合理建筑，经济适用"的设计原则，在杨廷宝的作品中有着特殊的意义，在建筑史研究上具有较高的价值。

包括沙塘园学生食堂在内的中央大学旧址建筑群和中轴线是东南大学的标志物和象征，是中央大学和东大校友的共同记忆，这些历史建筑背后所折射的校史、教学史和情感记忆等均是其文化内涵和价值的重要反映。

三、保护利用——食堂环境质量的提升

为了进一步提升城市整体风貌，改善人居环境质量，2019年南京市玄武区政府对东大—四牌楼片区进行环境综合整治，沙塘园学生食堂也包含在内。

考虑到沙塘园学生食堂独特的建筑价值，其保护部位及保护要求为：

1. 南立面、北立面、西立面

（1）根据原始建筑设计图纸，恢复原有立面门、窗原位置与尺寸；

（2）不得改变青砖材料与砌筑方式，建议去除立面墙体粉刷涂料，恢复原貌；

（3）去除外墙广告牌；

（4）整治建筑外挂空调机与外接管线；

（5）下埋电线，消除火灾安全隐患；

（6）防盗网内设。

2. 屋顶

不得改变其整体形状、材质、色彩等原状。

3. 结构

应保护主体结构，不得改变砖混结构（现状建筑室内吊顶、望板、檩条等存在的安全问题应遵循屋顶原有的结构形式和做法进行加固）。

4. 环境要素

内部空间应去除不必要的吊顶设施使得原有屋架结构得以展示；应整治破坏历史环境的场地现状，整治建筑外部加建物。

东南大学建筑设计研究院受东南大学委托于2020—2021年对沙塘园学生食堂进行立面整治，基于其现状存在的随意加建改建、屋顶漏雨、外墙面层脱落、设备线路外露等问题，立面整治范围包括：

（1）检修木屋架，对屋顶揭瓦维修，重做防水；

（2）去除北立面后增加的入口，恢复为窗，拆除沿街快递收发处；恢复西立面原有的两处入口；改造南入口，其余窗户重新更换，内设防盗网，恢复原有历史风貌，在不影响现状功能的情况下唤起集体记忆；

（3）铲除沿街立面后加墙体抹灰，修补受损墙面和线脚，恢复原有建筑风貌，突出新与旧的对比和共存；

（4）更换落水管样式，重新规划空调外挂机；

（5）所有电线入地，消除安全隐患；

（6）去除外部设施，整治破坏历史环境的场地现状。

沙塘园食堂经整治后，提升了外在的美观性和内在的实用性，极大地恢复了建筑的历史原貌，同时也提升了文物价值和周边环境风貌。

图表来源

序号	图表名	图表来源
图 1-1	中央大学旧址地理位置	自绘
图 1-2	南京地貌形势对于古城市的作用	自绘（底图来自姚亦峰.从南京城市地理格局研究古都风貌规划［J］.人文地理，2007，22（3）：92-97）
图 1-3	旧址区域历代互见图	《金陵古今图考》历代互见图
图 1-4	南雍总平面图	自绘（底图来自黄佐.南雍志[M].北京：国家图书馆出版社，2013）
图 1-5	张之洞	冯天瑜，何晓明.张之洞评传［M］.南京：南京大学出版社，1991
图 1-6	李瑞清	东南大学校史馆(网络版:https://history.seu.cn)
图 1-7	江谦	东南大学校史馆（网络版：https://history.seu.cn）
图 1-8	郭秉文	东南大学校史馆（网络版）：https://history.seu.edu.cn
图 1-9	茅以升	东南大学校史馆（网络版）：https://history.seu.edu.cn
图 1-10	第四中山大学时期校址分布图	自绘（底图为1927年南京地图）
图 1-11	第四中山大学组织体系	自绘
图 1-12	张乃燕	东南大学校史馆（网络版）：https://history.seu.cn）
图 1-13	国立中央大学组织系统表	自绘
图 1-14	全面抗战前中央大学校址分布图	自绘，底图为1927年南京地图
图 1-15	罗家伦	东南大学校史馆（网络版）：https://history.seu.cn）
图 1-16	杨廷宝	东南大学校史馆（网络版）：https://history.seu.edu.cn
图 1-17	抗战时期中央大学校址分布图	自绘，底图为中国地图
图 1-18	重庆沙坪坝校区图景	东南大学校史馆（网络版）：https://history.seu.edu.cn
图 1-19	重庆沙坪坝校舍外景一	东南大学校史馆（网络版）：https://history.seu.edu.cn）
图 1-20	重庆沙坪坝校舍外景二	东南大学校史馆（网络版）：https://history.seu.edu.cn）
图 1-21	重庆沙坪坝七七抗战大礼堂	东南大学校史馆（网络版：https://history.seu.edu.cn）
图 1-22	迁川后中大柏溪分校全景	《南大百年实录》编辑组.南大百年实录：上卷 中央大学史料选.南京：南京大学出版社，2002
图 1-23	迁川后中大柏溪分校建设规划图	中国第二历史档案馆
图 1-24	华西协合大学校舍旧照	四川大学新闻网（https://news.scu.edu.cn/info）
图 1-25	贵阳第十四中学校景旧照	抗战纪念网（https://www.krzzjn.com）
图 1-26	抗战胜利后中央大学校址分布图	自绘（底图为谷歌地图）
图 1-27	南洋劝业会场图	南洋劝业会场图［M］.上海：上海商务印书馆，1910
图 1-28	1946年丁家桥二部平面图	东南大学校史馆
图 1-29	丁家桥现状平面图	姜翘楚.原中央大学医学院旧址（南京丁家桥）空间设计研究[D].南京：东南大学，2019
图 1-30	后勤楼现状照片	姜翘楚.原中央大学医学院旧址（南京丁家桥）空间设计研究[D].南京：东南大学，2019
图 1-31	行政楼现状照片	姜翘楚.原中央大学医学院旧址（南京丁家桥）空间设计研究[D].南京：东南大学，2019
图 1-32	吴有训	东南大学校史馆（网络版：https://history.seu.edu.cn）
图 1-33	院系调整时期中央大学校址分布图	自绘（底图为谷歌地图）
图 2-1	两江师范建设特别讲堂用工用料清册（部分）	两江师范建设特别讲堂用工用料清册［Z］.南京大学档案馆
图 2-2	两江师范学堂全图	苏云峰.三（两）江师范学堂：南京大学的前身1903—1911[M].南京：南京大学出版社，2002
图 2-3	"一字房—操场—北极阁"历史景观廊道	自绘
图 2-4	三江（两江）师范学堂时期校园总平面图	自绘
图 2-5	东京帝国大学本乡校园1884年校园平面图	范晓剑.大学老校区的更新与发展［D］.上海：同济大学，2007
图 2-6	剑桥大学校园四方院	https://www.dreamstime.com

序号	图表名	图表来源
图 2-7	南京高等师范学校主轴线图	自绘（底图为南京高等师范学校校全图）
图 2-8	南雍太学图	黄佐.南雍志 [M].北京：国家图书馆出版社，2013
图 2-9	两江师范学堂一字房	陈华.百年南大老建筑 [M].南京：南京大学出版社，2002
图 2-10	东京帝国大学安田讲堂	东京大学官网（https://www.u-tokyo.ac.jp）
图 2-11	东京帝国大学工科大学本馆	东京大学官网（https://www.u-tokyo.ac.jp）
图 2-12	东京帝国大学工科大学本馆内庭	东京大学官网（https://www.u-tokyo.ac.jp）
图 2-13	一字房一层平面复原简图	自绘
图 2-14	两江师范学堂教习房	东南大学校史馆（网络版：https://history.seu.edu.cn）
图 2-15	口字房	苏云峰.三（两）江师范学堂：南京大学的前身 1903—1911 [M].南京：南京大学出版社，2002
图 2-16	开成学校	https://www.u-tokyo.ac.jp
图 2-17	口字房一层平面复原简图	自绘
图 3-1	大礼堂总平面设计图所示的威尔逊校园主轴规划图	《中央大学历史风貌区保护规划》说明书
图 3-2	国立东南大学（1921—1928）校舍完整图	自绘
图 3-3	国立中央大学校舍完整图	自绘
图 3-4	1935 年国立中央大学中华门外新校区规划图	《中央大学十周年纪念刊》插图
图 3-5	日据时期校园中轴线	东南大学校史馆（网络版：https://history.seu.edu.cn）
图 3-6	日据时期图书馆	东南大学校史馆（网络版：https://history.seu.edu.cn）
图 3-7	推测 1937 年校园平面图	自绘
图 3-8	推测为敌修产业部分	自绘
图 3-9	复员修缮工程统计	国立中央大学复员兴办各项工程统计 [Z].南京大学档案馆
图 3-10	南京高等师范学校（1915—1923）校舍完整图	自绘
图 3-11	哥伦比亚大学校园总平面图	哥伦比亚大学官网（https://www.columbia.edu/）
图 3-12	哥伦比亚大学洛氏图书馆前广场	哥伦比亚大学官网（https://www.columbia.edu/）

序号	图表名	图表来源
图 3-13	之江大学都克堂	https://baike.baidu.com/item
图 3-14	校园规划轴线图	自绘（底图来自《中央大学历史风貌区保护规划》——规划说明书）
图 3-15	哥伦比亚大学校园轴线图	自绘（底图为哥伦比亚大学总平面图）
图 3-16	建筑朝向调整示意	自绘（底图来自《中央大学历史风貌区保护规划》——规划说明书）
图 3-17	1933 年建成后校园轴线分析	自绘（底图为国立中央大学平面图）
图 3-18	国立中央大学鸟瞰图	袁久红，陆海.东南大学：1902—2002 [M].南京：东南大学出版社，2002
图 3-19	国立中央大学校园空间结构图	自绘
图 3-20	国立中央大学全景	《南大百年实录》编辑组.南大百年实录：上卷 中央大学史料选.南京：南京大学出版社，2002
图 3-21	国立中央大学 1946—1949 年校舍完整图	自绘
图 3-22	工艺实习场初建	东南大学校史馆（网络版：https://history.seu.edu.cn）
图 3-23	杜威楼现状照片	自摄
图 3-24	望钟楼现状照片	自摄
图 3-25	附中一院历史照片	朱一雄.东南大学校史研究：第 1 辑 [M].南京：东南大学出版社，1989
图 3-26	附中二院历史照片	陈华.百年南大老建筑 [M].南京：南京大学出版社，2002
图 3-27	梅庵历史照片	《南大百年实录》编辑组.南大百年实录：上卷 中央大学史料选.南京：南京大学出版社，2002
图 3-28	六朝松	东南大学校史馆（网络版：https://history.seu.edu.cn）
图 3-29	国立东南大学图书馆	东南大学校史馆（网络版：https://history.seu.edu.cn）
图 3-30	扩建两翼后的图书馆	陈华.百年南大老建筑 [M].南京：南京大学出版社，2002
图 3-31	国立东南大学体育馆	陈华.百年南大老建筑 [M].南京：南京大学出版社，2002
图 3-32	国立东南大学科学馆	陈华.百年南大老建筑 [M].南京：南京大学出版社，2002

序号	图表名	图表来源
图 3-33	国立中央大学生物馆	东南大学档案馆
图 3-34	国立中央大学大礼堂	陈华.百年南大老建筑[M].南京：南京大学出版社，2002
图 3-35	国立中央大学南大门	陈华.百年南大老建筑[M].南京：南京大学出版社，2002
图 3-36	国立中央大学新教室	《南大百年实录》编辑组.南大百年实录：上卷 中央大学史料选.南京：南京大学出版社，2002
图 3-37	南高院（拆建后）	东南大学校史馆（网络版：https://history.seu.edu.cn）
图 3-38	牙科大楼（今金陵院）	南京工学院建筑研究所.杨廷宝建筑设计作品集[M].北京：中国建筑工业出版社，1983
图 3-39	国立中央大学农学院校景	《南大百年实录》编辑组.南大百年实录：上卷 中央大学史料选.南京：南京大学出版社，2002
图 3-40	国立中央大学农学院大门	陈华.百年南大老建筑[M].南京：南京大学出版社，2002
图 3-41	国立中央大学学生宿舍	http://www.lib.ncu.edu.tw/ncuhis/index.php
图 3-42	老六舍现状照片	自摄
图 3-43	图书馆西侧平房现状照片	自摄
图 4-1	南京工学院 1974—1988 年校舍完整图	自绘
图 4-2	东南大学 1988 年至今校舍完整图	自绘
图 4-3	南京工学院 1952—1966 年校舍完整图	自绘
图 4-4	南京工学院校园中心区规划模型	南京工学院建筑研究所.杨廷宝建筑设计作品集[M].北京：中国建筑工业出版社，1983
图 4-5	南京工学院 1952—1966 年校园形态布局	自绘
图 4-6	1980 年代末四牌楼校区鸟瞰图	东南大学校史馆（网络版：https://history.seu.edu.cn）
图 4-7	南京工学院 1974—1988 年校园形态布局	自绘
图 4-8	校园周边杂乱无章的边界围合	自摄
图 4-9	东南大学校舍 1988 年至今校园形态布局	自绘
图 4-10	五四楼外景	南京工学院建筑研究所.杨廷宝建筑设计作品集[M].北京：中国建筑工业出版社，1983

序号	图表名	图表来源
图 4-11	五四楼入口	南京工学院建筑研究所.杨廷宝建筑设计作品集[M].北京：中国建筑工业出版社，1983
图 4-12	五五楼外景	南京工学院建筑研究所.杨廷宝建筑设计作品集[M].北京：中国建筑工业出版社，1983
图 4-13	五五楼转角处	南京工学院建筑研究所.杨廷宝建筑设计作品集[M].北京：中国建筑工业出版社，1983
图 4-14	动力楼外景	南京工学院建筑研究所.杨廷宝建筑设计作品集[M].北京：中国建筑工业出版社，1983
图 4-15	动力楼转角部位	南京工学院建筑研究所.杨廷宝建筑设计作品集[M].北京：中国建筑工业出版社，1983
图 4-16	沙塘园学生食堂外观	南京工学院建筑研究所.杨廷宝建筑设计作品集[M].北京：中国建筑工业出版社，1983
图 4-17	河海院外观	自摄
图 4-18	沙塘园宿舍外观	南京工学院建筑研究所.杨廷宝建筑设计作品集[M].北京：中国建筑工业出版社，1983
图 4-19	国资办外观	自摄
图 4-20	兰园教职工宿舍总平面图	自绘
图 4-21	兰园教职工宿舍外景	自摄
图 4-22	新图书馆外景	自摄
图 4-23	校友会堂外景	自摄
图 4-24	中山院外景	自摄
图 4-25	东南院外景	自摄
图 4-26	前工院外景	自摄
图 4-27	榴园宾馆外景	自摄
图 4-28	逸夫科技馆外景	自摄
图 4-29	逸夫建筑馆外景	自摄
图 4-30	吴健雄纪念馆外景	自摄
图 4-31	与大礼堂处于同一轴线的李文正楼	自摄
图 5-1	中央大学旧址现状保护区划	自绘
图 5-2	中央大学旧址文物本体构成图	自绘
图 5-3	校园历史建筑与保护建筑年代图	自绘
图 6-1	校方筹措资金账目档案记录	东南大学档案馆

序号	图表名	图表来源
图 6-2	建成后的大礼堂	陈华．百年南大老建筑［M］．南京：南京大学出版社，2002
图 6-3	大礼堂初建总平面图	东南大学校史馆（网络版：https://history.seu.edu.cn）
图 6-4	大礼堂初建一层平面图	东南大学档案馆
图 6-5	大礼堂初建南立面图	东南大学档案馆
图 6-6	兴建中的大礼堂穹顶	东南大学校史馆（网络版：https://history.seu.edu.cn）
图 6-7	大礼堂穹顶现状	杜昕睿．南京高校民国文物建筑保护与再利用中的热湿环境提升研究：以东南大学大礼堂为例［D］.南京：东南大学，2019
图 6-8	大礼堂采光示意图	杜昕睿．南京高校民国文物建筑保护与再利用中的热湿环境提升研究：以东南大学大礼堂为例［D］.南京：东南大学，2019
图 6-9	大礼堂内部天窗	杜昕睿．南京高校民国文物建筑保护与再利用中的热湿环境提升研究：以东南大学大礼堂为例［D］.南京：东南大学，2019
图 6-10	大礼堂扩建后一层平面图	东南大学档案馆
图 6-11	大礼堂扩建后南立面图	东南大学档案馆
图 6-12	大礼堂现状照片	自摄
图 6-13	1930 年前国立中央大学校徽	东南大学校史馆（网络版：https://history.seu.edu.cn）
图 6-14	1930 年后国立中央大学校徽	东南大学校史馆（网络版：https://history.seu.edu.cn）
图 6-15	南大门（上书"国立中央大学"）	东南大学校史馆（网络版：https://history.seu.edu.cn）
图 6-16	南大门（上书"国立南京大学"）	东南大学校史馆（网络版：https://history.seu.edu.cn）
图 6-17	南大门现状照片（上书"东南大学"）	自摄
图 6-18	国立东南大学时期校门	陈华．百年南大老建筑［M］．南京：南京大学出版社，2002
图 7-1	北洋四馆	自绘
图 7-2	江苏省省长王瑚（左）、江苏省警察厅（右）回函	东南大学档案馆
图 7-3	东南大学之立础纪念	南京图书馆《申报》影印版（1922.1.6）

序号	图表名	图表来源
图 7-4	1923 年落成的体育馆旧照	东南大学档案馆
图 7-5	1936 年建成的游泳池	刘维清，徐南强．东南大学百年体育史［M］．南京：东南大学出版社，2002
图 7-6	体育馆文字说明书	东南大学档案馆
图 7-7	1929 年中大运动会	东南大学档案馆
图 7-8	1953 年校内篮球比赛	东南大学档案馆
图 7-9	体育馆二层观演示意图	自绘
图 7-10	未经铁板加固的木屋架	自摄
图 7-11	采用铁板加固的木屋架	自摄
图 7-12	体育馆二层木质看台（现不存）	自摄
图 7-13	体育馆二层入口处木栅（现存）	自摄
图 7-14	体育馆 1946 年档案图纸二层平面图	东南大学档案馆
图 7-15	体育馆 1989 年测绘图二层平面图	东南大学档案馆
图 7-16	体育馆二层芦席纹地板	东南大学档案馆
图 7-17	1952 年南京市游泳比赛	中共南京市委党史工作办公室，南京青奥组委新闻宣传部．南京百年体育［M］．南京：南京出版社，2014
图 7-18	体育馆现状	东南大学校史馆（网络版：https://history.seu.edu.cn）
图 7-19	体育馆北侧游泳池现状	自摄
图 7-20	体育馆一层结构加固示意图（2001）	自绘
图 7-21	体育馆结构加固与屋顶交接图	自摄
图 7-22	体育馆屋顶檐下细节	自摄
图 7-23	体育馆 1946 年一层平面图	自绘
图 7-24	体育馆 2014 年一层平面图	自绘
图 7-25	BIM 模型中体育馆东立面图（1922）	自绘
图 7-26	体育馆屋顶形式	自摄
图 7-27	金陵大学北大楼	https://baike.baidu.com/item
图 7-28	金陵女子大学 100 号楼	https://baike.baidu.com/item
图 7-29	墙身砌法与窗下墙细节	自摄
图 7-30	楼板结构分解示意图	自摄、自绘
图 7-31	健身房内现状	自摄
图 7-32	体育馆屋架形式	自摄
图 7-33	（左）钢杆件连接处	自摄

序号	图表名	图表来源
图 7-34	（右）钢制竖杆	自摄
图 7-35	廊道与屋架桁架关系	自摄
图 7-36	体育馆桁架间的水平系杆	自摄
图 7-37	体育馆桁架南侧的剪刀撑	自摄
图 7-38	金陵女子大学 300 号楼屋架结构	卢洁峰.金陵女子大学建筑群与中山陵、广州中山纪念堂的联系 [J]. 建筑创作，2012（4）:192-200.
图 7-39	椽子细节	自摄
图 7-40	体育馆屋顶檐下细节	自摄
图 7-41	BIM 模型中檐沟与屋面结构关系图解	自绘
图 7-42	体育馆一层平面图（1923）	自绘
图 7-43	体育馆一层剖透视图（1923）	自绘
图 7-44	体育馆二层平面图（1923）	自绘
图 7-45	体育馆二层剖透视图（1923）	自绘
图 7-46	体育馆一层平面图（1946）	自绘
图 7-47	体育馆一层剖透视图（1946）	自绘
图 7-48	体育馆二层平面图（1946）	自绘
图 7-49	体育馆二层剖透视图（1946）	自绘
图 7-50	体育馆一层平面图（2001）	自绘
图 7-51	体育馆一层剖透视图（2001）	自绘
图 7-52	体育馆二层平面图（2001）	自绘
图 7-53	体育馆二层剖透视图（2001）	自绘
图 7-54	体育馆东北角鸟瞰图（1923）	自绘
图 7-55	体育馆西南角鸟瞰图（1923）	自绘
图 7-56	体育馆东北角鸟瞰图（1946）	自绘
图 7-57	体育馆西南角鸟瞰图（1946）	自绘
图 7-58	体育馆东北角鸟瞰图（2001）	自绘
图 7-59	体育馆西南角鸟瞰图（2001）	自绘
图 7-60	体育馆二层楼板构造关系图（2001）	自绘
图 7-61	体育馆二层楼板构造层次分析图（2001）	自绘
图 7-62	体育馆屋顶构造层次分析图（1946）	自绘
图 7-63	体育馆屋架剖轴测图（1946）	自绘
图 7-64	体育馆二层西北角平面图（1923）	自绘
图 7-65	体育馆二层西北角剖透视图（1923）	自绘

序号	图表名	图表来源
图 7-66	体育馆二层西北角平面图（1946）	自绘
图 7-67	体育馆二层西北角剖透视图（1946）	自绘
图 7-68	体育馆二层西北角平面图（2001）	自绘
图 7-69	体育馆二层西北角剖透视图（2001）	自绘
图 7-70	体育馆入口楼梯平台壁龛（1923）	自绘
图 7-71	体育馆入口楼梯平台壁龛鸟瞰图（1923）	自绘
图 7-72	体育馆入口楼梯平台壁龛（1946）	自绘
图 7-73	体育馆入口楼梯平台壁龛鸟瞰图（1946）	自绘
图 7-74	体育馆入口楼梯平台壁龛（2001）	自绘
图 7-75	体育馆入口楼梯平台壁龛鸟瞰图（2001）	自绘
图 7-76	屋顶桁架修缮（铁皮人字夹）在 BIM 模型中的呈现（1946）	自绘
图 7-77	屋顶桁架（铁皮夹）在 BIM 模型中的呈现（1946）	自绘
图 7-78	单榀屋顶桁架在 BIM 模型中的呈现（1946）	自绘
图 7-79	屋顶桁架修缮（铁皮人字夹）在 BIM 模型中的构造属性（1946）	自绘
图 7-80	屋顶桁架（铁皮夹）在 BIM 模型中的构造属性（1946）	自绘
图 7-81	单榀屋顶桁架在 BIM 模型中的构造属性（1946）	自绘
图 7-82	体育馆 1-1 剖面图（2001）	自绘
图 7-83	体育馆 2-2 剖面图（2001）	自绘
图 7-84	体育馆 3-3 剖面图（2001）	自绘
图 7-85	体育馆 4-4 剖面图（2001）	自绘
图 8-1	三江师范学堂时期实习工场	苏云峰.三（两）江师范学堂：南京大学的前身 1903—1911[M].南京:南京大学出版社，2002
图 8-2	三江师范学堂时期校园总平面图	自绘
图 8-3	南高时期工艺实习场	东南大学校史馆（网络版: https://history.seu.edu.cn）
图 8-4	南高时期校园总平面图	自绘
图 8-5	各时期校园北部平面图	东南大学校史馆（网络版: https://history.seu.edu.cn）
图 8-6	工艺实习场现状照片	自摄
图 8-7	工艺实习场石础	自摄

序号	图表名	图表来源
图 8-8	杨杏佛	东南大学校史馆（网络版：https://history.seu.edu.cn）
图 8-9	东南大学校史馆	东南大学官网（https://www.seu.edu.cn/2017）
图 8-10	国立中央大学关防（复制件）	东南大学官网（https://www.seu.edu.cn/2017）
图 8-11	国立东南大学地界石	东南大学官网（https://www.seu.edu.cn/2017）
图 8-12	梅庵（茅屋）	东南大学校史馆（网络版：https://history.seu.edu.cn）
图 8-13	梅庵（拆建后）	陈华.百年南大老建筑［M］.南京：南京大学出版社，2002
图 8-14	梅庵现状照片	自摄
图 8-15	中共中央代表毛润之发言的会议记录手稿	东南大学校史馆（网络版：https://history.seu.edu.cn）
图 8-16	梅庵现状外观	自摄
图 8-17	梅庵室内展陈	自摄
图 8-18	扩建两翼前的图书馆	东南大学校史馆（网络版：https://history.seu.edu.cn）
图 8-19	扩建两翼后的图书馆	陈华.百年南大老建筑［M］.南京：南京大学出版社，2002
图 8-20	中央大学钢材运送单	南京大学档案馆
图 8-21	老图书馆现状	东南大学校史馆（网络版）
图 8-22	李宗侃与妻子周叔蘋	1929 年 3 月 13 日《图画时报》
图 8-23	初建时期的生物馆	东南大学档案馆
图 8-24	1933 年重修后的生物馆	东南大学校史馆（网络版：https://history.seu.edu.cn）
图 8-25	南工时期扩建两翼后的中大院	南京工学院建筑研究所.杨廷宝建筑设计作品集［M］.北京：中国建筑工业出版社，1983
图 8-26	中大院现状照片一	自摄
图 8-27	中大院现状照片二	自摄
图 8-28	秉志	东南大学校史馆（网络版：https://history.seu.edu.cn）
图 8-29	刘敦桢	东南大学校史馆（网络版：https://history.seu.edu.cn）
图 8-30	杨廷宝	东南大学校史馆（网络版：https://history.seu.edu.cn）

序号	图表名	图表来源
图 8-31	童寯	东南大学校史馆（网络版：https://history.seu.edu.cn）
图 8-32	科学馆历史照片	陈华.百年南大老建筑［M］.南京：南京大学出版社，2002
图 8-33	口字房、科学馆立面对比图	自绘
图 8-34	健雄院现状照片一	自摄
图 8-35	健雄院现状照片二	自摄
图 8-36	成立牙科大楼建筑委员会校长公函	《成立牙科大楼建筑委员会校长公函》，东南大学档案馆
图 8-37	建成后的牙科大楼	南京工学院建筑研究所.杨廷宝建筑设计作品集［M］.北京：中国建筑工业出版社，1983
图 8-38	1937 年建成后的牙科大楼一层平面图	自绘
图 8-39	1959 年扩建后的金陵院一层平面图	东南大学档案馆
图 8-40	金陵院现状照片一	自摄
图 8-41	金陵院现状照片二	自摄
图 9-1	原中央大学建筑系"大平房"西南外观	东南大学校史馆（网络版：https://history.seu.edu.cn）
图 9-2	建筑系 1949 级新生入学时于系馆入口处的合影	东南大学校史馆（网络版：https://history.seu.edu.cn）
图 9-3	西平房屋顶鸟瞰图	自摄
图 9-4	西平房现状	自摄
图 9-5	室内屋架	自摄
图 9-6	屋架题记	自摄
图 9-7	档案库房拆分轴测示意图	自绘
图 9-8	展厅效果图	自绘
图 9-9	沙塘园学生食堂西南角鸟瞰历史照片	南京工学院建筑研究所.杨廷宝建筑设计作品集［M］.北京：中国建筑工业出版社，1983
图 9-10	沙塘园学生食堂原始平面图	南京工学院建筑研究所.杨廷宝建筑设计作品集［M］.北京：中国建筑工业出版社，1983
图 9-11	沙塘园学生食堂现状平面图	自绘
图 9-12	沙塘园学生食堂室内装修历史照片	南京工学院建筑研究所.杨廷宝建筑设计作品集［M］.北京：中国建筑工业出版社，1983
图 9-13	沙塘园学生食堂室内装修现状	自摄

序号	图表名	图表来源
表 1-1	全面抗战前中央大学历任领导人	自绘（数据来源：南京大学官网 https://www.nju.edu.cn）
表 2-1	三江（两江）师范校舍汇总表	自绘
表 2-2	三江师范学堂历年经费表	自绘（数据来源：《江宁学务杂志》《教育杂志》《学部官报》《东方杂志》）
表 3-1	南京高等师范学校时期校舍汇总表	自绘
表 3-2	校董捐助创校资金统计	自绘（数据来源：《国立东南大学一览》）
表 3-3	国立中央大学 1927—1937 年校舍汇总表	自绘
表 3-4	国立中央大学 1946—1949 年校舍汇总表	自绘
表 4-1	南京工学院 1952—1965 年新建或拆改扩建校舍汇总表	自绘
表 4-2	南京工学院 1974—1988 年新建或拆改扩建校舍汇总表	自绘
表 4-3	东南大学 1988 年至今新建或拆改扩建校舍汇总表	自绘
表 5-1	中央大学旧址文物本体信息表	自绘
表 5-2	中央大学历史风貌区历史建筑一览表	自绘
表 5-3	其他有历史价值的现代建筑一览表	自绘
表 6-1	大礼堂信息表	自绘
表 6-2	大礼堂建设经费来源记录	自绘（数据来源：南京大学档案馆）
表 6-3	大礼堂建筑委员会名单	自绘（数据来源：南京大学档案馆）
表 6-4	大礼堂建筑委员会会议记录	自绘（数据来源：南京大学档案馆）
表 6-5	大礼堂建设合作厂商名单	自绘（数据来源：南京大学档案馆）
表 6-6	南大门信息表	自绘
表 7-1	体育馆信息表	自绘
表 7-2	体育馆设备及游泳池募捐细目	自绘
表 7-3	体育馆 2001 年修缮细节变动明细表	自绘
表 7-4	部分大跨度建筑调查表（截至 1940 年代）	自绘（数据来源：李海清.中国建筑现代转型[M].南京：东南大学出版社印，2004：181）
表 7-5	体育馆 1923、1946、1989 和 2001 年细节变动明细表	自绘
表 8-1	工艺实习场信息表	自绘
表 8-2	工艺实习场修缮内容	自绘
表 8-3	梅庵信息表	自绘

序号	图表名	图表来源
表 8-4	老图书馆信息表	自绘
表 8-5	中大院信息表	自绘
表 8-6	健雄院信息表	自绘
表 8-7	口字房失火重建捐款记录	自绘（数据来源：东南大学档案馆）
表 8-8	金陵院信息表	自绘
表 9-1	西平房信息表	自绘
表 9-2	沙塘园学生食堂信息表	自绘

参考文献

1. 档案

[1] 东南大学档案馆.我校教学、科研工作主要文件编选（1952—1966年）［A］，1989.

[2] 东南大学档案馆.东南大学建筑基建资料［A］.

[3] 东南大学国资办.东南大学校产资料［A］.

[4] 南京大学档案馆.三江、中央大学历史档案［A］.

[5] 中国第二历史档案馆.中华民国史档案资料汇编：第1、2辑［M］.南京：江苏古籍出版社，1991.

[6] 东南大学建筑设计研究院档案室.东南大学建筑图纸光盘［A/CD］.

2. 专著

[7] 朱斐.东南大学史：第1卷　1902—1949［M］.南京：东南大学出版社，1991.

[8] 朱斐.东南大学史：第2卷　1949—1992［M］.南京：东南大学出版社，1997.

[9] 朱一雄.东南大学校史研究：第1辑［M］.南京：东南大学出版社，1989.

[10] 朱一雄.东南大学校史研究：第2辑［M］.南京：东南大学出版社，1992.

[11] 朱一章，郑姚铭.东南大学校史研究：第3辑［M］.南京：东南大学出版社，1998.

[12] 王德滋.南京大学百年史［M］.南京：南京大学出版社，2002.

[13] 姚亦锋.南京城市地理变迁及现代景观［M］.南京：南京大学出版社，2006.

[14] 孙燕京，张研.民国史料丛刊：文教高等教育篇［M］.郑州：大象出版社，2009.

[15] 陈沂撰.金陵古今图考［M］.北京：中华书局，2006.

[16] 礼部.洪武京城图志［M］.南京：南京出版社，2006.

[17] 陈景磐.中国近代教育史［M］.北京：人民教育出版社，1979.

[18] 任宇.高等教育学选讲［M］.北京：高等教育出版社，1986.

[19] 庄俞，贺盛鼐.最近三十五年之中国教育［M］.上海：商务印书馆，1931.

[20] 南京大学高教研究所.南京大学大事记：1902—1988［M］.南京：南京大学出版社，1989.

[21] 苏云峰.三（两）江师范学堂：南京大学的前身　1903—1911［M］.南京：南京大学出版社，2002.

[22] 张宪文.金陵大学史［M］.南京：南京大学出版社，2002.

[23] 孙海英.金陵百屋房：金陵女子大学［M］.石家庄：河北教育出版社，2004.

[24] 潘谷西.中国建筑史［M］.北京：中国建筑工业出版社，2005.

[25] 陈作霖.金陵通纪［M］.台北：成文出版社，1970.

[26] 冯天瑜，何晓明.张之洞评传［M］.南京：南京大学出版社，1991.

[27] 叶楚伦.首都志［Z］.南京：南京市地方志编纂委员会，1985.

[28] 舒新城.中国近代教育史资料［M］.北京：人民教育出版社，1962.

[29] 陈华.百年南大老建筑［M］.南京：南京大学出版社，2002.

[30] 郭夏瑜.郭秉文先生纪念集［M］.台北：中华学术院，1971.

[31]《南大百年实录》编辑组.南大百年实录：上卷　中央大学史料选［M］.南京：南京大学出版社，2002

[32] 南京大学校庆办公室校史资料编辑组，南京大学学报编辑部.南京大学校史资料选辑［Z］.南京，1982.

[33] 队克勋.之江大学［M］.珠海：珠海出版社，1999.

[34] 闵卓.梅庵史话：东南大学百年［M］.南京：东南大学出版社，2000.

[35] 刘维开 . 罗家伦先生年谱［M］. 台北：中国国民党中央委员会党史委员会，1996.

[36] 袁久红，陆海 . 东南大学：1902—2002［M］. 南京：东南大学出版社，2002.

[37] 南京工学院建筑研究所 . 杨廷宝建筑设计作品集［M］. 北京：中国建筑工业出版社，1983.

[38] 南洋劝业会图说［M］. 上海：上海交通大学出版社，2010.

[39] 刘维清，徐南强 . 东南大学百年体育史［M］. 南京：东南大学出版社，2002.

[40] 中共南京市委党史工作办公室，南京青奥组委新闻宣传部 . 南京百年体育［M］. 南京：南京出版社，
    2014.

[41] 校庆特刊编辑委员会 . 中大八十年：校庆特刊 1915—1995［Z］. 南京：校庆特刊编辑委员会，
    1996.

[42] 黄之隽，等 . 乾隆江南通志［M］. 扬州：江苏广陵书社有限公司，2010.

[43] 许嵩 . 建康实录［M］. 北京：中华书局，1986.

[44] 顾起元 . 客座赘语［M］. 上海：上海古籍出版社，2012.

[45] 蔡元培 . 蔡元培全集：第 4 卷［M］. 杭州：浙江教育出版社，1997.

3. 论文

[46] 方宇，吴晓 . 南京历史性校园空间格局演变及动因分析［C］// 城市规划和科学发展：2009 中国城市
    规划年会论文集 . 天津，2009：1033–1045.

[47] 王文娟 . 中央大学旧址的历史沿革研究（1902 年—至今）［D］. 南京：东南大学，2017.

[48] 胡彩瑛 . 中央大学旧址校园形态与建筑研究（1902—1949）［D］. 南京：东南大学，2020.

[49] 范晓剑 . 大学老校区更新与发展［D］. 上海：同济大学，2007

[50] 姜翘楚 . 原中央大学医学院旧址（南京丁家桥）空间设计研究［D］. 南京：东南大学，2019.

[51] 刘江南 . 东南大学体育馆历史研究［D］. 南京：东南大学，2015.

[52] 杜昕睿 . 南京高校民国文物建筑保护与再利用中的热湿环境提升研究：以东南大学大礼堂为例［D］.
    南京：东南大学，2019.

[53] 孟克，常文磊 . 科学名世，鸿声东南：东南大学工科教育研究［J］. 价值工程，2014，33（34）：
    273–275.

4. 报纸

[54] 光绪二十九年二月四日《申报》.

[55] 光绪三十三年三月《东方时报》.

[56] 光绪二十九年五月十九日《大公报》.

[57] 光绪三十年一月二十五日《东方杂志》.

[58] 光绪三十年六月八日《大公报》.

[59] 光绪三十一年一月十九日《大公报》.

[60] 光绪三十年七月二十二日《大公报》.

[61]1907—1911 年《江宁学务杂志》.

[62]1909—1919 年《教育杂志》.

[63]1906—1911 年《学部官报》.

[64]1904—1948 年《东方杂志》.

[65]《国立东南大学一览》，国立东南大学 1923 年印 .

[66] 孙兰兰 . 北美父母育出"南京美人"[N]. 现代快报，2008–01–08：B14.

图版

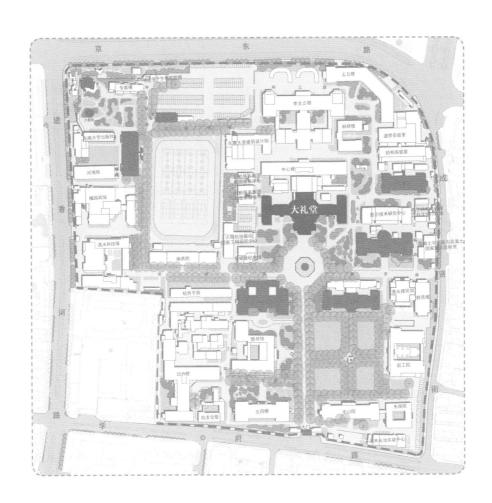

大礼堂位置图

大礼堂

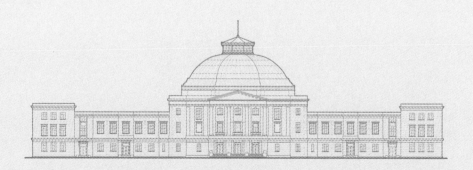

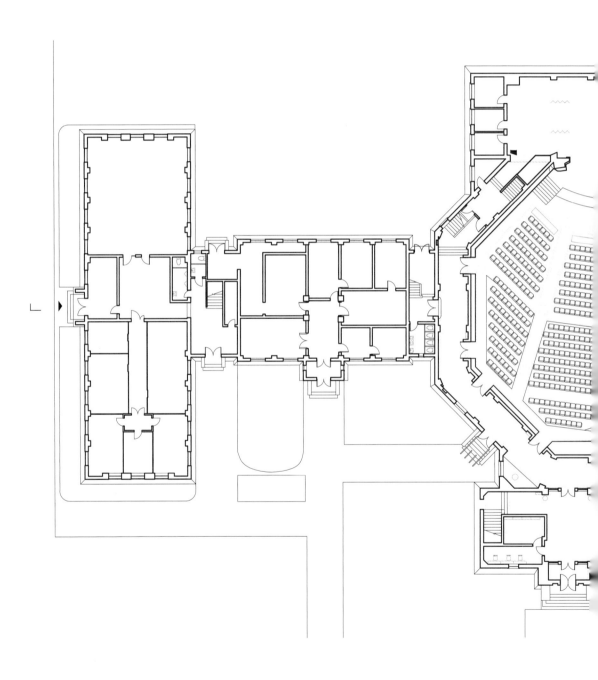

大礼堂一层平面图

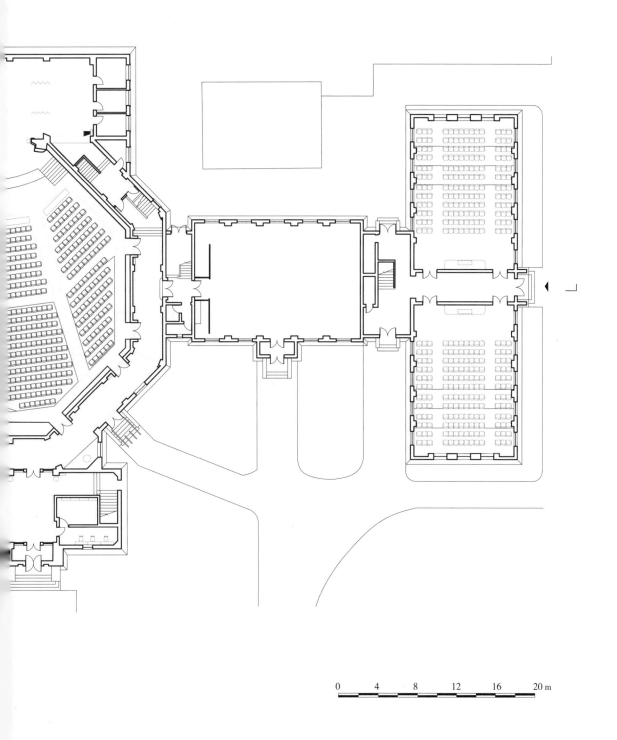

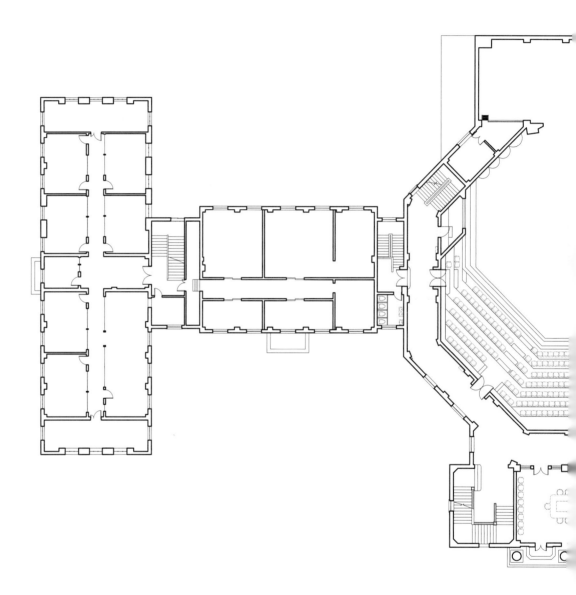

大礼堂二层平面图

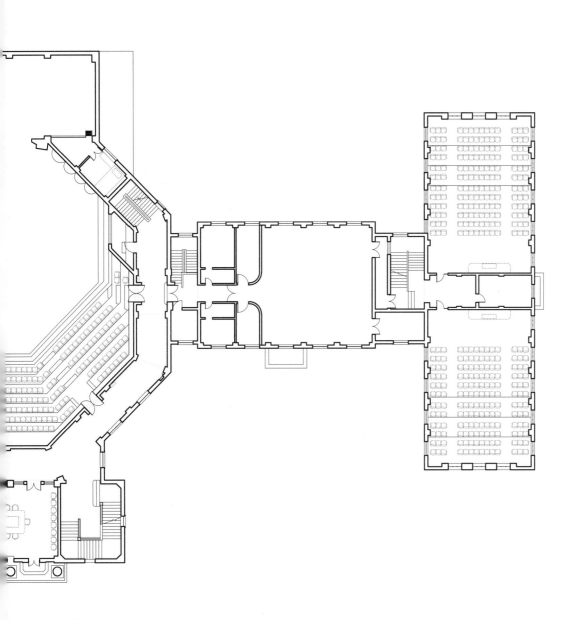

0   4   8   12   16   20 m

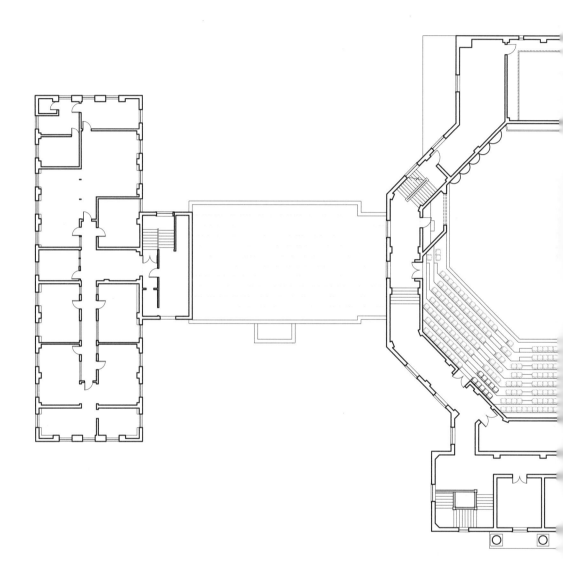

大礼堂三层平面图

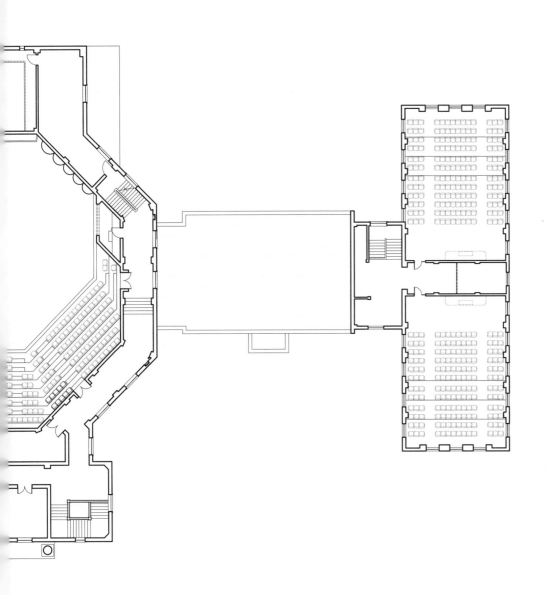

0   4   8   12   16   20 m

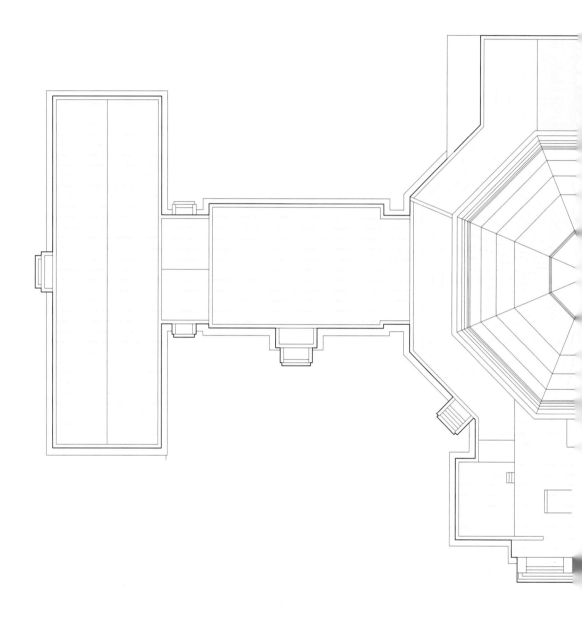

大礼堂仰视平面图

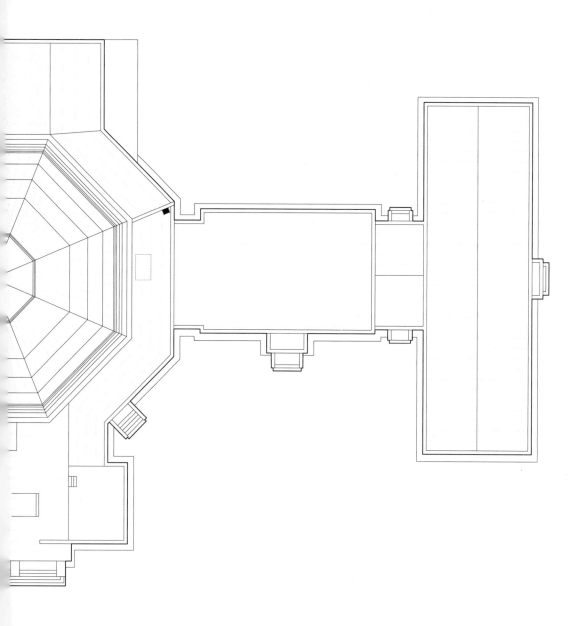

大礼堂南立面图

大礼堂北立面图

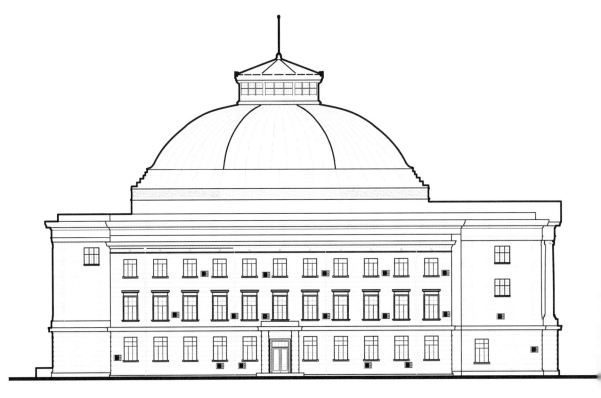

大礼堂东立面图

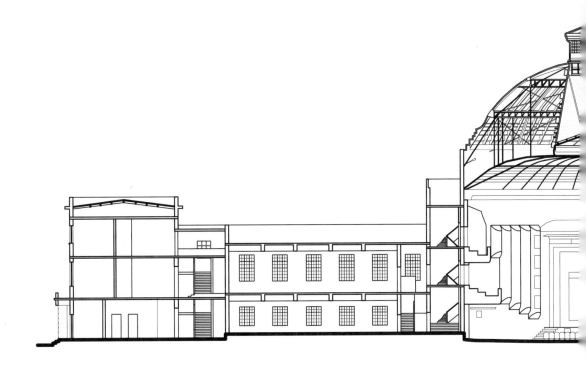

大礼堂剖面图

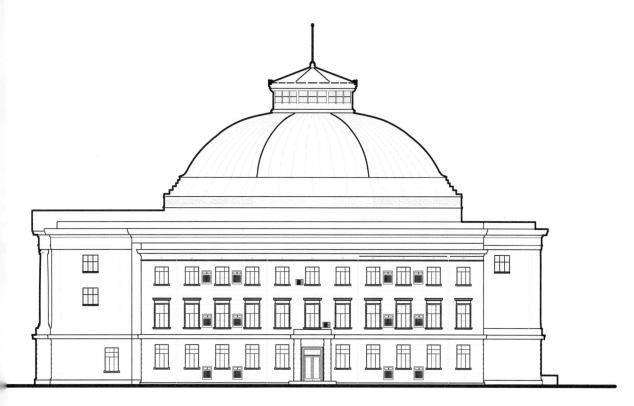

大礼堂西立面图

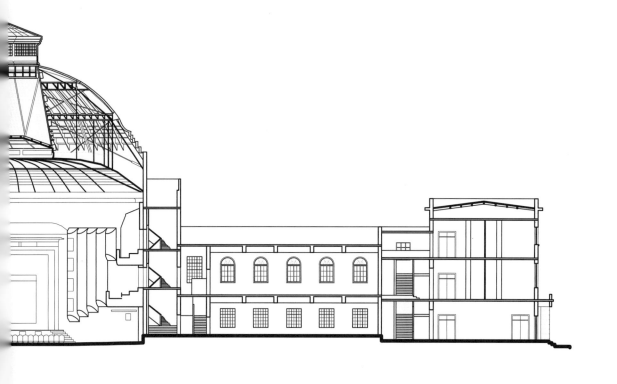

0   4   8   12   16   20 m

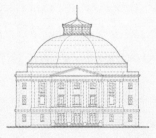

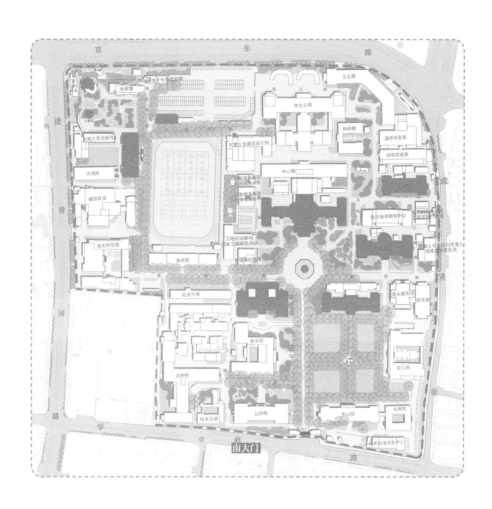

南大门位置图

南大门

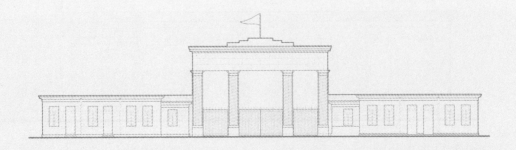

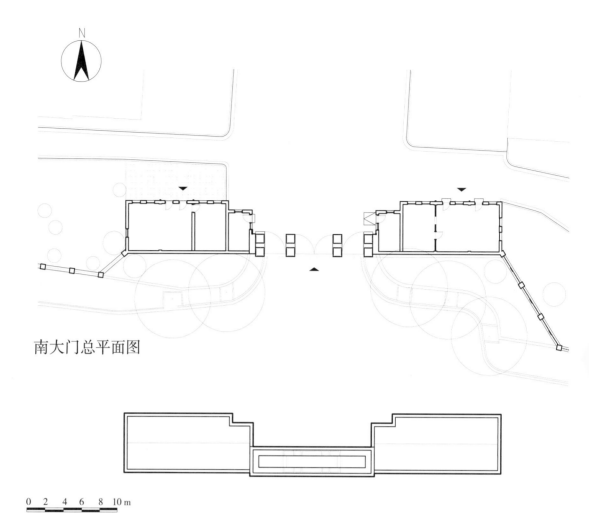

南大门总平面图

0　2　4　6　8　10 m

南大门屋顶平面图

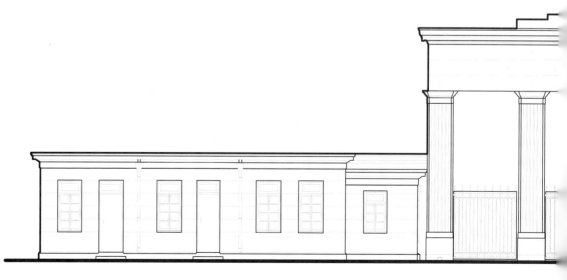

南大门北立面图

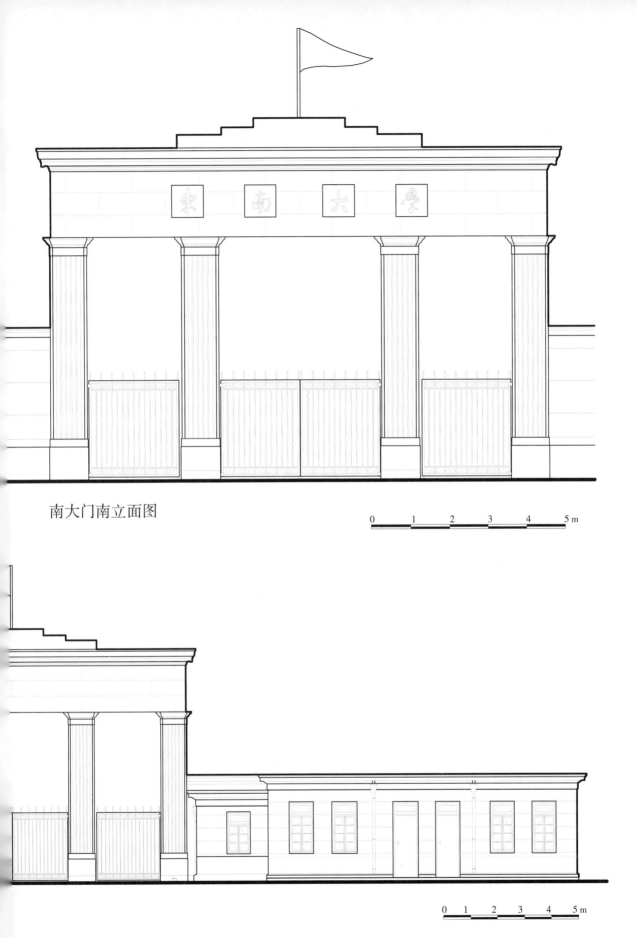

南大门南立面图

0　1　2　3　4　5 m

0 1　2　3　4　5 m

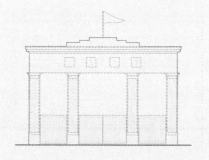

南大门南立面图

南大门北立面图

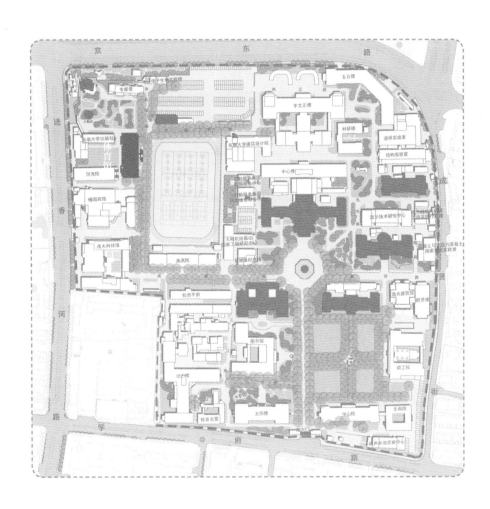

体育馆位置图

体育馆

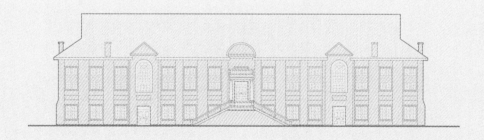

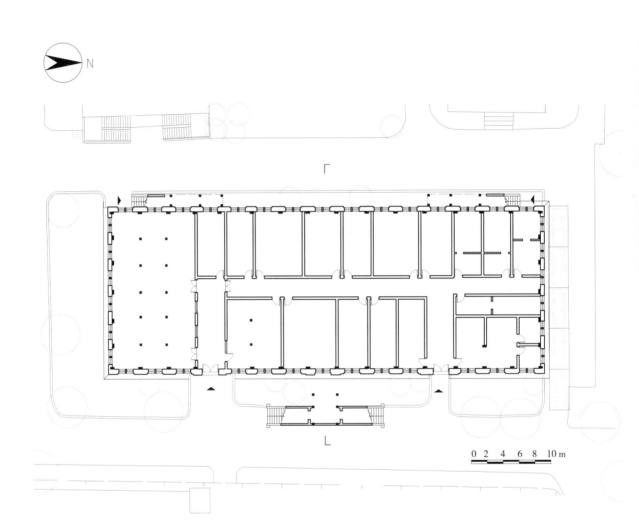

体育馆一层平面图

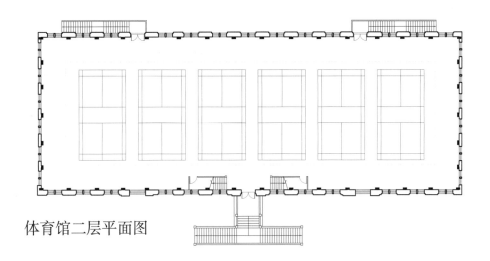

体育馆二层平面图

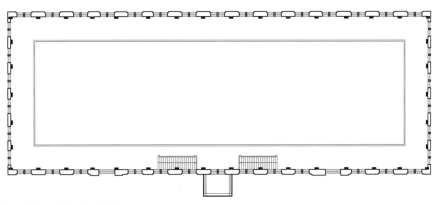

体育馆三层平面图

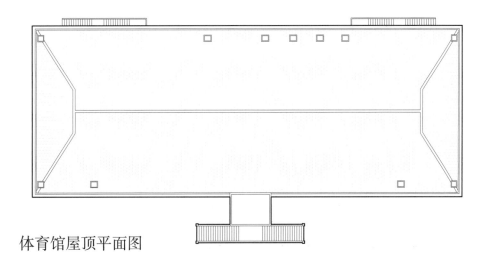

体育馆屋顶平面图

体育馆东立面图

体育馆西立面图

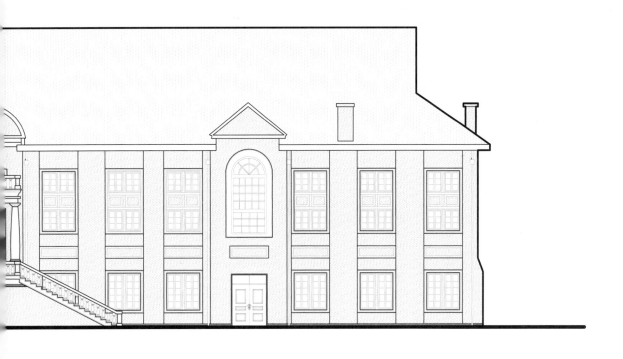

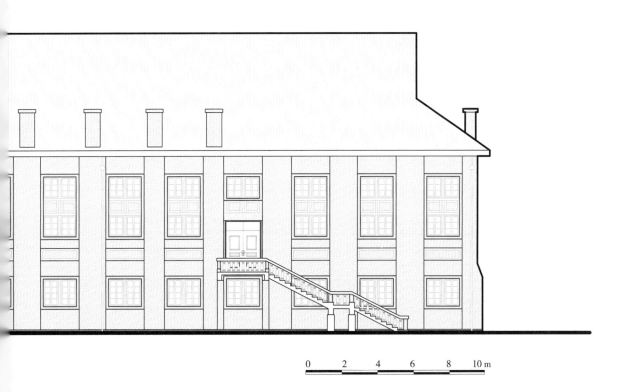

0   2   4   6   8   10 m

体育馆北立面图

体育馆南立面图

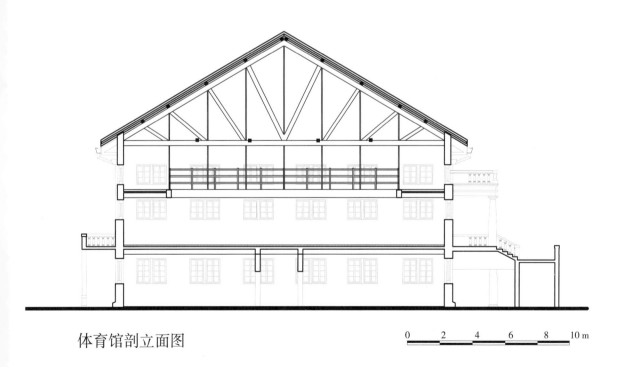

体育馆剖立面图

0　2　4　6　8　10 m

体育馆东立面图

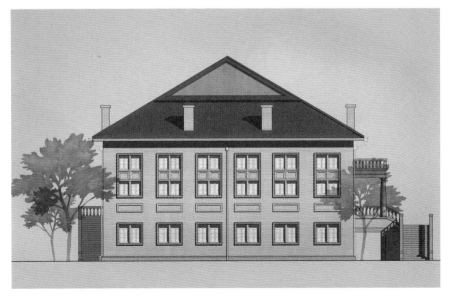

体育馆南立面图

体育馆西立面图

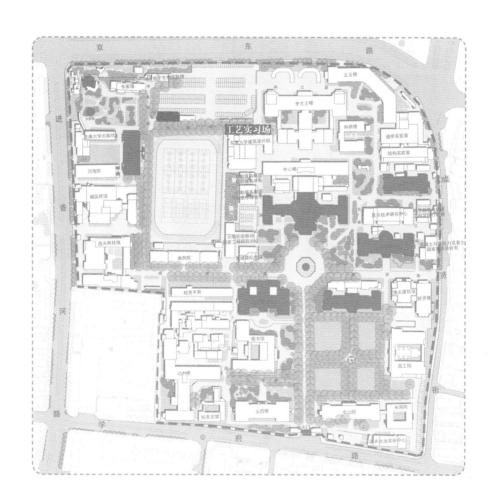

工艺实习场位置图

工艺实习场

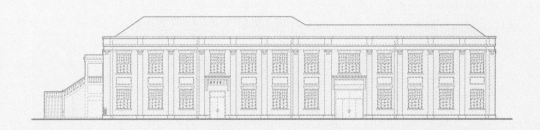

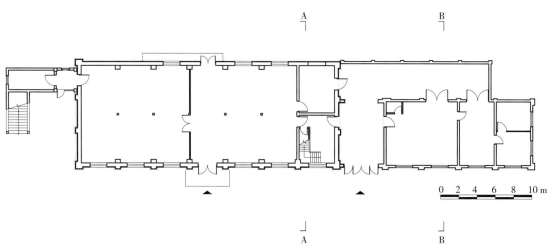

工艺实习场一层平面图

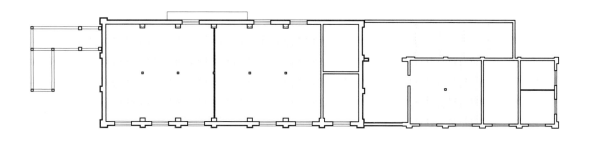

工艺实习场三层平面图

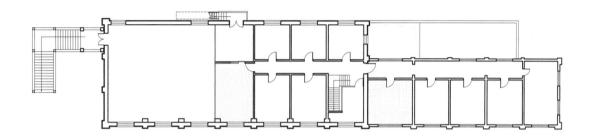

工艺实习场二层平面图

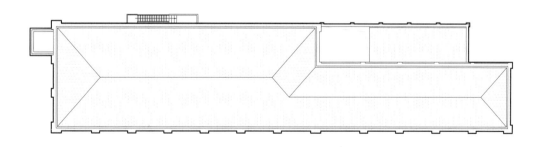

工艺实习场屋顶平面图

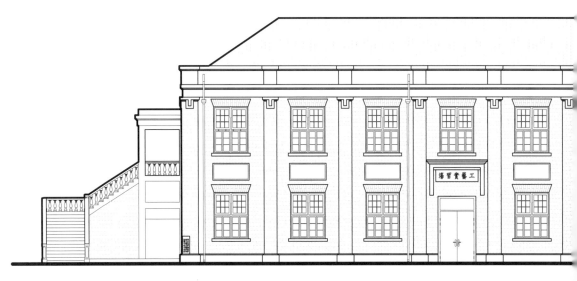

工艺实习场南立面图

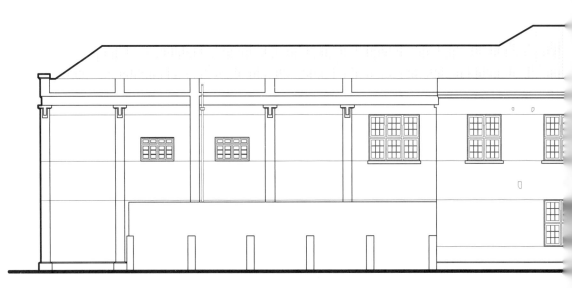

工艺实习场北立面图

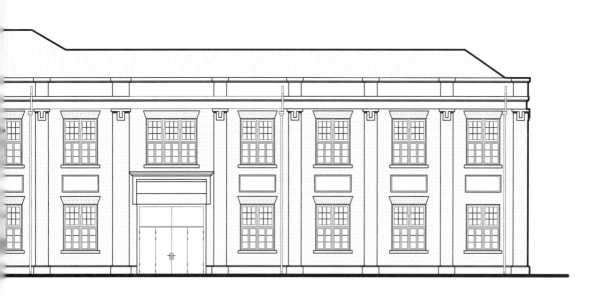

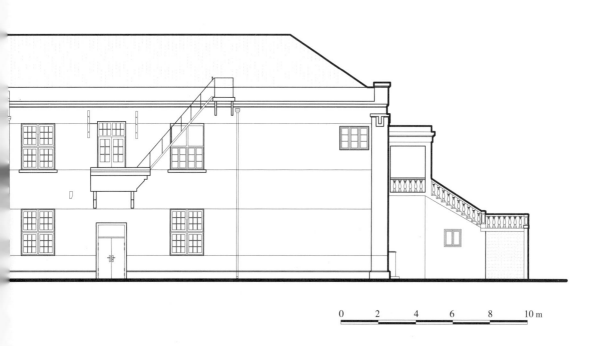

工艺实习场西立面图

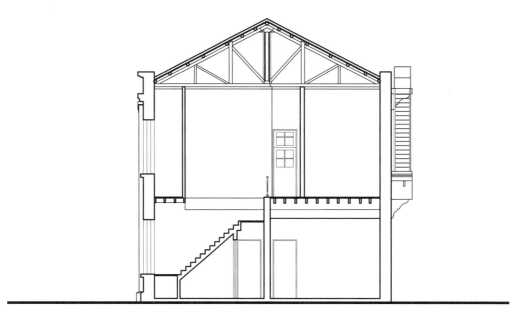

工艺实习场 A-A 剖面图

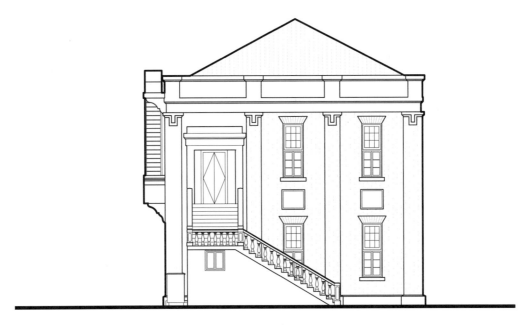

工艺实习场东立面图

工艺实习场 B-B 剖面图

0 2 4 6 8 10 m

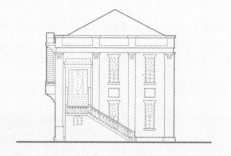

工艺实习场西立面图　　　　工艺实习场东立面图

工艺实习场南立面图

工艺实习场北立面图

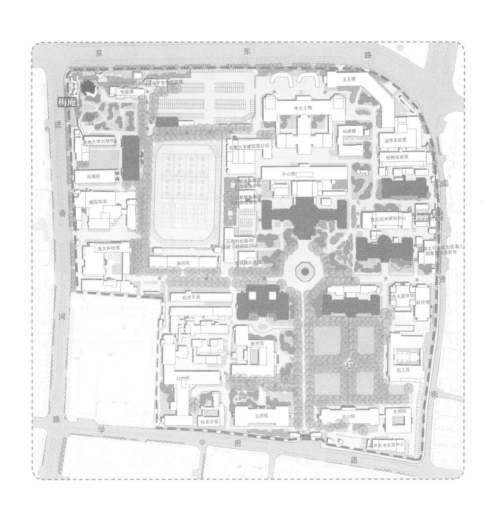

梅庵位置图

梅庵

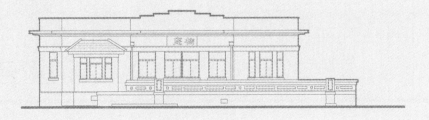

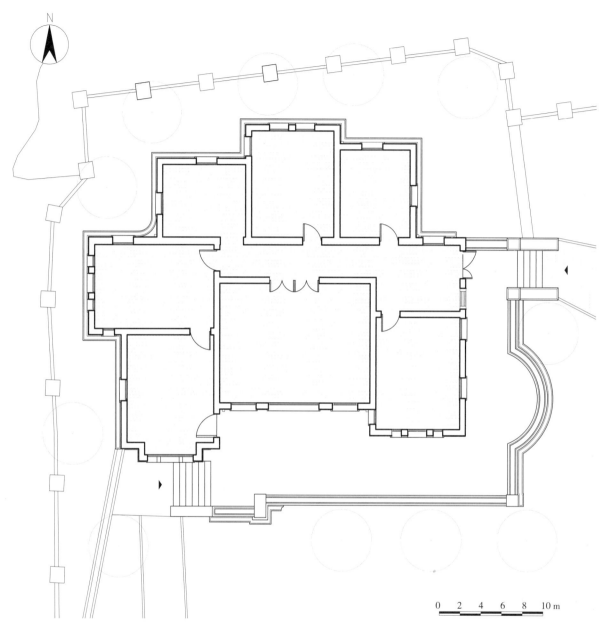

梅庵一层平面图

0　2　4　6　8　10 m

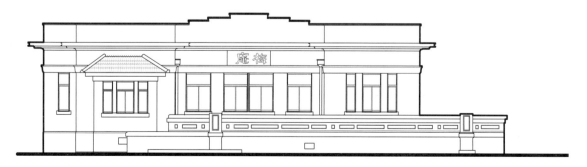

梅庵南面图

梅庵北面图

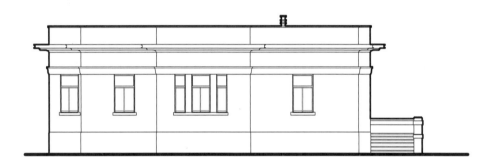

梅庵东面图

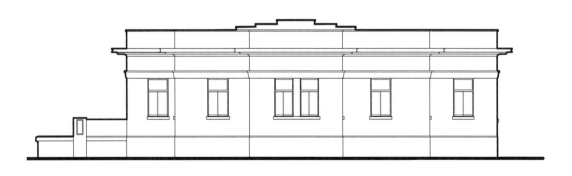

梅庵西面图

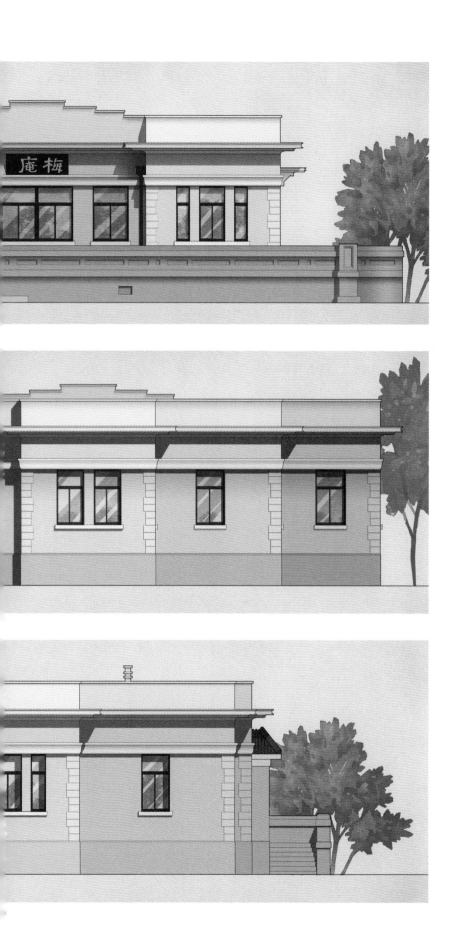

梅庵南面图

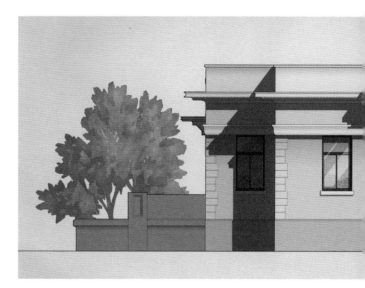

梅庵北面图

梅庵西面图

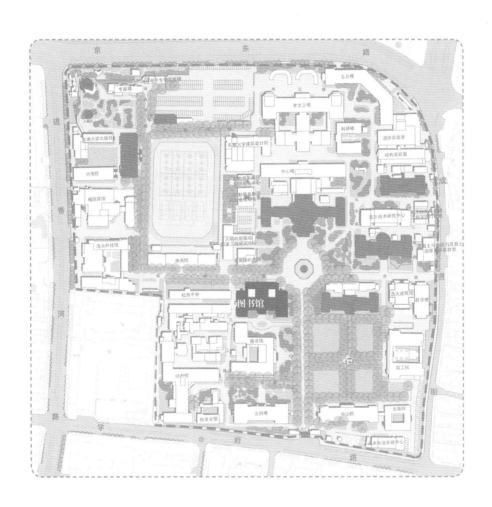

老图书馆位置图

老图书馆

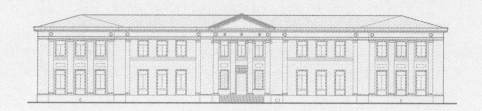

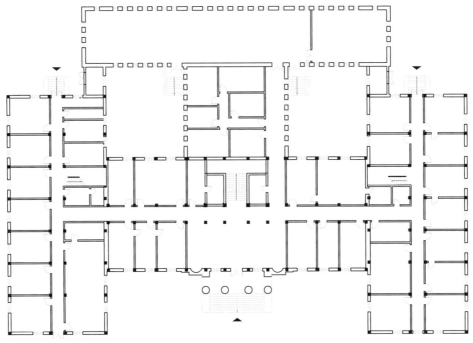

老图书馆一层平面图

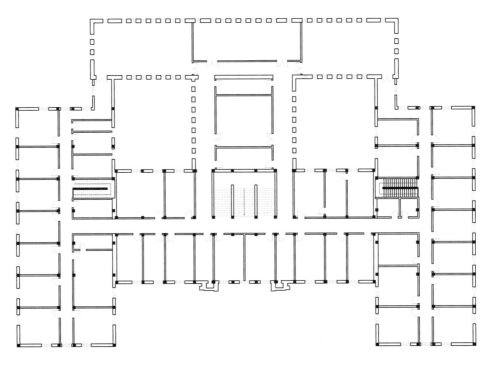

老图书馆二层平面图

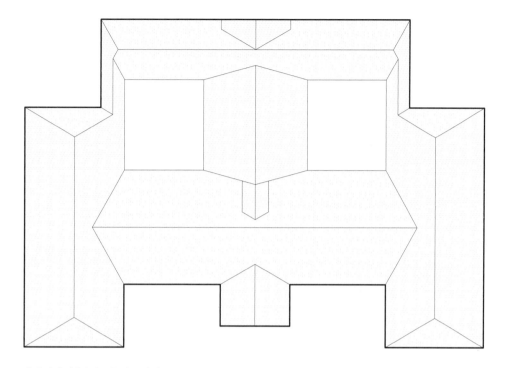

老图书馆屋顶平面图

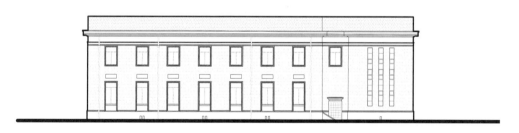

老图书馆东立面图

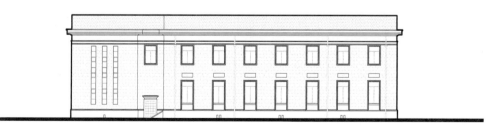

老图书馆西立面图

0 2 4 6 8 10 m

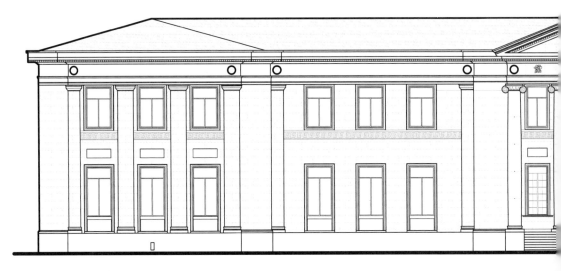

老图书馆南立面图

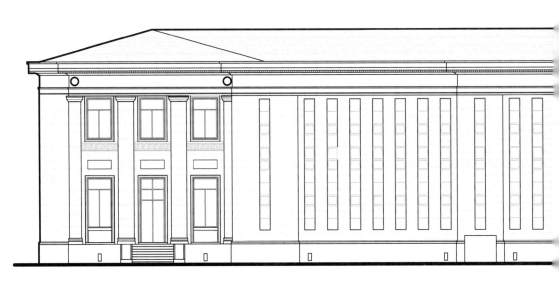

老图书馆北立面图

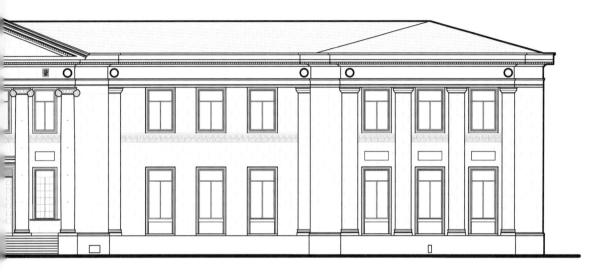

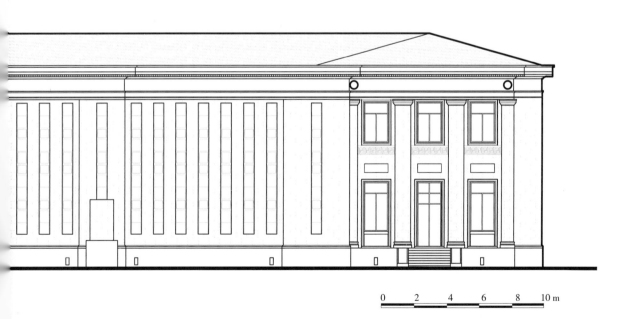

0   2   4   6   8   10 m

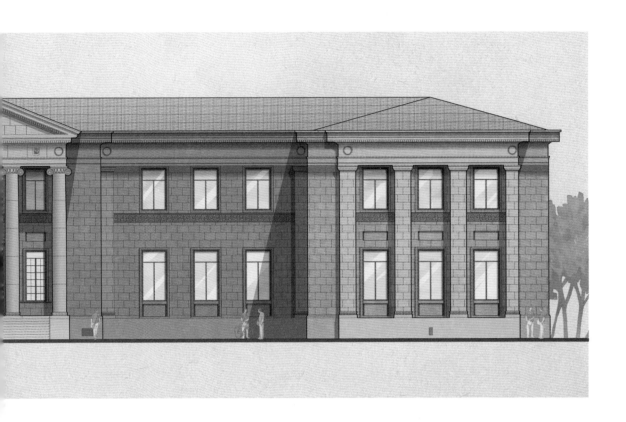

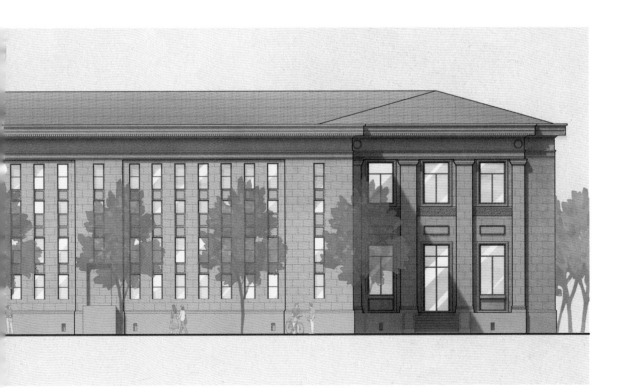

老图书馆南立面图

老图书馆北立面图

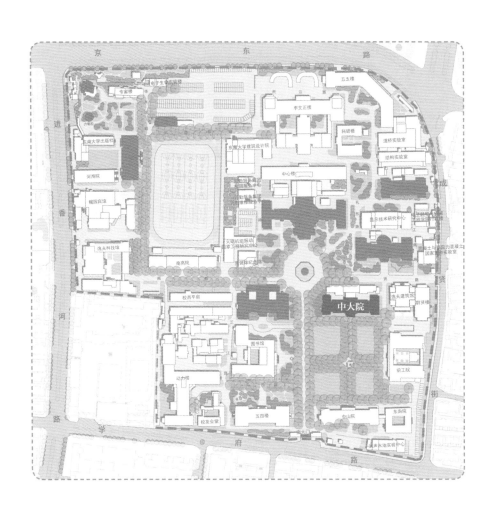

中大院位置图

中大院

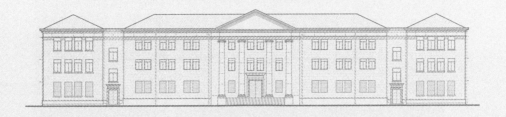

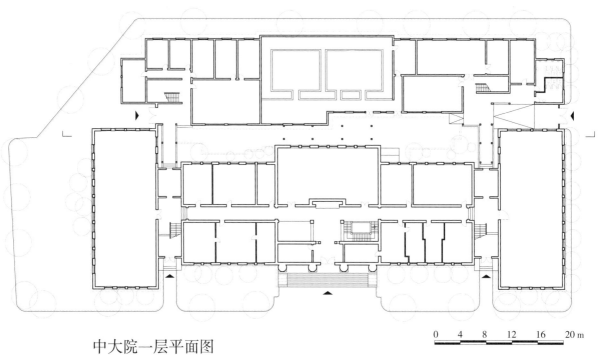

中大院一层平面图

0　4　8　12　16　20 m

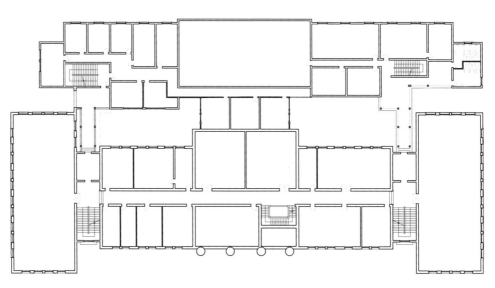

中大院二层平面图

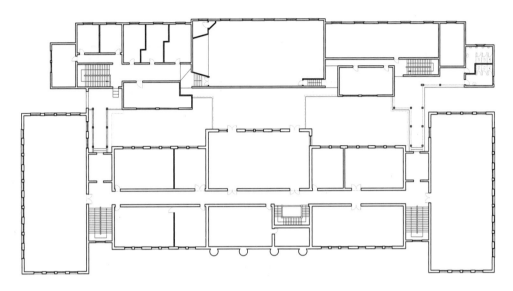

中大院三层平面图

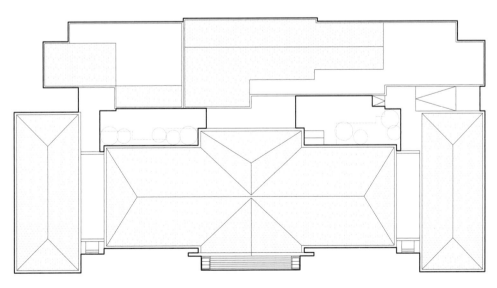

中大院屋顶平面图

中大院南立面图

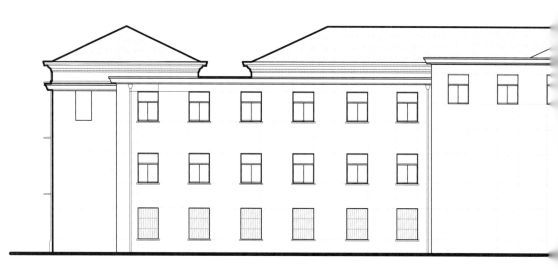

中大院北立面图

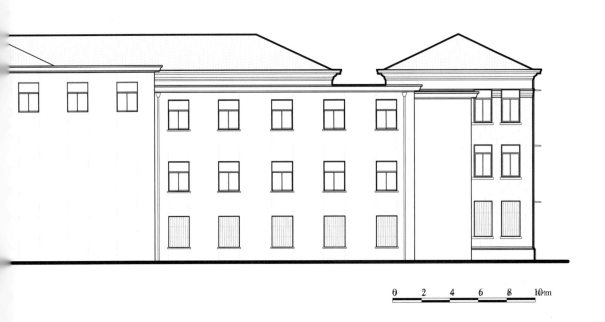

中大院西立面图

中大院剖面图

中大院东立面图

0 2 4 6 8 10 m

中大院西立面图

中大院南立面图

中大院北立面图

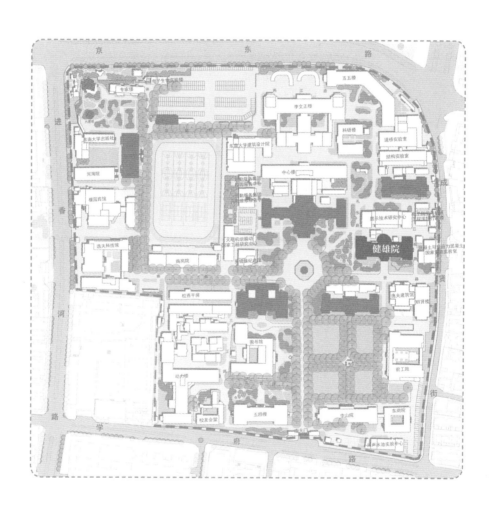

健雄院位置图

健雄院

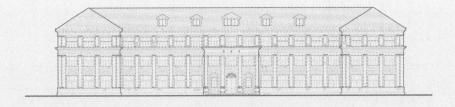

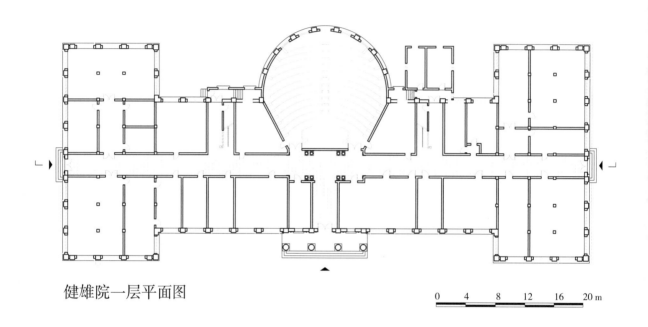

健雄院一层平面图

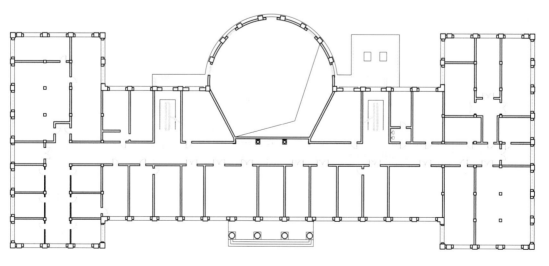

健雄院二层平面图

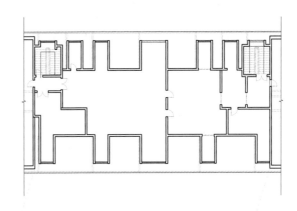

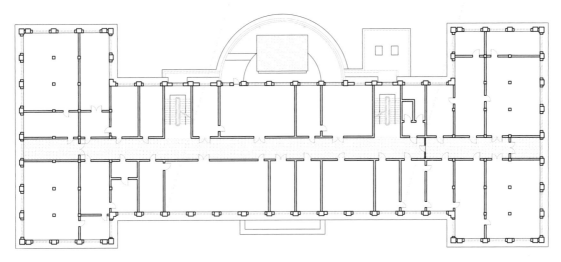

健雄院三层平面图

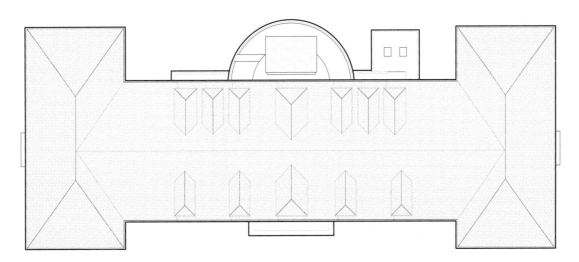

健雄院屋顶平面图

健雄院南立面图

健雄院北立面图

健雄院西立面图

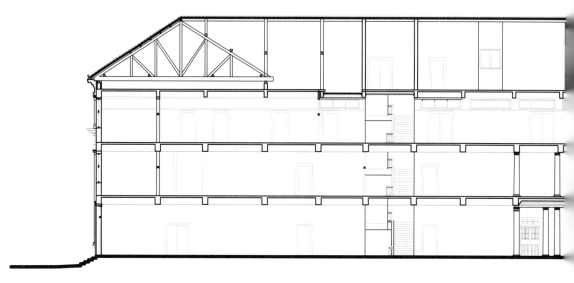

健雄院剖面图

健雄院东立面图

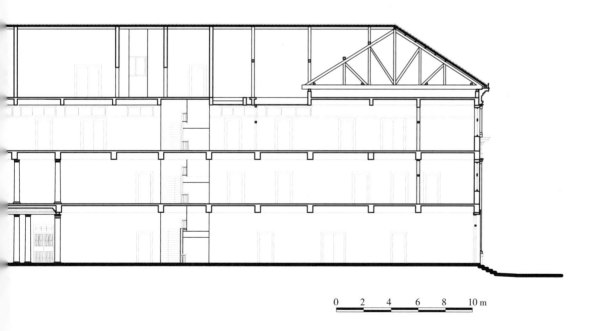

0 2 4 6 8 10 m

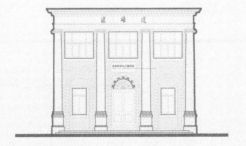

健雄院西立面图

健雄院南立面图

健雄院北立面图

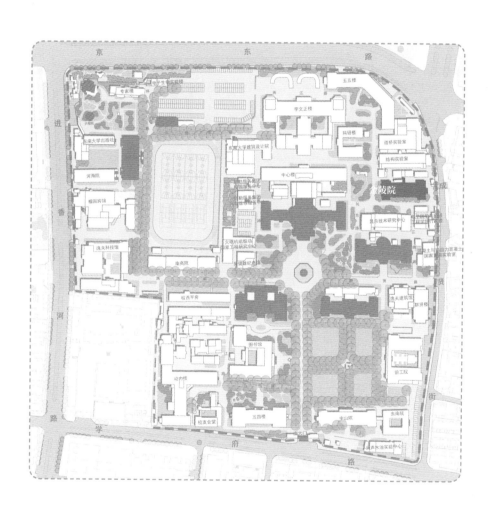

金陵院位置图

金陵院

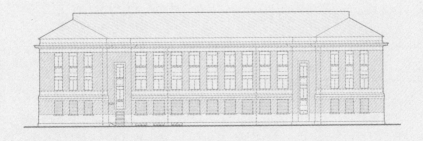

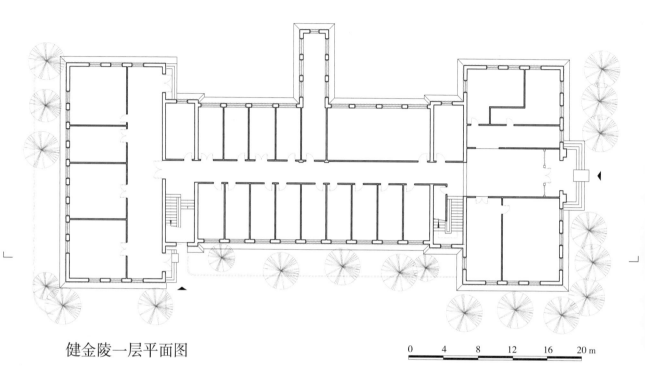

健金陵一层平面图

0　4　8　12　16　20 m

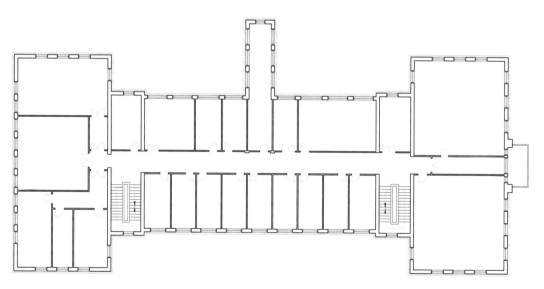

金陵院二层平面图

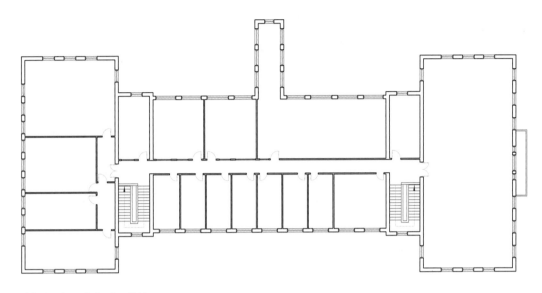

健金陵三层平面图

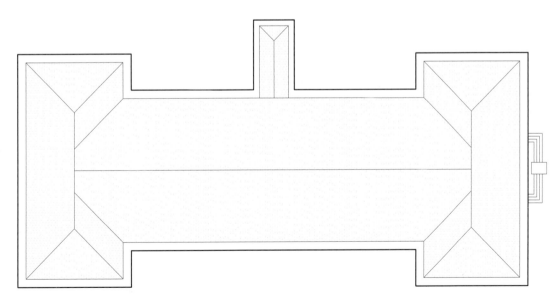

健金陵屋顶平面图

金陵院南立面图

金陵院北立面图

0 2 4 6 8 10m

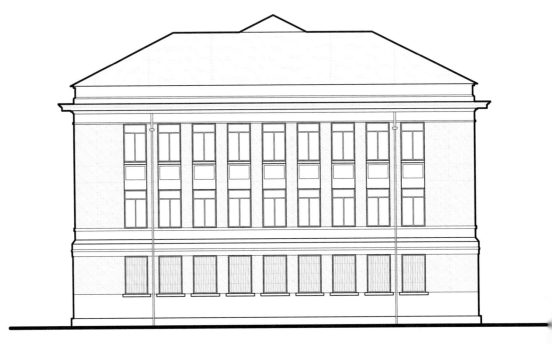

金陵院东立面图

金陵院剖面图

金陵院西立面图

0 2 4 6 8 10 m

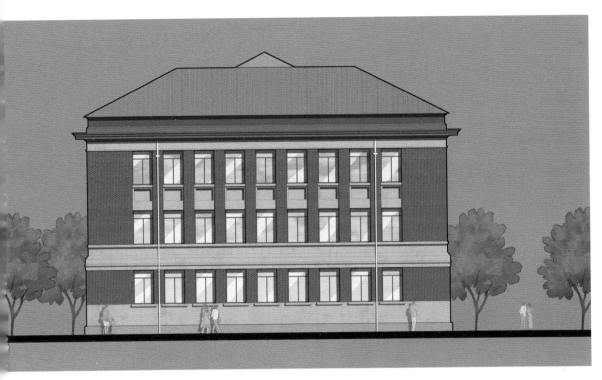

金陵院西立面图

金陵院东立面图

金陵院北立面图

后　记

本书是东南大学建筑设计研究院文化遗产研究中心对全国重点文物保护单位中央大学旧址近十年的建筑历史及遗产保护研究合辑，包括建筑测绘、研究论文及遗产保护工程实践等，忝列如下：

2014 年 7 月至 8 月，大礼堂、体育馆测绘。参与学生：（2011 级本科生）李姝睿、应媛、钟奕芬、罗西、陈咏仪、杨天民、商琪然、阿拉比、董虹韵、阮立德、王龙力；指导教师：沈旸、周小棣、聂水飞、许碧宇、胡楠。

2015 年 6 月，刘江南硕士学位论文《东南大学体育馆历史研究》，导师：周小棣。

2015 年 7 月至 8 月，南大门、中大院、梅庵、老图书馆、金陵院测绘。参与学生：（2012 级本科生）王子睿、陈欣涛、周星宇、艾则木江、波尼亚、徐武剑、方坤、庞国超、廖启安、颜俊霖、巴希尔、马宝月；指导教师：常军富、相睿、聂水飞、王文娟。

2016 年至 2017 年，工艺实习场修缮加固和改造工程。设计负责人：马晓东、周小棣。

2017 年 5 月，王文娟硕士学位论文《中央大学旧址的历史沿革研究》，导师：周小棣、杨红伟。

2020 年 5 月，胡彩瑛硕士学位论文《中央大学旧址校园形态与建筑研究（1902—1949）》，导师：周小棣。

2020 年 7 月至 8 月，大礼堂、体育馆、南大门、中大院、梅庵、老图书馆、金陵院、健雄院和工艺实习场建筑立面渲染。参与学生：（2017 级本科生）陈峻印、谢钰、付宏阳、曾意涵、伊步；指导教师：周小棣、相睿、聂水飞。

2020 年，沙塘园学生食堂屋顶及外立面修缮工程。设计负责人：周小棣、相睿。

2020 年 11 月至 2022 年 1 月，原国立中央大学实验楼旧址——北侧原热能所平房修缮加固及改造工程。设计负责人：袁玮、张旭、周小棣。

2021 年，大礼堂补测。参与学生：（2018 级本科生）伊晓然、赵宁远、赵一璞、李醒；指导教师：聂水飞、牛欢、胡芮冰、袁媛。

2022 年，健雄院修缮工程。设计负责人：周小棣、常军富。

时间漫长，弹指一挥；一路走来，我们始终得到了东南大学文物保护领导小组和专家委员会、东南大学四牌楼校区管委会、东南大学总务处、东南大学建筑设计研究院及相关院系的倾力支持，特别是黄大卫副校长多年以来对中央大学旧址文物保护工作给予了全方位的关心、指导和帮助，在本书出版过程中还得到了东南大学出版社戴丽副社长、魏晓平副编审及单踊教授、皮志伟教授等人的鼎力相助，在此一并表示诚挚感谢。

周小棣
2022 年 5 月于兰园

图书在版编目（CIP）数据

中央大学旧址建筑遗产研究 / 东南大学建筑设计研
究院文化遗产研究中心著 . — 南京：东南大学出版社，
2022.5

ISBN 978-7-5766-0084-1

Ⅰ . ①中… Ⅱ . ①东… Ⅲ . ①国立中央大学 – 故址 –
建筑 – 文化遗产 – 研究 Ⅳ . ① TU244.3

中国版本图书馆 CIP 数据核字（2022）第 073891 号

中央大学旧址建筑遗产研究

ZHONGNYANG DAXUE JIUZHI JIANZHU YICHAN YANJIU

著　　者：	东南大学建筑设计研究院文化遗产研究中心
责任编辑：	戴　丽　魏晓平
责任校对：	张万莹
责任印制：	周荣虎
书籍设计：	皮志伟

出版发行：	东南大学出版社
社　　址：	南京市四牌楼 2 号
邮　　编：	210096
电　　话：	025-83793330
网　　址：	http://www.seupress.com
电子邮箱：	press@seupress.com
印　　刷：	上海雅昌艺术印刷有限公司
经　　销：	全国各地新华书店
开　　本：	787 mm × 1 092mm　　1/16
印　　张：	17.75
字　　数：	546 千字
版　　次：	2022 年 5 月第 1 版
印　　次：	2022 年 5 月第 1 次印刷
书　　号：	ISBN 978-7-5766-0084-1
定　　价：	298.00 元